AF610191

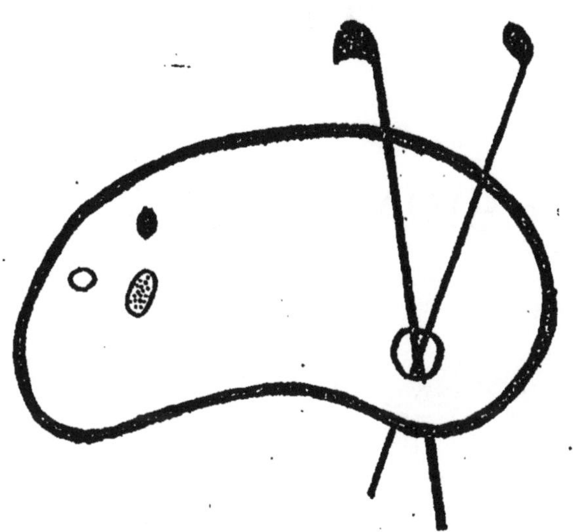

DES

ET DES

EXCURSIONS A PIED

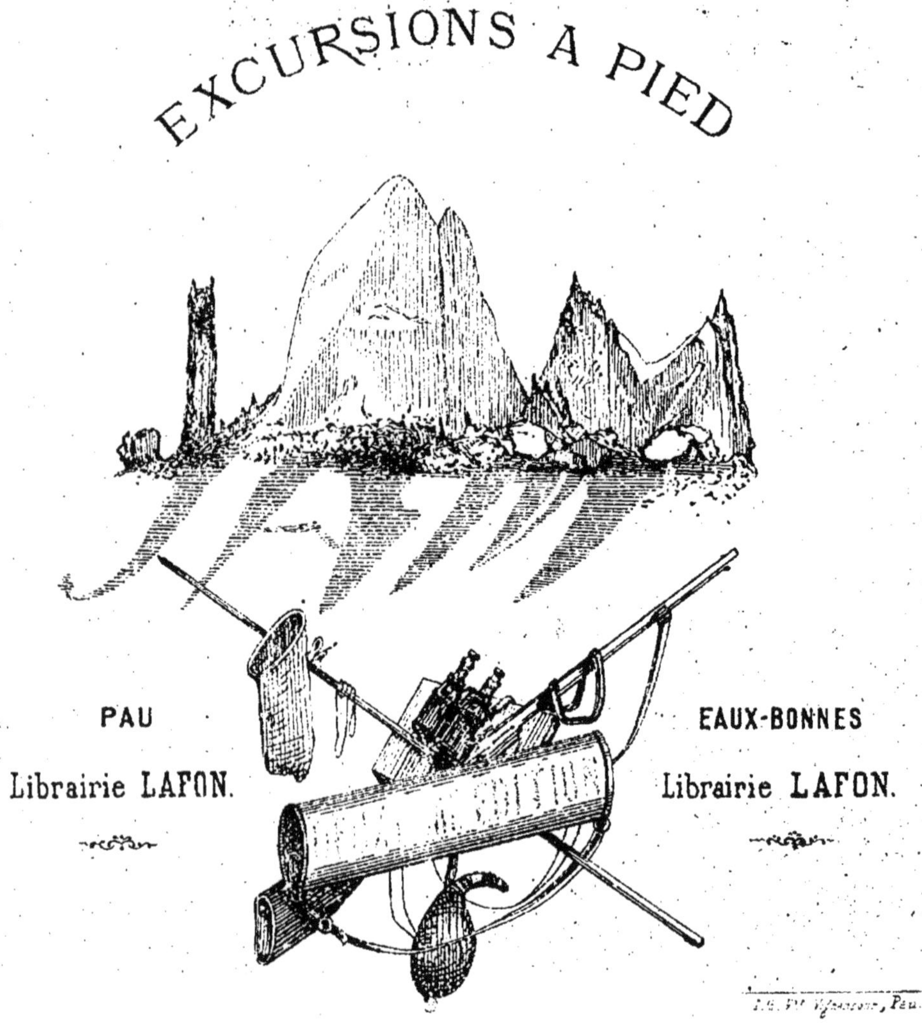

PAU
Librairie LAFON.

EAUX-BONNES
Librairie LAFON.

GUIDE

DES

EAUX-BONNES

ET DES

EAUX-CHAUDES

EXCURSIONS A PIED

PAR

J. A. M.

DEUXIÈME ÉDITION.

PAU
LIBRAIRIE LAFON.

EAUX-BONNES
LIBRAIRIE LAFON.

PAU, IMPRIMERIE Ve VIGNANCOUR.

PRÉFACE.

La première édition de ce guide se composait de 22 excursions, celle-ci en contient 53. Le Congrès scientifique de l'Institut des Provinces a eu l'indulgence de publier mes études sur l'histoire naturelle des Basses-Pyrénées, et j'ai été autorisé à les reproduire dans le cours de ces récits qui, en voulant trop embrasser, seront peut-être exposés à mal étreindre: mais les sciences s'enchaînent tellement que, malgré l'insuffisance de celui qui les traite, il est difficile de ne pas être entraîné d'une question à une autre.

Suivant un ordre simplement géographique, mes explorations commencent par le côté Nord de Laruns; puis, tournant à l'Est et au Sud, elles se terminent par l'Ouest (1).

Ceux qui ne font une excursion que pour aller au but et revenir, peuvent retrancher le tiers du temps que j'ai indiqué; mais le touriste qui cherche, monte, descend, tourne et revient sur ses pas pour une pierre, un insecte, une fleur ou un oiseau, ne marchera pas plus vite que moi.

Ces courses n'offrent, d'ailleurs, rien d'extraordinaire

[1] Voir le plan en relief de M. Baysselance.

puisqu'elles ont été faites par des jeunes filles, quelquefois des enfants, qui reviennent chaque soir coucher au logis où je laisse souvent des regrets ; je ne voudrais pas y ajouter les inquiétudes. Cette dernière considération plaidera en ma faveur auprès des lecteurs trop rigides qui me reprocheraient le titre d'EXCURSIONS A PIED, tandis que plusieurs des grandes courses commencent et finissent en voiture (1). En racontant les faits tels qu'ils se sont passés, j'ai voulu, en outre d'un certain désir de véracité, prouver que toutes ces excursions étaient exécutables quelle que soit celle des deux stations thermales que l'on adopte pour quartier général, et justifier en même temps mon autre titre de GUIDE DES EAUX-BONNES ET DES EAUX-CHAUDES.

En sondant les mystères de ces pics dont l'œil de l'homme ne peut compter les siècles, je n'ai pas eu la prétention de les expliquer. Pour redire leurs magnificences, les splendeurs de leur parure, et les noms seuls des milliers d'êtres qui les animent, il faudrait ne plus appartenir à la terre !... Trop heureux, si j'ai pu allumer dans l'âme de la jeunesse qui me suit, une étincelle de l'admiration qui vous enivre, quand perdu dans les nues, on n'a plus que « son cœur dans sa poitrine et Dieu sur la tête ».

(1) Il serait beaucoup plus facile, plus économique et moins fatigant, d'aller, pour une partie de celles-ci, s'installer à Gabas.

PRÉPARATIFS, ÉQUIPEMENT.

Costume d'homme. — Vêtements d'été, en laine si on peut la supporter. Pardessus imperméable roulé avec une courroie et attaché à la ceinture.

Coiffure. — Casquette de Gibraltar, ou chapeau de paille avec un mouchoir flottant par dessous. Le mouchoir est préférable au voile, d'abord parce qu'étant plus mobile on le tire à droite ou à gauche suivant la position du soleil ; ensuite et surtout, parce que touchant immédiatement la tête, il absorbe la sueur.

Chaussure. — Souliers montant un peu haut sans former brodequin cependant ; car en gravissant, les plis du cuir font venir des ampoules sur le coup de pied, et en descendant, ils en forment au talon. Il est important que le pantalon ne soit pas flottant ; autrement, on l'accroche aux aspérités des rochers. Si les molletières sont trop épaisses, elles ont le même inconvénient que les brodequins : elles pincent la peau à la jonction du soulier. Les guêtres sont excellentes, à la condition d'être larges. Il est indispensable d'avoir, à ses souliers, des clous d'acier à tête quarrée, *vissés* dans la semelle ; et sur les côtés, d'autres clous à tête d'acier seulement, mais dont la pointe très-longue n'est pas trempée ; Cette pointe doit traverser tout le bord de la semelle, puis être *recourbée* et *rivée* en dessus. Avec cette chaussure, vous pouvez gravir le

Néthou (3,404m) dans les Pyrénées, le *Mont blanc* (4,810m) dans les Alpes, et même le *Gaurisankar* (8,840m) dans l'Himalaya.

BATON DE MONTAGNE. — Si nous suivions les lois de Manou[1], je n'aurais pas la peine d'écrire ce chapitre. Un Brâhmane doit porter un bâton de *Vilva* (*Aglémar mélos*) ; celui d'un Kchatrya[2] doit être de *Vata* (*Ficus indica*), et celui du Vaisya[3] de *Pîlou* (*Salvadora persica*). Prêtre, votre bâton devrait être assez long pour atteindre vos cheveux ; militaire, il devrait s'élever jusqu'à votre front ; agriculteur ou marchand, il ne devrait pas dépasser la hauteur de votre nez. Mais en l'absence de tout règlement à cet égard, je vous dirai : que les meilleurs bâtons sont ceux de noisetier ; ils réunissent la solidité et la légèreté. En buis, en houx et en chêne, ils sont un peu lourds. Le bout ferré doit avoir dix centimètres hors de l'anneau. Les crochets sont dangereux, on risque de se les enfoncer dans les pieds.

COSTUMES DES JEUNES PERSONNES. — Robe et casaque de toile. La robe se porte longue pour sortir des Eaux-Bonnes. Une fois dans la montagne, on la relève plus ou moins, suivant la difficulté et surtout l'inclinaison du terrain, en l'accrochant à la ceinture, par devant pour monter, par derrière pour descendre. Pantalon de toile bouffant et retenu par des molletières souples montant jusqu'au genou. Imperméable roulé et attaché à la taille. Ce costume est commode, convenable, et ne manque pas de grâce.

COIFFURE. — Il n'y a pas de coiffure qui résiste à une marche de douze ou même de six heures dans la montagne.

[1] Lib. II, p. 35.
[2] Guerrier.
[3] Agriculteur ou marchand.

Il faut porter les cheveux tressés, pendants sur les épaules. Chapeau et mouchoir comme pour les hommes. Voile bleu et même noir, surtout si l'on doit marcher longtemps sur la neige.

BATON. — Aussi long et aussi fort que pour les hommes. Ces jolies cannes que l'on vend à l'Horizontale sont suffisantes pour les malades qui se promènent autour des Eaux-Bonnes; dans la montagne elles vous feraient casser le cou.

BOITE A HERBORISER. — Elle doit avoir trois compartiments: un grand au milieu pour les plantes, et deux petits de chaque côté. L'un avec un fond de liége pour piquer les papillons, l'autre rempli de sciure de bois légèrement imprégnée d'essence de thérébentine, ou d'éther, ou de benzine pour les insectes.

ALBUM. — Il se met dans une poche de toile que l'on porte avec une courroie comme une carnassière.

PHARMACIE. — Arnica pour les chûtes, acide phénique pour les blessures de vipère, mélisse pour les coups de sang, etc. La vipère monte même au-delà des bois et des buissons, jusqu'à 2,200m.

BOISSON. — Cordial le plus énergique sous le volume le plus petit. Cognac, trapistine. Le *Carignano* que les espagnols apportent dans des outres est excellent.

TEMPS. — Je n'ai pas la prétention de prédire le temps dans les montagnes. Cependant, il y a des pronostics presque certains, au moins jusqu'à trois ou quatre heures de l'après-midi.

Quand de l'extrémité de la promenade horizontale on aperçoit au coucher du soleil, la plaine exempte de tout nuage vers Louvie, le ciel parfaitement pur; on a *la plus grande probabilité de beau* pour le lendemain.

Les nuages très-blancs ne sont pas méchants, disent les

montagnards. Il faut se défier des gris, des rouges et surtout des noirs.

Les nuages si légers qu'ils soient, stationnaires et cachés dans les anfractuosités des montagnes de Laruns, sont de mauvais augure.

Les nuages qui montent de la plaine amènent la pluie, ceux qui descendent de la montagne sont moins à craindre. Tant que les vents d'Espagne les chassent, on peut marcher; s'il s'arrête, il faut se sauver; c'est la pluie!

En août et septembre, les plus beaux jours finissent souvent par des orages vers les trois ou quatre heures.

Les montagnards appellent nuages ces vapeurs blanches qui vous entourent sans vous mouiller, et brouillard ce qui se résout en pluie fine et sent la fumée.

Quoique le brouillard finisse à la longue par vous mouiller parfaitement, il n'est pas toujours une raison pour interrompre une excursion, si l'on a un bon guide qui ne risque pas de s'égarer. Mais si le temps est tout à fait pris et qu'il tombe une véritable pluie, il faut revenir au plus vite, sans s'arrêter, et surtout sans s'asseoir pour se reposer. Les cabanes des bergers sont dans ce cas de funestes abris; on s'y refroidit, et en définitive, il faut toujours se remettre à la pluie pour regagner son gîte.

Départ. — Les départs du matin sont les meilleurs. Viennent ensuite ceux de l'après-midi pour les petites courses; ceux d'après déjeuner sont accablants. Pour les grandes excursions, on ne se repent jamais d'être parti de trop bonne heure. A trois heures du matin, on est leste et dispos, et on peut être arrivé sur les hauteurs avant la chaleur. Cependant, si l'on a des pentes de gazon à gravir, ou à passer en plein bois, il faut partir un peu plus tard à cause de la rosée qui transperce les chaussures en un instant et vous fait glisser dans les pentes.

MARCHE. — Voilà la grande affaire ! *Chi va sano va piano, chi va piano va lontano !* Hors de là pas d'excursion. Il faut monter lentement, *très-lentement*, la bouche fermée pour éviter les points de côté, s'arrêter tous les quarts d'heure, debout, au moins quelques secondes, ne fût-ce que pour se retourner et admirer la vue qui change à chaque instant. On a d'ailleurs dans la poitrine, un régulateur d'une précision mathématique : c'est le cœur. Quand il bat, il faut s'arrêter jusqu'à ce qu'il se soit calmé.

La descente au pas gymnastique, le corps en arrière, les jarrets toujours pliés, est moins fatigante qu'une retraite au pas, le jarret tendu comme en plaine. Cette dernière manière laisse des souvenirs fort désagréables au-dessous du mollet et au-dessus du genou.

Pour les pentes de neige, la marche en lacet est importante, parce qu'il faut à chaque pas enfoncer fortement le talon pour faire un cran, ce qui devient impraticable si vous montez verticalement.

Quant aux pentes de rochers vraiment dangereuses, toute chaussure devient impossible ; il faut marcher pieds nus, ou tout au plus avec ses bas, le pied devant avoir la même finesse de toucher que la main.

Enfin, il faut savoir *s'entraîner*, et ne pas se lancer dès le début dans des courses trop pénibles.

ASSOUSTE (665m), ESPALUNGUE.

Excursion de deux heures qui peut se faire également à cheval. Un guide n'est pas nécessaire.

Descendez la vieille route des Eaux-Bonnes. Prenez le premier sentier que vous rencontrerez à droite. Au fond du ravin, vous passerez le Valentin sur un pont de bois qui semble fait pour le moulin qui est de l'autre côté. Le site est ravissant! Suivez ensuite le chemin qui remonte à gauche; il mène à Assouste, où vous verrez une petite église romane du XIe et XIIe siècle [1].

Chaque année, Assouste administré par un seul Jurat, en changeait le lundi de Pâques, *savoir est par tour des maisons où il y a des hommes, commençant par un bout du village et finissant par l'autre.*

Cordet, qui a tué cinquante-cinq ours dans sa vie, était d'Assouste.

Le chemin creux qui passe à côté de l'église, se bifurque. Le côté gauche descend au château d'Espalungue, appartenant à Mme la Ctesse de Ségure. Quelques minutes après vous arrivez au moulin d'Espalungue qui sert à scier les marbres de Gabas. Au lieu de traverser le pont, sautez par dessus le mur qui vous sépare d'un barrage en poutres de sapin. Vous aurez alors le Valentin devant vous; remontez son

[1] On remarque sur les tombes qui ornent les abords ou forment le pavé du sanctuaire, le nom des LIVRON si puissants jadis dans la vallée.

cours pendant cinquante mètres, en suivant la petite prairie qui s'enfonce dans le vallon, et vous arriverez à la *Gorge des Cordillères.* Si vous ne la trouvez pas bien nommée, baptisez-la autrement. Quant à nous, c'est le nom qui nous est venu à l'esprit la première fois que nous l'avons découverte.

Dans ce moment-là, deux vautours y déchiquetaient une charogne, et tandis qu'ils décrivaient leurs spirales, pour disparaître dans les chênes dont les pieds se perdent sous d'énormes scolopendres, des cincles[1] et des bergeronnettes jaunes s'enfuyaient dans la gorge. On la prendrait pour une grotte, si un jour mystérieux, réflété par les murs humides, n'annonçait la lumière derrière les grandes lianes qui viennent se mirer dans l'eau. On se croirait dans une forêt vierge.

Le Valentin est l'égout collecteur des Eaux-Bonnes. C'est à lui que l'on confie les chiens, les chats et les débris les plus variés. Tout cela dégringole, tournoie, se cogne, saute de cascade en cascade, et arrive lavé et poli à la jolie prairie où nous sommes. Qui dirait que cette eau d'Aigue marine glissant sur le sable ardoisé ou murmurant sur les cailloux luisants, a voyagé avec ces immondices! L'herbe est couverte des bouchons qu'elle y a déposés. Quant aux

[1] Le Cincle plongeur, *Cinclus aquaticus* (Bechst), très-commun dans la vallée d'Ossau ne quitte jamais les bords du Gave. Il marche plus aisément au fond de l'eau que sur la terre, pour y chercher des insectes et des larves, il se repose ensuite, immobile, sur les pierres les plus basses du torrent. On le retrouve dans toute la chaîne jusqu'aux lacs des Englas, d'Ayous et d'Artouste (1964m). Mais lorsqu'on le poursuit à ces hauteurs, au lieu de s'enfuir sur la rive, il se réfugie dans les rochers élevés. C'est le seul oiseau à vol court que j'aie vu habiter à la fois la plaine et les stations alpines. Son nid, recouvert d'un dôme, et à l'abri dans quelque trou, contient cinq ou six œufs blancs.

os, un spéculateur vient les ramasser dans des nattes sordides et en fait je ne sais quel commerce.

Il faut retourner sur vos pas pour sortir du vallon. Immédiatement après le pont, montez à gauche dans la prairie, longez la futaie qui domine la gorge des Cordillères, glissez-vous sous ses grands ombrages, et allez sonder ses mystères.

Quelques pas plus loin, les rochers se serrent tellement pour étrangler le Valentin qu'on pourrait sauter d'un bord à l'autre, si un pont de chèvre, branlant, disjoint et moisi, ne réunissait les deux rives à soixante pieds au-dessus du gave qui s'endort un instant dans l'azur de ses ondes. En perçant à travers les clématites et les rocailles où les suintements vous inondent, on rejoint le chemin d'Assouste, à gauche; des Eaux-Bonnes, à droite.

Si la passerelle vous paraît trop fragile ou trop humide, rebroussez chemin et gagnez la vieille route des Eaux-Bonnes. A gauche de la villa Taverne vous lirez sur une maison d'humble apparence : *Villa Castellane, grotte très-curieuse.* Cette villa ne fut jamais qu'un projet. Visitez la grotte, qui serait *très-curieuse*, si l'on n'avait vendu une grande partie des stalactites.

LARUNS (593m). — Carrière de marbre blanc de Geteu.

Excursion de 2 heures 3/4.

Descendez la nouvelle route des Eaux-Bonnes jusqu'à une

haie de *Gleditschia triacanthos* sur la gauche, (environ deux kilomètres). Au bout de cette haie, une excellente fontaine tombe sur la route. Il y a, 120 mètres plus loin, à droite, un sentier au milieu d'un massif d'arbres nouvellement plantés. Prenez-le, il vous conduira à la vieille route, en face d'une maison. Passez par la barrière qui est devant vous et longez le corps de logis qui descend vers le gave; le routin est assez malpropre. Tournez au coin de la maison et suivez le sentier qui se dessine sur la pelouse; il vous ramènera à la vieille route qu'il faut prendre jusqu'au premier chemin, à droite. On dirait une ancienne voie romaine, tant il est solidement pavé. Dans un instant vous serez à la passerelle qui traverse le gave pour communiquer avec le village de *Pont* [1].

A de certaines heures, on amène sur le bord du gave des troupes de cochons qui le traversent à la nage pour venir se vautrer au soleil sur le sable. Puis, à un signal donné, toute la bande se jette à l'eau et chacun regagne fidèlement son logis. Il est assez curieux de voir de loin ces masses de chair rouge et luisante qui ont l'air de cuire au soleil.

La nouvelle route a coupé en deux une ancienne construction que l'on appelle: la maison des Maures.

Laruns est devant vous.

Le chemin que je viens d'indiquer est si court que, soit à la montée, soit à la descente, un piéton ne doit pas se laisser devancer par une voiture partie en même temps que lui, quand bien même faiblement chargée, elle prendrait la vieille route.

Laruns, chef-lieu de canton, n'a de remarquable que son

[1] Sous les galets du Gave, rive droite, *Patrobus rufipennis*, *Chlænius*. Rive droite et rive gauche *Anchomenus claneus*.

église du XVe siècle, dont le bénitier est de la fin du XVIe et quelques maisons de la même époque, avec des portes ogivales. J'ai déjà dit[1] : que la fontaine qui est au milieu de la place était mieux qu'un monument ; c'est le souvenir reconnaissant d'un enfant du pays qui était allé faire fortune en Russie : M. Coudurat.

Le territoire de Laruns enclave le pic du Midi.

Si vous êtes dans le pays au 15 août, ne manquez pas d'aller voir la procession de Laruns. Vous y trouverez réunis tous les costumes de la vallée d'Ossau. Aujourd'hui, où le niveau égalitaire de nos modes insignifiantes se fait sentir jusque dans ces contrées primitives, il faut se hâter de voir ces jolis et éclatants costumes de garçons, de filles, de femmes mariées, ceux plus sévères des veufs et des veuves, et les pasteurs drapés dans leurs longs manteaux plissés, ornés de glands.

On voit des danses ossaloises aux Eaux-Bonnes ; mais jamais une exhibition aussi complète de costumes.

La place est couverte de tréteaux où s'évertuent les joueurs de *flûte* et de *tambouri*, entourés d'un cercle de danseurs tantôt seuls, tantôt entremêlés de danseuses. En 1780, le *tambouri* et la *flûte* marchaient en tête du régiment des chasseurs cantabres, comme la cornemuse dans les régiments Ecossais.

C'est bien d'ailleurs l'harmonie sauvage qui convient à la montagne. Il y a des chants plus gais comme *Aquéros mountagnès*, ou mélancoliques comme *lou beryé malhurous*. La manière de chanter le *passe-carrère* est très gracieuse.

[1] Guide de Pau aux Eaux-Bonnes, p. 63.

Les danses et les chants sont entrecoupés d'*Arénilhets*, cris sauvages qui sont particuliers aux montagnards, et d'une gambade qui consiste à faire un rond de jambe au-dessus de sa tête.

A un kilomètre nord de Laruns, la grande route s'élargit comme une esplanade. Une source abondante traverse le chemin, et les murailles qui tranchent sur les teintes sombres de la montagne, à gauche, indiquent la carrière de marbre blanc de Geteu, dont les débris couvrent les environs. Gaston Sacaze y a trouvé des *Myrianites*, des tiges d'*Encrines* et trois *Trilobites*. L'existence du terrain silurien est pour M. Coquand un fait accompli. Ce qui justifie cette opinion : c'est que les ardoisières de cette vallée sont recouvertes par des schistes argileux brunâtres, contenant les *Terebratula subwilsoni*, *T. reticularis*, *Spirifer paradoxus*, *Orthis striatula*, *Pleurodyctium problematicum*, fossiles caractéristiques du dévonien inférieur, et qui se retrouvent à la base des escarpements calcaires des pics de Gourzy et de Ger dont M. Coquand a démontré l'origine provencienne.

Ce marbre est le type parfait de ce que l'on considérait autrefois comme calcaire primitif ; mais sa position au-dessus des assises fossilifères, suffit pour protester contre cette qualification. Sacaze y a découvert des *Amplexus coralloïdes*, Sow., des polypiers du genre *Michelinia* (dont l'un a paru à M. Coquand être le *M. compressa, Mich.*,) et surtout de nombreuses tiges de *Calamites* dont les cannelures et les articulations sont parfaites. M. Coquand a trouvé dans ces marbres, des grenats, des cristaux de pyrite et des mouches de galène associés à des Calamites, et en tire la conséquence que l'on doit arracher au terrain dévonien les marbres statuaires dont nous parlons, pour les transporter à l'époque carbonifère [1].

Nous avons trouvé dans les débris qui sont au-dessus de la source : *Amplexus coraloïdes, Litobranche, Spirifère, Cyatophile cœspitosum*, *etc.*

La découverte des Amplexus et des Calamites au sein des marbres de Geteu et de Gabas constitue un fait géologique de la plus haute importance et qui mérite d'être mis en lumière ; d'autant plus qu'à part une *Astrea* citée par M. de Blainville dans le marbre de Carrare, aucun fossile spécifiquement déterminé n'a été mentionné dans ces roches pour ainsi dire exceptionnelles [2].

Au lieu de revenir par le village de Pont, suivez la grande route au sortir de Laruns et lorsque vous serez arrivé au carrefour des Eaux-Bonnes et des Eaux-Chaudes, prenez, en plein Est, un sentier qui monte droit au travers des prés, et coupe les lacets jusqu'à la *maison de Guillaume*, à droite. Là, vous avez le choix entre la voie de grande communication qui est devant vous et la promenade horizontale qui est à quelques centaines de mètres au-dessus.

Le 15 août 186... à la fête de Laruns, M. *** s'adresse à Orteig, guide des Eaux-Bonnes, afin d'avoir des leçons de course?

— Orteig se met à sa disposition pour le conduire dans la montagne....

[1] A la page 64 du *Guide de Pau aux Eaux-Bonnes*, j'ai indiqué les statues qui sont sorties de ces carrières.

[2] Bulletin de la Société géologique de France, 13 nov. 1869, p. 59, vol. 27, 2e série.

—Ce n'est pas cela... je veux des leçons de course, *pour courir*.

Orteig ne comprenait pas bien ; car M. *** avait vingt-deux ans, était rompu aux fatigues d'une vie active, et paraissait ce qu'il était en effet : souple et robuste.

« Voilà mes conditions, » ajoute M*** avec une insistance pratique : « Je vous donnerai cinq francs par heure et un sou par coup de fouet..... Venez, je vous expliquerai le reste sur le terrain. » En même temps, il entre chez un marchand de fouets, achète le plus long et le plus fort, et pour éviter les curieux, si nombreux dans ce moment il monte au bout de la promenade horizontale. Là, il pose le manche du fouet aux pieds d'Orteig, allonge la mèche dans la direction de l'allée et se met au bout. — « Quand j'aurai frappé trois fois dans mes mains, vous ramasserez le fouet, » dit-il, « et moi je me sauverai. Si j'arrive à la maison de Guillaume avant que vous ne m'ayez attrapé, vous me donnerez dix sous. Si, au contraire, vous pouvez m'atteindre, je vous paierai autant de sous que vous m'aurez administré de coups de fouet. »

Orteig hésitait.... il avait peur d'une plaisanterie ; cependant le raisonnement qu'on lui faisait était spécieux : — « Quand un cheval quoique fort et courageux ne peut pas gravir une côte; vous lui donnez un coup de fouet et il avance. Il en est de même pour l'homme! » Cela dit, M.*** frappe dans ses mains et part, en bondissant comme un izard, sur les gazons fraichement fauchés. Orteig qui n'avait pas de clous à ses souliers, commence par se jetter par terre et a bien de la peine à lancer un respectueux coup de fouet avant d'arriver au but. Il fut grondé..... Aussi à une autre leçon, autour de la grange de Soustrade, à la montagne verte, reprit-il largement sa revanche.

BÉOST, LOUVIE-SOUBIRON, BAGÈS.

Course de trois ou quatre heures. Un guide n'est pas nécessaire.

Descendez à Assouste, prenez le chemin qui tourne à droite au-dessous de l'église ; vingt minutes après vous serez à Béost, qui avait autrefois le privilége de fournir les jolies filles pour présenter l'eau à la buvette des Eaux-Bonnes. L'église romane est du XIIe siècle, mais elle a été restaurée plus tard, lors de la construction de plusieurs maisons des XVe et XVIe siècles, que l'on voit encore avec leurs bas-reliefs. Le petit château qui tient à l'église vient d'être acheté par M. A. Darralde, un des fils de l'éminent médecin. Trois cents mètres avant d'arriver à Béost, la route est bordée par deux murs de pierres rouges schisteuses et à moitié décomposées, dans lesquelles on trouve : *Atrypa reticularis*. Linn, et *Retepora reticularis*.

Pour gagner Louvie-Soubiron, il faut descendre presque jusqu'au Gave où on rejoint la route qui y conduit [1]. La cure et l'église sont gracieusement suspendues au-dessus de la vallée et à une certaine distance du village. A un kilomètre au Nord, on trouve les ardoisières ouvertes sous le pic d'Auzu, et au-dessous, les restes d'une carrière de marbre blanc qui correspond à celle de Geteu. Le *Menziesia Dabœci*, est

[1] Cette route est à droite, un peu avant d'arriver au dépôt d'ardoises. Celle qui est un peu plus bas le long du Gave, conduit à Aste.

commun dans les buissons qui couvrent toute la contrée au Nord; on est étonné de ne pas voir dans nos jardins cette jolie et robuste bruyère. Plus on se rapproche d'Aste et plus on rencontre de schistes ardoisiers, renfermant des traces d'Ottrélite [1], métal inutile jusqu'ici.

Au retour, traversez Louvie-Soubiron, et au lieu de descendre vers l'Eglise, demandez le sentier de *lou mont.* Vous n'avez jamais rien vu de plus frais, de plus inattendu et de plus sauvage que cette faille où le jour sort de sous terre, au milieu d'un fouillis de branches et de lianes dans lesquelles sont encadrés cinq miniatures de moulins [2]. Passez, sur le pont, le torrent de *lou Causét*; c'est un tremblement de terre qui lui a ouvert la roche; et remontez raide au Sud. Le sentier est bien tracé jusqu'à Bagés où vous vous reposérez chez Gaston Sacaze, le savant et hospitalier pasteur botaniste de la vallée d'Ossau. Il habite au bout du village, en face du lavoir, au fond d'une ruelle.

On trouve le nom des Sacaze dans les plus anciens *fors* du pays, et dans les plus anciens rôles. Le nom de Gaston a été, dit-on, donné à cette famille par Gaston Phœbus à la suite de services rendus.

Gaston Sacaze, *Sacaze Gaston*, comme l'appellent les montagnards, est une individualité extraordinaire, originale, presque complète dans son genre. D'une mémoire prodigieuse, soumettant les données de la science au creuzet de l'expé-

[1] L'ottrélite est un métal dulciforme, noir, passant au verdâtre, qui se trouve à Ottrez dans le Luxembourg. C'est à M. Des Cloiseaux, qui a créé cette espèce avec M. Damour, que je dois la connaissance de ce gisement.

[2] Trois de ces moulins sont de Louvie et deux de Bagès.

rience, pasteur botaniste, comme il s'intitule, non sans une légitime fierté, il a tout pratiqué lui-même : sciences, langues, musique et dessin. Il est impossible d'oublier ce qu'il dit. En deux coups de crayon, et avec une expression presque toujours assaisonnée du sel béarnais, il vous peint une plante, un site, une idée ou un individu. Ajoutez à cela une hospitalité patriarcale et une complaisance sans limite. On lui doit la découverte de plusieurs plantes.

On ne s'explique pas généralement pourquoi Bentham qui a donné son nom au *Lithospermum* l'a appelé *Gastoni*, puisque celui à qui il l'a dédié est connu de presque tous sous le nom de Sacaze ?

J'ai demandé la raison de cette dénomination?

Sacaze m'a répondu : que son nom de famille était Sacaze de Gaston, et il m'a cité à l'appui: un titre de 1308, relevé par M. de Villefosse : c'est un tournedot de mariage entre Roger de Béost et Nabère Sacaze de Gaston. Il ajouta que son père s'était appelé ainsi jusqu'en 1790, époque à laquelle, d'après les conseils de M. l'abbé Bayle, curé de Béost, il avait retranché le de; qu'ensuite, en 1837, un général et plusieurs botanistes étant convenus de correspondre avec lui à l'adresse de Gaston Sacaze pour le distinguer de ses frères qui ont conservé le nom paternel, cet usage s'était maintenu parmi les étrangers.

Combien ont glané dans cette riche intelligence? Au reste, ceux qui ont écrit sur les Pyrénées ont généralement rendu à César ce qu'ils devaient à César. Quant à moi, j'avoue franchement que le peu que j'ai pu connaître de l'intéressante flore des montagnes, c'est principalement à lui que je le dois.

En sortant de Bagès, prenez le premier sentier à gauche

après le lavoir; il est presqu'horizontal jusqu'à Aàs et aux Eaux-Bonnes (3/4 d'heure).

C'est sur les fougères, depuis les prairies de *Bouala* que vous traversez, jusque vers Laruns, que l'on trouve l'*Athous Canus*. On ignore les mœurs et même l'habitat de cet élateride; car il n'est que de passage aux Eaux-Bonnes. Sa femelle n'a pas encore été trouvée, et ce n'est que par induction de ce qui est arrivé pour une autre espèce dans le même cas, que l'on a supposé pouvoir attribuer cette qualification à l'*Athous Titanus*. Je ne crois pas qu'on les ait jamais trouvés ensemble, et ils n'habitent pas les mêmes localités. Le *Canus* est une rareté Pyrénéenne très-recherchée; le *Titanus* est peut-être encore plus précieux; il est noir, deux fois plus long et plus gros que le *Canus*. Ses élitres sont luisantes, tandis que celles de son mâle, si on peut l'appeler ainsi, sont d'un blanc poudreux. Dans tous les cas, ce qu'il y a de singulier: c'est que l'on ne connait que le *Canus* mâle et le *Titanus* femelle, et que je n'ai trouvé le premier que sur la rive droite du Valentin et le second sur la rive gauche.

MONTAGNE VERTE (1106m).

Excursion de deux heures 1/2, sans guide.

Lorsque l'on va à cheval à la Montagne Verte, il faut passer par Aas; mais nous qui sommes sur nos pieds, nous prenons un sentier près de la dernière maison des Eaux-Bonnes après avoir passé l'abattoir. Il vient aboutir vers une grange, à un chemin transversal. Franchissez ce chemin, et rejoignez directement à travers les prairies, le sentier qni court à l'ouest sur le flanc de la montagne. Vous devez le prendre à la jonction de celui d'Aas, en face d'une fontaine qui coule dans une auge. En écartant les herbes, vous lirez sur la pierre :

PROMENADE LAVIELLE DÉPUTÉ 1841.

Maintenant, si vous êtes parti après déjeuner, je vous souhaite bien du plaisir ; il y a peu d'espalier comparable à celui-là. Allez lentement, surtout en approchant du sommet, afin de ne pas avoir trop chaud ; car quelque temps qu'il fasse, vous trouverez en haut un vent glacial. Lorsque vous serez arrivé, regardez votre montre pour voir combien de temps vous avez mis à faire cette ascension. Esterle l'a exécutée en quinze minutes. Calculez maintenant la différence qu'il y a entre vos pauvres jambes de plaine et les jarrets d'un montagnard.

Vous ne rencontrerez l'Arnica Montana ni au midi, ni au sommet ; mais si vous faites un pas au nord, toutes les pentes en sont couvertes.

La préparation de ce précieux vulnéraire est très-facile. Prenez les pétales et les étamines ; introduisez-les dans une bouteille jusqu'à ce qu'elle soit pleine sans être tassée. Versez-y de l'alcool à 80 degrés ; quinze jours après, vous aurez d'excellente alcoolature. Si vous ne voulez pas vous embarrasser de bouteilles à transporter ; faites sécher les fleurs, et vous obtiendrez chez vous de la teinture, en mettant 100 grammes de fleurs dans 500 grammes d'alcool à 56 degrés ; faites macérer huit jours, exprimez et filtrez. Enfin, ce qui est encore beaucoup plus simple, achetez-en chez les pharmaciens des Eaux-Bonnes qui en sont abondamment pourvus.

Le *Codex Medicamentarius* contient l'indication de 485 plantes pharmaceutiques dont 167 seulement sont *obligatoires* : c'est-à-dire que les pharmaciens ne peuvent se dispenser de les avoir. Sur les 485 facultatives, 344 sont françaises, et sur ce chiffre, le nonmbre de celles qui sont obligatoires se réduit à 113.

Le sol des Pyrénées, d'une mer à l'autre, produit 211 espèces facultatives et 74 obligatoires. Malgré ces ressources, il ne se fait pas de commerce d'exploitation dans les Basses-Pyrénées, il n'y a guère que l'*Arnica* qui se vende hors du département ; la plupart des pharmaciens font venir presque toutes leurs plantes de Paris. Cependant, ceux qui suivent les stations thermales s'approvisionnent sur les lieux du *Cochlearia*, de *l'Aconit*, de l'*Arnica*, de la *Belladone*, de la *Gentiane*, de la *Jusquiame*, de la *Digitale*, et de quelques autres espèces. Ils obtiennent avec les plantes fraîches des *Aconitum Napellus*, L. — *Arnica montana*, L. — *Atrope Belladona*, L. — *Hyoscyamus niger*, L. — et *Digitalis purpurea*, L. des alcoolatures auxquelles on ne saurait comparer les teintures que donneraient les mêmes espèces désséchées.

En suivant la croupe de la montagne, à l'ouest, vous trouverez la *Gentiana lutea* ; c'est la pharmaceutique.

Au lieu de revenir par le même chemin; lorsque vous serez arrivé à l'inscription dont j'ai parlé plus haut, continuez droit devant vous jusqu'à la cascade de Discoos.

Si, en passant, vous voulez vous désaltérer à la fontaine, sur laquelle on a gravé le nom de la promenade, regardez attentivement : j'y ai vu souvent de petites couleuvres à collier, les mêmes qui tombaient quelquefois dans le verre des buveurs avant que la source thermale ne fut parfaitement captée, et qui s'introduisaient indiscrètement dans les baignoires. J'ai connu une baigneuse à qui cette visite inattendue avait causé une frayeur fort légitime, quoique ce joli reptile soit tout à fait inoffensif.

Pourquoi le serpent inspire-t-il une telle répulsion ?. . . . . Il n'est pas seulement le symbole d'une divinité médicale ; en style hiératique, il veut dire la *vie même*. ÈVS en grec signifie serpent. Si l'on fait précéder ce mot du signe hiéroglyphique du serpent Z, on obtient ZEVS, origine sanscrite du nom grec qui signifie Jupiter Olympien, l'auteur de la vie, l'être par excellence; d'où DEUS et le mot THEOS qui sert à désigner Dieu en général [1]. Enfin, Hor-Apollon [2] dit que les Egyptiens voulant figurer l'éternité, peignent un serpent ayant la queue cachée sous le reste du corps. Ils le font en or, l'appellent *Urœus* et ne le placent que sur, ou autour de la tête des Rois [3].

Malgré ce plaidoyer en faveur de ces intéressants animaux, je n'ai pas l'intention d'effacer le souvenir biblique ; l'anathème divin qui pèse sur la tête du serpent suffit pour expliquer la réprobation populaire.

On rencontre encore dans cette même fontaine le *Gordius* sorte de petit reptile, gros comme un cheveu, qui est très-commun, en été, dans toutes les sources glacées de la montagne.

Dans ces courses à mi-côte et non loin des habitations,

[1] Eusèbe, préparat. évangél. vol. 1, lib. 1, pp. 43, 44.
[2] Hiérog. lib. 1, c. 1.
[3] Essai sur Zeus, par M. Callandreau, Angoulême, MDCCCLXIX.

le sentier est souvent bordé de petits murs, ou raviné de telle façon que les piétons y sont comme encaissés. Il est bon de se tenir au milieu du chemin ; car les vipères aiment à se chauffer sur ces pierres et sont quelquefois à hauteur d'homme. J'en ai pris dans les murs de Béost, dans ceux d'Aas, sur la promenade horizontale et un peu partout autour des Eaux-Bonnes. C'est pour cela qu'il est prudent de porter des molletières, même dans les petites excursions lorsqu'elles ont lieu par la grande chaleur, et d'avoir sur soi un flacon d'acide phénique ou d'Alcali.

On confond généralement la *vipérine* avec la *vipère*. Elles ont la même couleur, portent la même livrée et habitent les mêmes endroits, si ce n'est que la première se tient plus à proximité des lieux humides, fontaines ou cours d'eau. La couleuvre vipérine est inoffensive, sa tête lancéolée est peu recouverte de-plaques; la queue se termine finement en pointe. La vipère est très-dangereuse, même dans la montagne où les brouillards et la fraîcheur paralysent momentanément ses forces. Elle est reconnaissable à sa tête en museau de bouledogue, *sans plaques et recouverte d'écailles jusqu'au bout* ; sa queue est courte et disgracieuse. Je ne parle pas des crochets mobiles emmanchés dans une gaine remplie de venin qui se dressent lorsqu'elle mord. Au repos, ce détail ne s'aperçoit pas ; mais, si on a le malheur d'être mordu, il est très-important de tuer l'animal, afin de savoir à qui l'on a eu affaire. Dans le doute appliquez toujours l'acide phénique. En chasse, mettez une pincée de poudre sur la plaie et flambez-la avec une allumette.

PIC DE LAZIVE (1394m)

Excursion de 3 heures. Un guide n'est pas nécessaire.

Le pic de Lazive est ce gros mamelon rocheux que l'on aperçoit des Eaux-Bonnes à droite de la Montagne Verte, il est assez pénible, parce que ne pouvant partir de bonne heure ni revenir tard à cause de la rosée, vous devez vous mettre en route par la grande chaleur et vous résoudre à rester presque tout le temps exposé au soleil.

On peut faire l'ascension de face, par les fentes de l'escarpement ; mais c'est dangereux pour les enfants. Le véritable chemin est de suivre la route de Cauterets jusqu'à Discoos. Là on prend à gauche en contournant la cascade ; il faut passer dans le bois de chêne qui est de l'autre côté du pré, et gagner un petit sentier qui sillonne horizontalement les prairies en se dirigeant à l'est.

Arrivé au ruisseau qui forme plus bas la cascade du Serpent, on gravit par la gauche jusqu'au sommet du pic. Je n'aime pas cette excursion. Les pentes sont raides et aussi glissantes par la trop grande sécheresse que par l'humidité. Une dégringolade sur ces plateaux superposés peut être dangereuse.

On y rencontre les plantes suivantes :

Buplevrum pyrenaicum. Willd. — *Teucrium pyrenaicum. L.* — *Lonicera pyrenaica. L.* — *Scrophularia pyrenaica.* Benth. — *Silene saxifraga. L.* — *Buplevrum angulosum L.* — *Trifolium alpinum. L.* — *Sempervirum arachnoideum. L. etc.*

Du sommet on aperçoit à merveille l'architecture du Ger et

de son Capéran[1] (*bonnet de curé*), le petit pic decous Coutchess[2] collé aux flancs du Ger, derrière lui Ponamédan[3], puis la Latte et enfin le Gabisos[4].

On est tout étonné de se trouver si au-dessus de la Montagne Verte, qui d'en bas paraissait presque se confondre avec ce massif.

Descendez soit par les prairies en ligne droite, soit par la Montagne Verte.

COL D'AUBISQUE.

Excursion de cinq à six heures. Un guide n'est pas indispensable.

La route de Cauterets et la promenade de l'Impératrice, après le Gros Hêtre, se rejoignent au pont de *Cély*, au-dessous de la cascade du Serpent.

Montez dans la hute elle-même, ou dans la prairie à droite, si les foins sont coupés; vous parviendrez en peu

[1] Presque tous les pics ont leur Capéran; on appelle ainsi une double pointe qui rappelle plutôt une mitre d'évêque qu'un bonnet de curé. Celui du Ger est complétement séparé du grand pic. Celui du pic du Midi d'Ossau que l'on nomme aussi le petit pic, est parfaitement distinct; on le voit de 60 lieues.

[2] Des cous.

[3] *Pen medan* rocher du milieu, entre Sarrière et le Ger.

[4] *Ga bis os*, a deux caux; deux sources qui coulent de chacun de ses versants.

d'instants au-dessus de la chute. Le sentier traverse alors la montagne de *Sandis*, qui appartient à Aas et Assouste; puis, laissant l'*Acassian* à droite, il gagne *Arcascou*, et de là le col d'*Aübisque*, dont la route thermale enlace les contours. Ces deux derniers pâturages sont de Béost.

Quand vous êtes au sommet du col, gravissez la petite éminence qui est à cinquante mètres à droite; vous avez sur le premier plan au S. E. la *Latte de Bazen* (1,471^{m}) couchée sur le flanc et cachant le pic d'Eras taillades (2,684^{m}), tandis que le pic Gabisos (2,639^{m}) se détache plus à gauche au-dessus du col d'Arbase[1]; au-dessous de la Latte et joignant la *guérite* du col de Tortes qui en fait partie, le pic de la Geougue (1949^{m}). Suivant le chainon en descendant de l'O à l'E, vous rencontrez le col d'Arbase qui s'appuie contre le pic Moustachou, puis le mont Laid (1392^{m}) qui termine ce petit groupe.

Montant du nord à l'est, vous voyez courir à l'horizon la chaine formée par les pics de Berbeillet (1543^{m}), de Litas et de Sanssé, dont les contreforts descendent dans la vallée d'Arens.

La fontaine qui est à vos pieds, au bord de cette excavation dont le passage fréquent des troupeaux a enlevé l'herbe, est excellente, et vous invite à déjeuner ou à goûter, suivant l'heure qui vous a vus partir.

Au Nord, les roches rouges d'Auzey-Long (1748) ferment l'horizon. J'ai élevé et gardé pendant deux ans un aigle royal[2] qu'un berger avait pris au nid dans les escarpements de cette

[1] Il y a deux siècles, toute la montagne à l'est était couverte d'arbres.
[2] *Falco fulvus*. Linn.

montagne. Quand je lui parlais doucement, il répondait par une espèce de gazouillement qui n'était pas sans grâce, et n'avait rien de ce cri perçant qu'il jette dans les airs, lorsqu'il est effrayé ou qu'il se précipite au combat. Il traînait, rivée à sa patte, une chaine de 1100 gr. dont il semblait ne pas s'apercevoir. L'aigle Royal ressemble beaucoup à l'aigle impérial. Ils sont bruns tous les deux et ont à peu près la même taille : 1^{m} à 1^{m} 15^{c}. Cependant l'aigle royal est un peu plus grand; sa queue est plus longue que ses ailes, et il ne porte jamais de plumes d'un blanc pur sur les scapulaires, *ce qui est la marque distinctive de l'aigle impérial* dont les ailes ne dépassent pas la queue [1]. Ses deux œufs, rarement trois, il ne suffirait pas à nourir ses petits, sont d'un blanc sale moucheté de roux ou de rougeâtre. Son vol est facile à distinguer même aux plus grandes hauteurs; il est franc et droit, très-rapide; sa queue paraît encore plus longue que de près.

« Priam parla ainsi, en priant, dit Homère [2], et le sage » ΖΕΥΣ l'entendit, et il envoya le plus véridique des oiseaux, » l'aigle noir, le chasseur, celui qu'on nomme le *tacheté*.....» Faut-il en conclure que l'aigle de Jupiter était l'aigle impérial ?.... Il y aurait quelque vraisemblance ?....

On trouve également sur ces hauteurs le Vautour Griffon (*Vultur fulvus*, Linn.) et le Milan royal (*Falco Milvus*. Linn.) qui y chasse les mulots la perdrix rouge, le Pipit spioncelle, le Traquet moteux, la Bergeronnette jaune, les alouettes, et les serpents.

A 100^{m} à l'est du Col d'Aubisque, sur les derniers tournants de la route thermale de Cauterets, au nord; et au-dessous,

[1] J'en ai déja parlé dans le *Guide de Pau aux Eaux-Bonnes*, pp. 211, 212.
[2] Illiade, lib. XXIV, v. 314-316,

à l'ouest, 400m. avant de passer Mondoils, cette porte bastionnée qui ouvre sur les fonds de Gourette et de Leye; vous rencontrerez des schistes argileux avec lits de calcaire gris-bleuâtre, cristallin, formant un banc que le chemin a coupé en plusieurs morceaux et qui renferment des fossiles caractéristiques du dévonien inférieur :

Terebratula sub-Wilsoni. d'Orb. — *Terebratula Archiaci*, de Vern. — *Terebratula Ezquerre*, de Vern. — *Spirifer subspeciosus*, d'Arch. et de Vern. — *Spirifer Pellico*, de Vern. — *Spirifer macropterus*, Rœmer. — *Orthis Beaumonti*, de Vern. — *Orthis devonica*, Keyserl. — *Leptœna Murchisoni*, de Vern[1]. — *Cyathophyllum*, — *Productus*.

70 mètres avant d'arriver à la porte bastionnée dont j'ai parlé plus haut, et qui est remarquable par ses schistes plissés, voyez à gauche une roche de porphyre quartzifère à texture schisteuse. Si vous descendez 30 mètres au-delà de ce passage, la muraille qui borde la route contient de jolis cristaux ferrifères. Les tourelles qui de l'autre côté descendent à l'ouest cachent une colonie d'hirondelles.

Au lieu de revenir par le même chemin, vous pouvez gagner directement Leye et suivre ensuite la route jusqu'aux Eaux-Bonnes.

N. B. L'excursion qui devrait suivre celle-ci : *Cols d'Aubisque*, de *Saucède* et de *Tortes*, se trouve dans le guide de Pau aux Eaux-Bonnes, p. 123.

[1] Bulletin de la Société géologique, 2e série. T. 23, f. 13-20 (18 déc. 1865), de Mercey.

ASPERTA.

Excursion de 4 heures. Un guide n'est pas indispensable.

Chasseur, entomologiste, botaniste ou peintre, il faut que vous ne soyez pas capable de marcher pendant quatre heures si vous vous refusez cette course.

On apprend tous les jours, et quoique j'aie déjà décrit la promenade de l'impératrice dans un précédent volume, je vais dire ce que j'y ai découvert depuis ma première édition ; Le *Calosoma cicophanta* le plus beau carabe des Pyrénées, sur les vieux chênes crevassés et suintant l'humidité. Le magnifique *Cetonia speciosissima*, et le *Bluprestris rutilans* bleu à reflets métalliques et d'opale habitent sur les mêmes arbres, dans Pourciougues. Le Tétras auerhan, *Tetrao urogallus*, Lin, plus connu sous le nom de Coq de Bruyère, — les montagnards l'appellent *Poulloye* — descend jusqu'ici. L'année dernière, il y en avait un nid entre la vacherie de Lanusse et le pont sous lequel passent les eaux de la cascade du gros hêtre, à quelques pas de la promenade. Cet oiseau est un type. Sans préoccupations de voyage puisqu'il n'émigre pas, il ne songe qu'à lui, à son bien être et à ses plaisirs. Quant à sa famille, il a plusieurs femelles qui obéissent à son appel, un cri strident et sec, au premier soleil de printemps ; mais après cette époque, il ne s'en occupe pas plus que de ses enfants; partant pas de soucis. Gros, bien campé sur ses pattes, le bec blanc jaune, les sourcils rouges, la gorge ornée d'un jabot de plumes allongées et la poitrine verte à reflets ; il est très-fier de sa queue noire tâchetée de blanc, quoiqu'elle ne porte pas la lyre du Rakkelhan ou du Birkhan. Il se pavane devant ses poules, et fait la roue comme le dindon en s'accompagnant d'un chant qui ressemble au grincement des sauterelles. C'est le moment favorable pour le surprendre. Mais si vous marchez quand il se tait, le concert est interrompu et la société s'enfuit. Vagabond pendant l'été, il se range en hiver, n'a plus qu'un gîte, sur une bonne branche de sapin qui le garantit de la bise, et où il revient chaque soir à la tombée de la nuit. Malheureusement, comme il couche toujours au même endroit, les traces qui jonchent le sol trahissent sa présence et lui valent quelquefois un coup de fusil. Ces traces forment de petites éminences qui ont souvent jusqu'à 30 ou 40° de haut.

Egoïste pendant sa vie, il serait inutile après sa mort si on ne lui plaçait un caillou dans l'estomac au moment de le mettre à la broche. Ce caillou doit être préalablement chauffé à blanc, et a pour effet; d'enlever à la chair le goût très-prononcé et presqu'insupportable que lui donnent les baies de juniperus, de vaccinium uliginosum et les pousses de sapin.

Son départ est d'abord bruyant, puis il étend les ailes et arrondit sa courbe descendante, à droite ou à gauche, suivant qu'un arbre ou un rocher se présentera le plus opportunément entre vos désirs et les siens. Une fois posé sur quelque branche touffue, il s'y rase et n'en bouge plus ; il faut monter sur l'arbre pour l'en faire partir.

La poule généralement rousse avec le bec brun, est, à l'inverse de ce qui a lieu pour les rapaces, d'un tiers plus petite que le mâle. Elle pond de 6 à 16 œufs obtus, d'un blanc sale marqué de taches jaunâtres. Elle descend quelquefois jusqu'au Pont-

Long au mois d'octobre; on ne voit pas le mâle dans la plaine. Les Tétras ne dépassent pas la région des sapins où ils trouvent une nourriture abondante, et où ils sont à l'abri des grands oiseaux de proie auxquels ils ne sauraient échapper en pays découvert. La longueur du mâle atteint jusqu'à 91 centimètres. Cet oiseau est beaucoup plus commun en Russie, en Allemagne et dans le nord de l'Asie qu'en France.

Deux cents mètres avant d'arriver à la cascade du gros hêtre; à gauche, petite futaie d'une quinzaine de chênes rabougris. Quelques-uns sont fendus et il en coule une sorte de suc fort apprécié du Grand-mars, *nymphalis populi*.

Passez sur le pont de la cascade du gros hêtre et remontez la rive gauche du gave. Aussitôt que les pentes le permettent gagnez le pied du turon deous cristaous que vous suivrez constamment, au-dessus des crêtes de Ciel. Vous y trouverez *Lilium pyrenaicum, Gouan. — Leontopodium alpinum, Will. — Myrrhis odorata, Scop. — Thalictrum macrocarpum, Gr. G. — Saxifraga aretioides. — Lap. — Lactuca Plumieri, Gr. G. — Hippericum nummularium, L. — Dethavia tenuifolia, Endl. — Thalictrum aquilegifolium, L. — Thalictrum saxatile, DC. — Impatiens noli tangere, L. — Aconitum lycoctonum, L.*

Presqu'au commencement de cette promenade, au pied de la muraille, vous verrez une colonie d'Hirondelles de fenêtre (*Hirundo urbica, Linn.*) et d'Hirondelles de rocher (*Hirundo rupestris*, L.) Elles vivent ensemble en bandes considérables dont il faut connaître d'avance les stations pour les étudier, si les petits ont quitté le nid; car elles ne rentrent alors qu'à la nuit tombante et en silence. Même avec la lorgnette, il est impossible de voir leurs établissements cachés sous les plaques schisteuses des grandes roches perpendiculaires. Les nids se touchent tous, le dessus de la pierre est en surplomb, et il n'y a pas d'animal ou d'oiseau de proie qui puisse y monter ou y descendre. La colonie qui est au fond de Leye, au bas de la cascade de Laressec, est la plus remarquable de ces contrées.

On dit qu'il n'y a plus d'izards dans les Pyrénées, et cependant, nous en voyons dans presque toutes nos excursions, particulièrement ici [1]. L'année dernière nous passions en voiture et à cheval sur la route de Cauterets, précisément en face. Il était 9 heures du matin, et quatorze izards paissaient tranquillement sur les lieux où vous êtes: à la Bayadue. J'avais une arme de précision, qui pouvait parfaitement atteindre à la distance de 600m où nous étions. Mais les chevaux auraient pu s'effrayer, il valait mieux approcher autant que possible et donner aux dames qui nous accompagainent le spectacle de la chasse. Courir, traverser le gave au pont de l'Artigao et me glisser dans les buis de Ciel jusqu'à cent cinquante mètres des izards, fut l'affaire de quelques minutes. Je choisis les deux plus gros mâles de la bande et je tirai au moment où ils se trouvaient en face l'un de l'autre. Le brouillard était bas, l'air épais, de sorte que la fumée de mon coup m'enveloppa et je ne pus voir si j'avais tué. Au bruit de la détonation, les izards acculés à une roche lisse redescendirent sur nous pour défiler un à un sur des plaques qui devaient être bien difficiles, puisqu'ils allaient au pas. Il était impossible de l'avoir plus belle!... Malheureusement dans notre précipitation, nous avions oublié les cartouches du faucheux qui devint inutile et j'étais tellement enchevêtré et suspendu dans des branches de buis que mon second

[1] Voir p. 120 du *Guide de Pau aux Eaux-Bonnes*, la description des lieux où nous sommes.

coup de carabine fut complètement risqué. Jean Soustrade ôta ses souliers, se colla à la muraille comme une limace et fut voir ce qui s'était passé.... Il y avait une rigole de sang sur l'herbe et le passage qu'avaient pris les izards. En effet, le blessé ne put pas remonter aux cristaux avec la bande ; mais il fut perdu ; ni homme ni chien n'osant se fier aux escarpements du bas et aux pentes du haut. Le lendemain nous revînmes pour le voir, et calculer au juste la largeur de la vallée. Ce renseignement peut servir à tout le monde : ..... nous étions sur la route de Cauterets, en mettant la hausse à 600^{m} la balle frappait chaque fois une pierre blanche autour de laquelle les izards étaient groupés la veille.

En traque, mettez dans votre faucheux double zéro ou chevrotine, vous faites une blessure énorme, et l'animal vous reste. Moi qui n'ai pas de traqueurs, je suis obligé de tirer à balle quelquefois à des distances fabuleuses, et je perds beaucoup de bêtes. Un izard avec une jambe cassée ou un simple trou dans le corps ne reste pas sur place ; il va souvent mourir très-loin.

Le gros rocher qui est devant vous et fend la vallée en deux s'appelle la Teste de Goua. Augustin Lanusse y a pris un nid d'aigle. Il n'y avait qu'un aiglon qui a été envoyé à Bruxelles.

En suivant toujours la muraille du turon deous cristaous, et laissant la teste du Goua sur la gauche, on arrive au travers du bois d'Asperta à l'avalanche du même nom, et quelques instants après au poste d'izards. Lorsque vous les faites traquer par les cristaous, ils viennent passer ici dans les suintements de la fontaine de Laga. M. le Mis de B... placé là par Lanusse, y en a tué deux d'un seul coup de fusil.

Prenez à gauche dans la forêt de Peyrepioule[1], un quart d'heure après vous descendrez sur le pont de Hèche. Vous êtes à Leye, la prairie de la Cura est devant vous. Au lieu de revenir par la route de Cauterets, reprenez le même chemin. Au sortir de la forêt de Peyrepioule, descendez à droite un bon et large sentier qui vous mènera à la fraîche prairie de la Touye ; entre ces deux endroits, vous avez au moins trois jolis sites à mettre dans votre album et surtout à peindre. Je vous recommande particulièrement la jonction du gave avec le ruisseau qui vient de Laga.

J'ai été si malmené par des personnes qui n'avaient pas trouvé de Martagons là où je les avais indiqués, que je ne devrais plus en parler. Mais j'espère qu'on sera plus indulgent pour moi à l'avenir. C'est souvent parce que j'ai trop bien indiqué les gisements, qu'on n'y trouve plus les plantes. D'ailleurs, il faut au moins deux ans avant qu'un jeune oignon puisse arriver à la floraison. Il a d'abord une feuille, puis deux, puis une demi-tige, puis une grande et enfin une tige avec fleur. En tout cas, il arrive souvent que le *Lilium martagon* ne s'épanouit pas avant fin juillet et même août, et il ne faudra pas m'en vouloir si ceux qui se trouvent entre le nouveau pont de l'Artigao et les crêtes de Ciel ont refusé de pousser au gré de vos désirs. N'espérez pas faire reprendre les oignons des lys en fleur que vous arrachez, il ne sont pas assez mûrs ; il faut attendre que les feuilles se fanent. J'ai remarqué que non-seulement les jeunes oignons s'enfonçaient jusqu'à ce qu'ils aient atteint une certaine profondeur ; mais qu'ils avaient même une propension à se glisser obliquement sous

[1] Pierre qui chante, écho.

les pierres ou les rochers, lorsqu'il s'en trouve à côté d'eux.

Au pont de Lartigao, vous pouvez rejoindre la route de Cauterets qui passe au-dessus, ou suivre la rive gauche du gave jusqu'à la cascade du gros hêtre.

GABISOS (2,639m)

Eaux-Bonnes, 29 août [1].

Excursion de 21 heure 1/2 dont 2 en voiture.

Guides Jean Soustrade et Casabonne.

Il est deux heures du matin; nous partons en voiture pour profiter de la route de Cauterets jusqu'à Gourrette.

Les nuages sont descendus jusqu'au pont de Discoo. Quand on doit s'élever un peu haut, cette circonstance n'est pas un obstacle insurmontable; quelquefois les Eaux-Bonnes sont plongées dans un brouillard épais, tandis qu'un soleil radieux éclaire les cimes. Nous continuons donc; mais le cocher dort, les chevaux qui arrivent de je ne sais où, en font autant; si bien qu'il est déjà quatre heures, lorsque le bâton à la main et le sac au dos, glacés par l'humidité et glissant comme des ombres dans cette obscurité transparente, nous laissons la plaine endormie dans les nuages.

Le col de Tortes (1,869m) s'aperçoit de partout aux Eaux-Bonnes. Chacun le reconnaît à l'aiguille qui s'élève à gauche; elle a quinze mètres de haut, et on voit le jour à travers

[1] J'ai déjà publié cette excursion dans le Bulletin de la Société des Sciences, Lettres et Arts de Pau qui a bien voulu m'en permettre la reproduction.

sa baze lézardée ; le talque savonneux des débris en rend l'accès difficile.

Les schistes basaltiques couvrent notre gauche et le calcaire est à droite. Le col sépare les deux terrains, en coupant la chaine qui court du nord au sud, du mont Nères au pic de la Latte. (2,471^{m}.)

A cent cinquante mètres environ, en descendant à l'est le long d'une grande muraille, il faut prendre, au sud, un sentier qui monte au flanc de la roche. Nous n'y avons pas fait vingt pas, que nous apercevons, dans un enfoncement à droite, le *lithospermum Gastoni,* Benth.

Après le gisement de lithospermum, le sentier se rétrécit en regardant l'est ; la montagne est toute droite et notre pied n'a souvent pas dix centimètres de large pour se poser sur la pierre polie par le sabot des brebis. Ce passage n'est pas dangereux en plein jour ; je redouterais de m'y trouver la nuit.

Nous tournons au sud-est en gravissant avec les mains autant qu'avec les pieds, dans les bruyères, les Juniperus, les Arbutus alpinus et les Empetrum nigrum. L.

Il n'y a plus de végétation arborescente dans la montagne de Bazen; et un tronc d'arbre, à moitié pourri, qui est sous nos pieds, n'a pas été nourri par le sol où il est couché.

La roche calcaire de la Latte monte à notre droite en crêtes inclinées du nord-ouest au sud-est, ses flancs sont percés de grottes horizontales et profondes.

Il faut suivre la raillère qui est au bas pour arriver à travers les neiges au plateau de Bourroux ou Bou-Arrous qui, ainsi que Bazen, appartient à la commune de Béost.

Ce plateau a la forme d'un entonnoir où les neiges s'accumulent jusqu'au printemps. Lorsqu'elles fondent, leurs eaux ne pouvant s'écouler naturellement, s'infiltrent dans les débris dont elles entraînent les parties terreuses, et y creusent des trous assez réguliers.

A l'est et au sud s'élèvent des gradins circulaires où nous tuons l'accenteur des Alpes. L'ouest est fermé par le pic de la Latte; sa chaîne, faisant un coude aux Soums d'Arriu plazen et d'Arrunglette, se dirige presqu'en plein sud.

Arrunglette veut dire hirondelle, et ce nom lui vient probablement de ce que ces oiseaux y ont établi une colonie.

C'est par le sud-est qu'il faut sortir de Bourroux. Une descente raboteuse, dans des plaques de marbre blanc à grain très-fin, conduit au ravin qu'on remonte en tournant sur la droite afin d'éviter les crevasses.

Nous arrivons à 8 h. 15 m. au pied de Penamedan qu'il ne faut pas confondre avec le pic du même nom qui est à l'E. du Ger. Son aiguille de 2,148^{m} s'élève isolée, au milieu de ce désert. L'inclinaison des couches transversales va de l'est-sud-est au nord-ouest; c'est une forteresse avec des tourelles rouges. Au-dessous, le vert bronze antique de la ripidolite se détache des schistes ferrugineux mêlés aux quartzites, à la chlorite, aux calcaires schisteux, aux talkschistes et aux quartz violets, roses et blancs. Les injections de fer oligiste et de quartz dans des calcaires chlorités, donnent à ce petit bijou de montagne l'éclat métallique d'une vieille armure.

Immédiatement après ce que je viens d'appeler la forteresse, le pic se redresse en crêtes qui regardent le sud-sud-ouest; au nord-nord-est ce sont des précipices sans fond.

Les débris du dyke d'Eras Tailladés ont été apportés jusqu'ici

(3 kilomètres) par les avalanches : ce sont des calcaires fibreux traversés par des calcaires compactes. Il est à remarquer que ce dyke court du nord-ouest au sud-est, comme son voisin de Sourins, et comme celui qui descend du col de Sesques dans la vallée d'Aspe pour remonter au col de Gaziès.

Une glissoire rapide sépare le col de Penamedan du charmant plateau d'Arriu-plazen. Cette prairie est dans la montagne de Larue, et ses pâturages sont indivis entre Béost et Arrens.

C'est au sud-ouest que nous allons nous installer, à 8 h. 45, pour déjeuner à la source qui sort entre deux murailles schisteuses. Un bloc de marbre blanc compacte avec blinde, a roulé des sommets environnants au milieu de l'eau et nous sert de table. Pendant qu'on déboucle les sacs, je récolte les plantes suivantes :

Alchemilla alpina. L. — Saxifraga ajugæfolia. L. — Geranium cinereum. Cav. — Epilobium montanum. L. — Campanula linifolia. Lam. — Rumex scutatus. L. — Viola biflora. L. — Saxifraga muscoides. Wulf. — Silene acaulis. L. — Artemisia mutellina. Will. que je n'ai pas encore trouvé si bas. — Hutchinsia alpina. R. B.

Nous repartons à 9 h. 30 m.

Il faut traverser quelques gazons sur la droite pour revenir immédiatement à l'est, afin de gagner un grand éperon de schistes bruns qui descend, nord-nord-ouest, jusqu'à Arriu-plazen, et dont les dentelures, sortant de terre comme une muraille en ruines, sont parallèles au Gabisos. La raillère qui doit nous conduire au col s'affaisse dans cette gigantesque avenue de deux kilomètres.

Après avoir caché dans une caverne les objets les plus pesants, nous allons passer entre la deuxième et la troisième dent du bas, au bord d'une fontaine glacée. C'est un peu raide; mais de l'autre côté, on se trouve au niveau de la raillère. L'indication de ce passage est importante; car au-dessous ce sont des abîmes, et au-dessus les aiguilles menacent le ciel.

Primula viscosa. Will. — Euphrasia nemorosa. Pers. var. y parviflora. Soy. — Wil — Geranium cinereum. Cav. — Gentiana alpina. Will. — Juniperus. L. — Potentilla nivalis. Lap. — Alchemilla alpina. L. — Saxifraga aizoon. Jacq. et Barel. — Soldanella alpina. Lam. — Saxifraga oppositifolia. L. — Id. ajugœfolia. L. — Crepis pigmœa, L.

C'est un travail de Sizyphe que de gravir cette raillère où les schistes dominent. Quelquefois des superficies considérables s'éboulent sous nos pas et descendent d'un seul bloc avec nous cinq ou six mètres plus bas.

Les schistes calcaires, coticulés, talqueux, les calcaires baccilaires y abondent. C'est dans une inflexion, à 200 mètres avant d'arriver au col, que coule la dernière source au milieu des débris. Les izards passent cent mètres plus haut pour aller d'un pic à l'autre.

Saxifraga cœsia. L. — Ranunculus pyrenœus. L. — Arenaria grandiflora. All. — Campanula Jaubertiana. Timbal-Lagrave. — Androsace ciliata. D. C. — Erigeron uniflorus. L. — Galium verum. L. var. alpinum. — Artemisia glacialis. L. — Salix herbacea. L. — Oxitropis pyrenaica. G. G. — Arenaria purpurascens. Ram.

Au col, les schistes d'Eras Taillades couvrent le sol, et

vont jusqu'au pied de Gabisos dont ils forment même la base. Nous y arrivons à une heure.

Ce pic est bien plus en ruine que le Ger ; d'un calcaire généralement jaune, alternant avec des marbres blancs injectés de paillettes ferrugineuses qui lui donnent un ton chaud et chatoyant, il s'égraine ou tombe en poussière au moindre choc.

A partir de la route de Cauterets qui dessine ses contours à l'est, il plonge dans les plaines de Litor, terminant, de ce côté, les derniers soulèvements de la chaine qui descend presque perpendiculairement du Balaïtous sur Pau.

Excepté la lorgnette, une boite et les albums, nous laissons ici nos bâtons avec le reste de notre bagage, et nous commençons l'ascension à trente mètres du col, en descendant au sud sur la raillère d'Arrens. La fente par laquelle nous montons, laboure le pic du Nord-ouest au sud-est, en traversant une roche talqueuse d'un joli vert. On tourne ensuite à gauche sur une pente de 80° dont la surface ne tient pas ; les débris qui viennent à la main disparaissent derrière nous dans un gouffre sans fond.

« Ce n'est pas très joli, » observe Jean, en grimpant dans une grande fissure presque perpendiculaire, mais en zigzag et avec de nombreux repaires pour les pieds et les mains. Il faut bientôt la quitter pour revenir à gauche sur une pente folle d'où s'envole une Tétras Ptarmigan couché sur un gisement de spath d'Islande.

Plus nous approchons du haut, plus c'est difficile et glissant. Dans une première ascension faite au milieu du brouillard[1], j'ai cru en voyant la forme régulière des calcaires

[1] Guide de Pau aux Eaux-Bonnes, p. 204.

schisteux, que certains passages avaient été taillés dans le roc. Aujourd'hui je ne pense pas que jamais marteau de maçon ou de géologue ait passé par ici.

L'accès du sommet est défendu par un mur de 4 mètres, tout droit, et qui serait infranchissable sans quelques fentes placées à des distances fabuleuses les unes des autres. Nous y arrivons à 2 h. 22m.

Il y a, il faut l'avouer, un vif intérêt à demander aux rochers, ces ossements de la terre, les secrets de la création ; avec quel plaisir aussi nous cueillons, sur les sommets, ces jolies plantes que nos pas foulent si rarement; mais ces jouissances ne sont rien en comparaison du vertige indéfinissable qui vous saisit, lorsque, perdu dans l'immensité, on n'a plus que Dieu au-dessus de sa tête.

Cependant, cette ascension (2,639m) est la moins agréable que nous ayons faite jusqu'ici. Elle nécessite une tension d'esprit continuelle et fatigante. Quelle différence avec le Pic du Midi d'Ossau. Là, c'est la force en ruines; le porphyre rugueux est un ami sûr à qui l'on peut se confier. Ici, c'est la faiblesse délabrée ; on ne sait où mettre la main ; tout s'ébranle et vous trahit.

Notre ligne d'ascension regarde le sud-sud-ouest. Au nord et à l'est ce ne sont que pierrailles et clochetons, calcaires schisteux, micaschistes, calcaires jaunes, presque de l'ocre contenant du quartz et du fer. On peut voir de Pau combien cette pointe est étroite ; c'est à peine si nous pouvons y tenir avec mes enfants.

La tourelle, construite d'après les ordres de l'état-major, pour déterminer la triangulation, a un mètre de haut et est en platins de marbre gris blanc pris sur place. On m'a dit que les officiers n'y étaient pas montés eux-mêmes ; ils l'auraient fait faire par des pasteurs.

Le vent qui était très-violent au Col, est presque nul ici ; cependant, il emporte une feuille de mon album qui, après avoir couru deux ou trois bordées, va se coller sur une pointe en surplomb dans le vide. Je l'aurais volontiers abandonnée ; mais avant que j'aie eu le temps de dire un mot, Jean, en deux ou trois sauts, est allé me la chercher.... Je ne saurais dire l'impression désagréable qu'il m'a fait éprouver.

Le Gabisos, qui porte également les noms de Pic du Midi d'Asson et de Pic d'Onze heures de Gan, a pour points cardinaux Asson au Nord, le Vignemale au sud, le Pic du Midi de Bigorre à l'est, mais avec une légère inclinaison au sud, et la Latte avec le Pic du Ger à l'ouest.

Les seules fleurs de ce petit sommet sont le potentilla nivalis et un carex brouté par les izards. J'ai trouvé en montant :

Androsace pubescens. D. C. var. y hirtella Duf. — Juniperus. L. — Dethawia tenuifolia. Endl. — Sedum atratum. L. — Arctostaphylos alpina. Spreng. — Saxifraga brioides. L. — Draba pyrenaica. L. ? La plante n'ayant ni fleurs ni graines, je la fais suivre d'un point d'interrogation.

Gypsophila repens. L. — Anthillis montana. L. — Galium verum. L. var. alpinum. — Arenaria serpyllifolia. L. — Passerine dioica. R. — Reseda ? — Potentilla alchemilloïdes. Lap. — Hypericum nummularium. L. — Oxitropis pyrenaica. GG. — Teucrium montanum. L.

La chaine d'Eras Taillades au sud-sud-ouest parait impossible à aborder de ce côté. La tour que nous y avons construite a été diminuée au moins de moitié.

Nous commençons la descente à 2 h. 55m. Cette fois, il faut suivre l'exemple des guides et ôter nos chaussures ; les mains ne pouvant plus palper les saillies auxquelles on se confie, les pieds doivent les remplacer. Voilà le premier pic à qui nous faisons cet honneur.

Il est 4 h. 30m lorsque nous atteignons le bas. Sans perdre un instant, nous glissons dans la raillère jusqu'à la sortie de l'avenue ; et pendant que chacun reprend son harnais, on dîne debout. Le soleil baisse, les nuages qui ne sont plus retenus par la chaleur de l'atmosphère remontent rapidement en léchant les rochers. Ils ont déjà envahi l'Arriuplazen au moment où nous le traversons, et malgré la rapidité de notre marche, ils nous ont précédés au col de Bourroux par lequel on peut descendre également à Gourrette par la Galèfre ; mais ce col est une cheminée difficile, déjà obscure et rendue dangereuse par l'humidité, Il faut nous hâter pour gagner le passage de Bazen pendant que la pluie, traversée par les rayons du soleil couchant, est encore transparente.

Au moment où nous allons y arriver en courant, un immense nuage noir, sentant la fumée, se lève comme un décor d'opéra et nous plonge dans une obscurité complète. Il pleut à verse, cependant chacun reste suspendu aux buissons où il a été surpris et se laisse transpercer sans oser bouger.

Il y a un moment d'hésitation :... j'arrache un quartier de roche et je le pousse devant moi en éclaireur.... La pierre bondit sans faire de bruit, et quelques instants après, des chevaux effrayés hennissent dans le fond du précipice.

« Nous sommes dans le bon endroit, dit Jean, seulement

» il faut que j'aille le reconnaître. » Il ôte ses espadrilles, prend les fusils, les objets les plus embarassants et disparaît.

Cinq minutes ne se sont pas écoulées, qu'un coup de sifflet, qui semble sortir des entrailles de la terre, nous apprend qu'il a retrouvé le passage. Pendant que nous écoutons, son ombre apparait tout à coup sans qu'aucun bruit ait signalé son approche, tant le brouillard amortit les sons.

« On ne voit rien, dit-il, mais le chemin est très-joli, je le » sens au pied-nu. »

Ce chemin *si joli* est tellement perpendiculaire, que son bâton, qui vient de lui échapper, tombe dans le vide pendant quelques secondes avant de rebondir sur la roche. Enfin, grâce à Dieu et à l'instinct inconcevable de cet homme pour se diriger la nuit, nous passons, les uns après les autres, en le tenant par la main.

Au col de Tortes (8 h. 30^{m}), les nuages redeviennent blancs. On n'y voit pas davantage ; mais c'est moins triste. Leur vapeur argentée reflète, éloigne, et cependant augmente d'une manière singulière l'éclat des vers luisants. Quelques-uns brillent tellement que nous les prenons tantôt pour des feux de bergers, les fenêtres de la cantine de Leye, les lanternes de la voiture qui doit nous attendre, ou même un incendie.

Nous avons été plus d'une fois surpris par la nuit dans la montagne. Quand on ne l'a pas éprouvé, on ne saurait s'imaginer combien les yeux, l'esprit et le corps, surexcités par le danger commun et se prêtant un mutuel secours pour vaincre l'obscurité, sont presqu'invinciblement entraînés au sommeil. Il faut multiplier les cris pour se tenir éveillés.

En plein jour un quart d'heure suffit pour descendre du col de Tortes au cap de Apouich ; nous mettons une grande heure ; mais aussi quel plaisir de marcher sur une bonne route, avec la perspective de s'étendre bientôt dans la voiture....

Malheureusement, le cocher ne nous voyant pas arriver à l'entrée de la nuit, a cru que nous couchions dans la montagne et il est reparti. Cette surprise est d'autant plus désagréable, qu'il est dix heures ; que la pluie plonge les gorges dans une obscurité plus épaisse, et que, dans ces conditions, il nous faut encore trébucher les uns sur les autres pendant une heure et demie avant de saluer les Eaux-Bonnes.

Un conseil en finissant.... La nuit était tellement obscure que nous ne nous voyions pas en nous tenant par la main. Dans ces cas là il faut que chacun laisse pendre son mouchoir derrière son dos, et que celui qui le suit, regarde le mouchoir et non pas le terrain. Quant à celui qui est en tête, il ne doit jamais porter ses yeux sur les côtés de la route ou du sentier, mais toujours fixer ses pieds ; la teinte blanchâtre du chemin le retient machinalement au milieu.

Cependant, malgré ces belles précautions, au dernier tournant de la route de Cauterets, Jean qui était en avant eut un instant d'hésitation causé par la lueur du réverbère dont la lumière arrivait jusqu'à nous ; moi, qui ne m'y attendais pas, je lui mets mon bâton dans le dos, mon fils qui venait par derrière s'embarrasse dedans, mes autres enfants culbutent sur lui et Casabonne qui fermait la marche trébuche sur nous tous.

PIC D'ERAS TAILLADES (2684m).

Excursion de 15 heures 1/2. Voyez le guide de Pau aux Eaux-Bonnes, p. 207. Cette course par la cheminée de la Galéfre ou par Louesque est une des plus intéressantes des Eaux-Bonnes.

LAC DES ENGLAS. (2069m)

Excursion de 13 heures ; il faut un guide.

J'ai fait cette course par des temps bien divers, vent, soleil ou pluie ; mais jamais par un beau calme. Et cela s'explique : de Gourette à la cascade de Duzyous, on se trouve constamment dans une gorge orientée du N. au S., où les courants d'air sont presque toujours violents.

Le 25 juillet, réveillés à deux heures du matin par Jean Soustrade, nous étions en marche à trois heures. Le ciel était pourpre, l'air tiède et les vautours dans les nues semblaient lutter contre une force invisible.

Il est 4 h 1/2 lorsque nous arrivons à Gourette ; les bergers éveillés par les aboiements des chiens sortent de leurs cabanes. Le jour commence, et la rosée est si épaisse qu'en un instant nos souliers sont pleins d'eau. Nous montons l'Escala de Lagnière[1] mauvais pas pour les chevaux. Au sortir d'un petit bois, le rocher de Sarrière (1936m) apparait aux premiers rayons du soleil.

Jean s'arrête tout-à-coup, me pose la main sur le bras, et montrant le sommet de Sarrière : « voyez-vous deux izards, » me dit-il à demi-voix ?

En effet nous apercevons deux silhouettes qui se détachent sur le ciel.

« Vous allez voir une drôle de chose, « continue-t-il à voix » basse : » Sarrière est à pic là-bas en haut. Les izards ne peu-

[1] Echelle de Lagnelle.

» vent pas s'échapper, il faut qu'ils reviennent sur moi quand je
» vais y monter ; vous serez au poste en bas, il n'a pas vingt
» pas de large, ils vous passeront dans les jambes, c'est çà
« qui va être joli ! »

Le cœur nous battait à tous ! je me dépèche de charger mon fusil. Je mets des chevrotines dans le canon droit, et je glisse une balle dans le gauche.

En passant devant la cabane qui est au pied de Sarrière, Jean réveille le berger pour lui montrer les deux izards. Je ne comprends pas le patois quoique j'en sache quelques mots ; mais voyant la mine piteuse de Jean, et distinguant dans la réponse du berger le mot *Crabe*[1], je comprends que je puis désarmer. Ce sont les deux chèvres du troupeau qui ont passé la nuit à la belle étoile.

Sarrière, rocher le plus fantastique que l'on puisse imaginer, veut dire izard en patois. En effet, autrefois ces jolis animaux affectionnaient particulièrement ses aiguilles inabordables. Mais les bergers leur ont joué tant de tours, qu'ils n'y viennent plus que rarement. Tantôt ils les poussaient au sommet, et s'ils étaient assez nombreux pour les cerner complètement, ils les forçaient à se précipiter du haut de cette nouvelle roche tarpéienne. D'autrefois, ils posaient d'avance une planche chancelante entre deux rochers, et les izards qui voulaient passer trébuchaient dans l'abime.

Le gave gronde à notre gauche au fond d'une fissure profonde et imposante. De l'autre côté, et dans l'ombre de la Latte (2471^{m}.) est le rocher de Boucaou disposé en étages, dont le dernier est de plein pied avec le versant de la montagne. Ce rocher accessible en quelques endroits, mais dangereux,

[1] Chèvre.

est couvert de saxifrages et de plantes rares. Lorsqu'on est à cheval, on passe à ses pieds.

Au moment où nous tournons la base de Sarrière pour nous engager dans la gorge qui mène aux Englas, nous sommes surpris par un tourbillon si violent, qu'il faut nous coucher par terre. En un instant nous sommes glacés, et nous gagnons avec peine la cabane du père de Jean qui est à quelques pas[1]. Nous allumons du feu pour nous sécher, et nous commencions à nous réchauffer quand une bourrasque plus violente, ébranle tellement le rocher qui nous sert de toiture, que craignant de le voir s'effrondrer sur nos têtes, nous sortons en trébuchant.

Lanusse arrive sur ces entrefaites, tirant son cheval par la bride, et soutenant celui de Mme de G..., intrépide amazone qui nous avait donné rendez-vous. Il veut lui faire rebrousser chemin, et en effet, le vent pouvait à chaque moment la renverser ; mais elle tient bon et continue malgré son opposition. Seulement il faut veiller aux chevaux pour les empêcher d'être jetés dans le gave. Ordinairement on les laisse à Sarrière, et c'est une galanterie toute particulière de Lanusse, que de vouloir les faire monter jusqu'au lac.

Cependant nous avançons, la montée rapide au milieu des rhododendrons, nous garantit un peu, et à huit heures nous descendons le fond d'un ravin afin de trouver un abri pour déjeuner. La cascade des Englas est au-dessus de notre tête, et c'est un spectacle magique que cette masse d'eau assez considérable, rebroussée entièrement par le vent, se répandant en poussière dans l'atmosphère pour y dessiner un arc-en-ciel à deux pas de nous.

[1] Pla de batches.

Nous n'avons plus qu'une forte montée à gravir au pied de la Canelotte, pour être au lac, et nous allions y arriver, quand un coup de vent prenant chevaux et cavaliers par le flanc, jette tout par terre. Nous n'avons que le temps de nous précipiter pour recevoir Mme de G..., dans nos bras.

Je braque la lunette pour mieux apercevoir un berger que nous avons d'abord pris pour un ours. Il est au sommet de la Canelotte, se couchant à plat ventre dans les fentes quand le vent est trop fort, puis courant à quatre pattes dans les moments de calme. Sa veste brune en peau de mouton aide encore à l'illusion.

Le lac des Englas (2,069^{m}) n'a qu'un kilomètre de circonférence, et il est peu profond. On y a mis des truites plusieurs fois; mais sans succès, les montagnes qui l'entourent y déversant l'hiver une telle quantité d'avalanches qu'elles le comblent entièrement.

Assis sur le rocher plat qui est entre la cascade et le lac, nous avons au nord les derniers escarpements de Pénemeda, au couchant la Cinda blanque[1] et la Canelotte qui a l'air d'une forteresse avec ses bastions et ses tours, au midi Sourins [2] et le col des Englas de Duzyous. En revenant tout à fait à l'est, le pic de las Bécottes des Englas (2,272^{m}) derrière lequel tombe la cascade de Duzyous.

Quand même on n'aurait que peu d'instants à rester aux Englas, il ne faut pas manquer de monter au col pour voir les lacs de Duzyous et de Lavedan, c'est un des sites les plus complets de cette portion des Pyrénées, et en une demi-heure on peut être au sommet.

[1] Ceinture blanche.
[2] Murmure des eaux.

Le vent est si fort, que nous ne pouvons y arriver qu'en rampant, nos cils se retournent dans nos yeux, et quand nous voulons parler, l'air nous suffoque ou emporte nos paroles sans que nous puissions les entendre. A nos pieds, Duzyous (2,120^{m}) est couvert de vagues et d'écume. Nous y jetons des pierres que la tourmente nous renvoie. Sourins, sombre et lugubre, y descend à pic, et lui donne sa teinte sinistre ; tandis que par une bizarrerie des courants atmosphériques, Lavedan (2232^{m}), calme et tranquille au pied du pic de la Jument, reflète dans l'azur de ses eaux les neiges qui l'entourent. A l'horizon les glaciers de la haute chaine étincellent à droite et à gauche, encadrés par des monts plus rapprochés qui, ainsi que le Santus (2,483^{m}) n'ont pu retenir l'hiver sur leurs flancs arrondis, et ont dépouillé çà et là leurs manteaux glacés.

L'année dernière, lié par une promesse faite à mes enfants, et acculé par le temps, (je partais le lendemain des Eaux-Bonnes), j'entrepris la course des Englas par la pluie et le brouillard. Mais Lanusse m'avait donné Jean pour guide, et comme il a passé là huit ans à garder les troupeaux, j'étais bien certain qu'il ne nous égarerait pas. Parvenus au lac, les nuages se dissipèrent un instant, et un de mes enfants aperçut douze izards sur le pic de las Bécottes[2]. On aurait pu les tirer avec une carabine, malheureusement je n'avais qu'une revolver. Il y avait neuf grandes bêtes et trois petites. Celles-ci passaient et repassaient dans les jambes de leurs mères, et les tétaient même sans se soucier de notre présence. Jamais

[1] Las Bécottes des Englas. Il y a trois autres Bécottes : celles de la Gangue palière, de la Coste du Goua et de la Cabane de l'Agnère. Bécotte, bec d'oie ; allusion à la forme de ces pointes.

nous n'en avions vu d'aussi près. Les enfants trépignaient de joie, Jean n'était guère plus calme et se préoccupait déjà de la manière dont nous pourrions les emporter. Selon lui, je devais en tuer au moins deux ou trois. En effet, disait-il : « las Bécottes est à pic partout, excepté du côté du col des « Englas, il faut donc absolument qu'ils y passent pour re- « gagner Sourins. Si vous pouvez y arriver avant eux, leur » affaire est faite. »

J'ordonnai à ma petite troupe de garder sa position près du lac afin d'occuper l'attention des izards, et de ne s'ébranler pour traquer, que lorsque je donnerais le signal par un coup de sifflet. Comme je ne pouvais grimper droit au col sans être vu, il me fallait tourner la position, et gravir la Canelotte pour revenir par Sourins.

J'étais déjà à mi-côte, lorsqu'un nuage épais enveloppa las Bécottes. Aussitôt je descendis en bondissant, et piquant droit sur la crête, j'y arrivai en quelques minutes, haletant, sans respiration. Je me couchai dans une fente, et un instant après, j'eus le bonheur de voir, au milieu d'une éclaircie, tous mes izards sur le pic. Ils ne pouvaient plus m'échapper ! Hélas !... je le croyais du moins..... Je détache doucement mon revolver, j'en fais jouer la batterie pour m'assurer que tout marchera bien.

Il y avait alors un grand mouvement dans l'atmosphère. Les nuages marchaient irrégulièrement, se déchiraient avec des bruits étranges, puis se condensaient ensuite en silence. Dans un de ces intervalles de calme et de ténèbres lumineuses, je parvins à m'approcher davantage. Les izards étaient descendus sur les aiguilles du côté du lac, regardant mes enfants. Ils secouaient les oreilles et paraissaient fort inquiets. Un seul était resté au sommet, le corps un peu incliné de mon côté, et frappant du pied comme pour donner l'alerte.[1] Au moment où je l'ajustais, une rafale de brouillard me le déroba de nouveau.

Je m'avançai encore en rampant, et cette fois tellement près, que je les entendais distinctement s'ébrouer. Malheureusement, j'étais au milieu d'une nuée si épaisse, que je n'apercevais pas même mon revolver au bout de mon bras. Il fallait donc attendre, et je commençais à être glacé, lorsque je sentis un rayon de soleil sur ma tête. La plaine venait de s'éclairer derrière moi, et les nuages s'élevaient en glissant le long de las Bécottes. D'une minute à l'autre, les izards devaient me passer sur le corps, où j'allais viser dans la troupe à bout portant..... Tout à coup, comme si c'eut été une fatalité! je fus encore enveloppé par un tourbillon de nuages, et tandis que je me cramponnais pour résister au vent qui me secouait sur mon rocher, j'entendis devant moi un bruit de pierrailles, et une masse qui se précipitait dans l'abîme.[2] Je m'effaçai pour ne pas être accroché, cherchant en vain à percer cette implacable obscurité. Tout avait disparu!.....

Cependant, j'espérais encore que les petits n'avaient pu suivre la bande, et qu'il serait resté quelques mères avec eux. Je sifflai Jean qui fut bientôt auprès de moi. Il parcourut le pic

[1] Lorsque l'izard qui est en sentinelle donne le signal d'alarme, soit par un coup de pied, soit par un espèce de sifflement, tous les autres accourent à lui comme pour voir d'où vient le danger; ce n'est qu'après cette inspection qu'ils s'enfuient, à moins que le guetteur n'ait donné le premier l'exemple de la retraite.

[2] Ils ne sautent pas toujours du haut en bas; les petits surtout, quelle que soit la perpendicularité du précipice, se laissent glisser, accroupis sur le train de derrière et tendant les jambes de devant.

en poussant son cri sauvage, mais inutilement ; mon malheur devait être complet.

J'engage ceux qui feront cette excursion, d'abord à prendre Jean Soustrade pour guide, puis à se faire conduire à l'endroit dont je parle. Il y a deux aiguilles avant d'arriver au haut de las Bécottes, j'étais à califourchon sur la première, à vingt mètres du sommet, regardant au N.-E. ; les izards, *les petits* comme les grands, sont descendus à droite du côté de Duzyous ; c'est-à-dire une muraille à pic de plus de cinquante pieds de haut.

Que de fois je me suis reproché de n'avoir pas tiré au hasard !....

Au reste, je ne suis pas heureux au lac des Englas. Le jour où nous vîmes ces izards, nous revînmes à Gourette trempés jusqu'aux os. Nos chevaux nous y attendaient sans abri. Il fallut enfourcher des selles imbibées d'eau, et descendre ventre à terre jusqu'aux Eaux-Bonnes, au milieu de la foudre et des éclairs.

Aujourd'hui, le vent est tombé sur les midi ; mais la pluie nous a pris aux Englas même, pendant qu'affamés par la brise et l'exercice, nous dévorions, sur la roche plate du lac, jusqu'aux morceaux de pain dédaignés par les chevaux de Lanusse. Après avoir garanti notre estomac contre l'humidité avec une goutte de chartreuse, nous endossons les imperméables et descendons au pas gymnastique.

Nous étions à quatre heures aux Eaux-Bonnes, sans que la pluie nous ait fait la gracieuseté d'une éclaircie.

LACS DE DUZIOUS, DE LAVEDAN ET DES ENGLAS
(2,120m) (2,232m) (2,069m)

Eaux-Bonnes, 28 août.

Excursion de 16 h. 1/2.

Guide, Jean Soustrade.

Départ 4 h. 1/2.

MM. D... et de V..., ce dernier frère du célèbre horticulteur, nous accompagnent.

Nous sortons des Eaux-Bonnes par la nouvelle route de Cauterets, pour la suivre jusqu'à Gourette. Bientôt Discoos[1] gronde sous nos pas; l'on distingue à peine la cascade du serpent au travers des vapeurs du matin. Le gave qui coule dans le fond, à droite de la route, vient des lacs des Englas et de Duzyous; c'est lui qui fournit les cascades du Gros Hêtre, de Discoos et du Valentin. Nous allons le traverser sur le pont du Gouâ[2], à l'entrée de la forêt de Peyrepioule. Arrivé là, si l'on est à pied, au lieu de suivre les contours gracieux de la route, il faut prendre un sentier qui s'enfonce à gauche sous les sapins, et monte sans détours, au milieu des racines et des pierres roulantes, jusqu'au pont de Leye. Il est raide, sombre; mais abrége d'une demi-heure de marche: c'est à considérer.

[1] *Dis Coos*, deux sources. Les deux sources qui viennent de la promenade de l'impératrice.

[2] Pont du gué.

Voilà la petite plaine de Loye avec la cascade de Laressec [1], au fond du cirque. Les habitants de ce plateau sont obligés de descendre à l'époque des neiges.

Pendant que la route fait un coude et serpente sur la gauche, le sentier des piétons court tout droit dans la prairie de la Cura, pour la rejoindre plus haut au pied d'un gros rocher, lou garott de la hite, sous ce joli groupe de hêtres qui étouffent un sapin dans leurs bras. Nous suivons la route jusqu'aux Arrious blancs [2], étonnés de voir le gave à sec, tandis qu'on l'entend mugir, étranglé dans les cavernes où il se perd pour ressortir plus bas. Gourette (1.326m) est à deux pas. Après avoir franchi le ruisseau qui vient du Boucaou, nous longeons les rochers de Brouca (S), en face de la fontaine d'Assatche dont le gave nous sépare.

Il y a quelque temps, les bergers m'avaient fait dire : qu'une vache s'était tuée dans cet endroit et qu'on y voyait plus de 200 vautours.

Metá della metá, dit le proverbe italien. Cependant même en comptant ainsi, cinquante vautours valaient bien la peine de devancer l'aurore pour voir leurs cohortes lugubres s'abattre à la curée.

Lorsque nous arrivâmes, les oiseaux étaient partis, et la vache tombée de 150 pieds de haut, avait disparu au fond du gave. Cependant, on voyait au fond du torrent des reflets sanglants qui auraient suffi à indiquer sa présence si, tout autour et à plus de 100 mètres de là, la montagne n'eût été couverte de plumes et de duvet.

[1] Larressec veut dire Scierie.

[2] Les ruisseaux blancs.

Jean Soustrade sauta à l'eau et parvint avec nos bâtons à sortir un morceau de la bête. Dix minutes après, des points presqu'imperceptibles apparaissaient à l'horizon, et grossissant avec une rapidité extraordinaire, planaient au-dessus de nous avant que nous n'eussions eu le temps de nous cacher. C'étaient une quinzaine de vautours, qui, nous ayant vus, disparurent bientôt dans les profondeurs des cieux.

Il y a deux espèces de vautours dans les Pyrénées : l'Arrian, *vultur cinereus*, Linn. et le Griffon, *vultur fulvus*, Linn. Le premier à la tête bleuâtre, le duvet du cou fauve, la couleur générale brune tirant au noir; il est rare. Le second est très-commun, sa couleur est isabelle, d'une nuance très-fine, miroitant, suivant la direction et l'intensité de la lumière, du rose au violet; l'extrémité des ailes noire; la cire couleur de chair; la tête et le cou, couverts d'un duvet blanchâtre, sortent d'une collerette de plumes effilées; les œufs gris-blanc terne, sont marqués quelquefois de blanc rougeâtre. [1] Son bec ne saurait tuer, ni ses doigts lier sa proie; il faut qu'il se nourrisse de charogne et qu'il la mange sur place. La femelle, comme chez tous les rapaces, est d'un tiers plus grosse que le mâle; j'en ai vu une qui avait 3 m. 35 d'envergure.

Les rochers du Brouca sont couverts de *Saxifraga longifolia, Lap.*, et du *Petrocoptis pyrenaica*, *Braun.*

A l'escala de Hecha vous trouverez le *Silene Borderi, Yord.* et le *Fritillaria pyrenaica. L,*

100 m. au S. de la cabane de la Repla, et dans le pla même de Debatch, excellente fontaine.

[1] Comme ils ont la grosseur et la forme obtuse de ceux du Gypaète, ils donnent lieu à une supercherie assez fructueuse : les chasseurs les pétrissent dans les mains avec de la terre glaise, et demandent 35 fr. de ce qui n'est côté que 4 dans les catalogues.

110 m. au S. de la cabane de l'Alier, petite source intermittente. Il y a quelques années, une avalanche avait enseveli tout le vallon où se trouve maintenant la hutte aux fromages (1719m). La neige avait fondu dans le milieu, et on y voyait un trou rond de deux ou trois mètres, d'où s'élevaient des vapeurs comme au-dessus d'une chaudière; un cheval y avait glissé et s'était tué en tombant. Je voulus m'en approcher; mais sentant la neige crier sous mes pas, j'y fis seulement rouler quelques pierres. Aussitôt des rouge-queues, des corbeaux et des choquarts dont je venais de troubler le festin, en sortirent se culbutant à qui mieux mieux.

Suivant toujours le gave et laissant à droite la cascade des Englas, nous arrivons dans Counques[1], vallon pierreux et sauvage. *Primula viscosa, Will.* en fleur. — *Armeria alpina, Will.* — *Veronica bellidioides, L.* — *Scrophularia Hoppii, Koch.* — *Primula integrifolia. L.* — *Primula farinosa, L.* — *Buplerum ranunculoïdes L.* — *Geum pyrenaicum, Willd.* — *Viola palustris, L.* — *Geranium pratense. L.* — *Reseda glauca. L.* — *Asterocarpus sesamoides,* Gay. — *Erysimum ochroleucum* DC. — *Biscutella lœvigata. L.* — *Hutchinsia alpina* R.B. — *Iberis garrexiana, All.* — *Oxitropis campestris,* DC. — *Jasione perennis, Lam.* — *Jasione perennis, var. b. pygmœa, Lam.* — *Phyteuma hemisphœricum. L.* — *Anemone narcissiflora. L.* — *Viscaria alpina, Fries.*

Le col est couvert de pyrites de fer dont le filon est à droite. A 60m sur la gauche, contre la cascade, une source abondante, glacée, et toujours invariable en quantité comme

[1] Ce mot de Counques, à *proprement* parler, est impossible à traduire. Il se dit d'une vache ou d'une jument, et ici, il a la prétention de peindre la forme de la cascade.

en température, jaillit du rocher. Au moment où nous nous y désalterons, une pierre passe par dessus notre tête, puis une seconde, et enfin une grêle de projectiles dont chacun se garantit à grand peine en se collant contre la muraille. Jean, son sac sur la tête en guise de casque, monte à l'assaut pour chasser un troupeau de chèvres qui nous auraient assommés sans son intervention; nous le suivons dans son escalade.

Le lac de Duzious[1], sombre et profond, est plus grand que les Englas. Dans ce moment, il est ridé par la brise et comme parsemé d'étoiles scintillantes.

Le lac de Lavedan qui est à deux pas au S.-E. est encore plus grand que Duzious, on en voit facilement le fond. Les têtards grouillent sur ses bords autour des curieux rochers de calschistes que l'eau a sculptés en corrodant les portions calcaires, et qui forment de petites îles sur lesquelles les Lymnées promènent leurs coquilles transparentes.

A l'est, le col de Lavedan (2,232^{m}) laisse voir les Hautes-Pyrénées. Un berger d'Arrens vient d'y passer en fraude, et fait paître ses jolis moutons de Lourdes sur un sol qui ne lui appartient pas. Après avoir fait le tour du lac par le sud, nous revenons dans les neiges de Sourins, pour nous désaltérer à une source glaciale.

Deux dikes de pétrosilex descendent parallèlement du pic, en inclinant à l'est, et viennent s'affaisser dans le ruisseau où

[1] Les anciens titres disent lac de *deux coums*, ce qui voudrait dire deux abreuvoirs.

Duzious signifiant deux yeux; il faut avec un peu de bonne volonté se figurer que Sourins est le nez dont les Englas et Duzious seraient les deux yeux, ou que Duzious et Lavedan sont les deux yeux de ce vallon.

nous sommes. Ils sont recouverts de *Lecanora simplex*, *Dav.* — *Lecidea contigua*, *Fr.* — *Mubilicaria cylindrica*.

Si Sourins est lugubre au nord, il est resplendissant au sud. Sous les feux du soleil d'Espagne, il se revet de teintes flamboyantes, jaunes, blanches, et surtout roses violacées. Il faut le dépouiller au marteau pour en croire ses yeux, et reconnaître, sous cette livrée, un schiste calcaire.[1] Au milieu de ces palais, le Tétras Ptarmigan, *Tetras lagopus*, Linn.[2] gratte un trou dans la neige, s'y couche sur le flanc, battant de l'aile pour se couvrir de poudre étincellante, avec les mêmes mouvements que nos poules, lorsqu'elles se *baignent* dans la poussière des basses-cours.

Le mâle du Ptarmigan porte toujours une *balafre noire sur les yeux*. En hiver, il est *complétement blanc*. L'espace qui est au-dessus des yeux est terminé par une membrane dentelée écarlate; des plumes laineuses réchauffent ses pieds et les doigts, destinés à être en contact avec la neige. C'est bien l'oiseau des glaciers, il en porte la livrée. Il se tient constamment hors des bois, dans la région des neiges, principalement sur les raillères les plus sauvages et les plus arides. Son nid, recouvert de quelques pierres en saillie, est fort rustique ; ses œufs, de 8 à 15, oblongs, d'un jaune rosé, sont couverts de nombreuses tâches brunes. La famille vit en compagnie; mais ces oiseaux sont si peu sauvages, et *tiennent* si bien, qu'ils restent *rasés* dans les débris autour de vous, quand même un ou deux membres de la bande partent sous vos pieds. Leur vol est court et ne déconcerte pas le chasseur par le bruit,

[1] C'est le *Placodium fulgens*, *DC.* qui lui donne en partie ces couleurs.

[2] On l'appelle communément perdrix blanche. Les montagnards lui donnent le nom de *Garlolle* ou de poule sauvage.

comme font les perdrix au départ. Leur principale chance de salut est dans le tir inaccoutumé auquel ils vous obligent.

Si vous êtes sur le bord d'un précipice, et c'est ce qui arrive le plus souvent, il y plonge. Or, beaucoup de chasseurs sont déconcertés de tirer à pic entre leurs jambes.

Si l'emplacement ne se prête pas à cette évolution, il file sans bruit, descendant par un mouvement tournant qui rase la montagne à droite ou à gauche; et au moment où vous croyez être certain de le tuer, il a donné un coup d'aile aussi rapide que gracieux, qui l'a jeté derrière un rocher. En donnant ce coup d'aile, il s'est penché sur le côté, et vous a permis de voir que le dessous du ventre était aussi blanc en été qu'en hiver; c'est, avec ses ailes [1], la seule partie de son corps qui conserve cette couleur. Tout le reste est d'un cendré roux, coupé de nombreux zigzags, qui ne reprend sa blancheur primitive que pendant les frimats.

Ses ongles sont crochus, et il piette lestement au milieu des chaos qui sont sa demeure, tandis que vous risquez de vous rompre les jambes si vous ne regardez pas à vos pieds. Cependant, il est toujours à portée; vous l'avez à l'œil et le tireriez, s'il ne disparaissait à chaque instant derrière quelque obstacle pour arriver enfin au but qu'il cherche et que vous ignorez. Alors tout est fini; il a disparu dans un abîme, ou s'est caché sous une pierre.

Mais les choses ne se passent pas toujours ainsi: encore tout ébahis de n'avoir pas tiré un gypaëte énorme qu'au travers de la brume nous avons pris pour un chasseur, nous

[1] Tout oiseau mue au moins une fois par an. *Il n'y a que la queue et les ailes qui ne varient plus chez l'adulte.* Ce sont surtout les canards qui muent deux fois.

voyons huit Ptarmigans au bord d'un petit lac. Ils sont couchés dans les pierrailles à cinq pas, et nous avons quatre fusils; c'est un véritable assassinat. Les jeunes ont déjà 27 c. de long; mais le ventre, au lieu d'être blanc, est encore cendré [1]. J'ouvre un des estomacs pour vérifier la nourriture. Il contient des feuilles de salix herbacea, de vaccinium uliginosum et des fleurs de solidago virga-aurea, 4 Ichneumons, 2 Luperus, 1 Clythra, 1 Hydrophilus et une fourmie ailée. Il n'y a pas d'oiseau à qui la Providence ait donné autant de fourrures pour se garantir du froid, et des couleurs, qui, en le confondant avec les glaciers des pics, le dérobent mieux à l'œil de ses ennemis.

Nous continuons à monter au Nord vers les cabanes des anciens mineurs; car tous ces sommets ont été exploités; comme Ar qui est à un kilomètre à l'ouest. Le pla de Sourins est labouré par la foudre; elle y a tracé des sillons cendrés, en vitrifiant les pierres qui ont volé en éclats, et qui contiennent des fossiles indéterminables. L'un des blocs est un Mispickel. Chauffé sur le charbon au chalumeau, il a dégagé l'odeur d'ail caractéristique de l'arsenic. Dans un tube fermé, il a donné un sublimé rouge de sulfure d'arsenic, et au-dessous, un anneau d'arsenic métallique.

Il commence à faire nuit; nous descendons rapidement le col qui plonge sur les Englas, N.-E. Au lac, l'obscurité est complète, et il faut passer en pleine eau pour courir à Gourrette où nous arrivons à 8 h. Une heure après, nous étions aux Eaux-Bonnes.

[1] Le ventre ne devient blanc, en été comme en hiver, que lorsqu'ils sont complétement adultes.

PLA SÉGOUNÉ. [1]

Retour par Anouilhas. [2]

Excursion de 18 h. 1/2.

Guide Jean Soustrade.

Départ des Eaux-Bonnes à trois heures du matin. Même route que pour les Englas.

Le 23 août, j'étais à quatre heures et demie à Gourette. Ma petite troupe a bientôt franchi les ondulations calcaires qui se succèdent sans interruption jusqu'à Bésou [3], au pied du petit pic de Coutchess (1769m.). Contre leur habitude, les chiens viennent nous caresser. Pendant que leurs maîtres, un peu étonnés d'être réveillés par semblable compagnie, allument du feu pour sécher nos souliers transpercés par la rosée, deux izards apparaissent sur le côté nord des Coutchess. Ma première pensée est d'organiser une traque; mais je recule devant les exigences des bergers qui prétendent m'imposer six hommes pour rabattre. Si encore j'avais la certitude de tirer? Mais je n'ai pas le don d'ubiquité, et il y a trois postes à garder; le meilleur en haut au nord, un second en bas au nord-est et un troisième sur le plateau même de Bésou, au pied d'un rocher pointu. Puis, pour tout dire, l'intention

[1] Plateau en tamis.

[2] Veau, génisse.

[3] *Abes sou*, pente exposée au nord.

de m'exploiter est si évidente, que je me défie fort de leur loyauté. Autrefois, on donnait 1 fr. ou 1 fr. 50 c. à un berger pris dans la montagne, et il était satisfait. Aujourd'hui ces messieurs me demandent cinq francs par homme, pour une traque qui ne durerait pas plus d'une heure et demie ou deux heures.

Si l'on prend les traqueurs aux Eaux-Bonnes, c'est sept francs par tête, le même prix qu'un guide.

Bésou est parsemé de grandes plaques minces d'un schiste argileux, descendues des Coutchess ou de Pénemeda (2489^{m}) qui se dresse à gauche, dans l'ombre, comme une sombre cathédrale; tandis qu'à droite, le pic du Ger se colore des teintes rosées du matin, sous un ciel où brillent encore quelques étoiles.

La Ctesse H. de B. dont je ne pouvais plus modérer l'ardeur quoiqu'elle m'eut juré qu'elle ne mettrait jamais les pieds dans la montagne, est venue pour dîner ici, un soir, avec M. de M. et nous. Malheureusement, les pasteurs n'étaient pas encore montés, et si le hasard ne m'avait fait rencontrer Bonahount avec une croûte de pain dans sa poche, une croûte pour cinq personnes, nous redescendions, l'estomac vide, en pleine nuit aux Eaux-Bonnes, par Bouye et la Coume.

On vient de terminer à Bésou une fontaine qui est presqu'un monument, c'est une précieuse ressource à cette hauteur. Elle est au pied de Pénameda qui est inabordable de ce côté. Cependant; outre les izards dont le passage se trouve au couchant, en haut de ces éboulements, des chasseurs l'ont descendu quelquefois au péril de leur vie. On cite les deux ou trois individus qui ont accompli ce tour de force. Pour arriver à son sommet, il faut le prendre à rebrousse-poil, par les lames qui vont s'inclinant au midi, comme une crête de coq, jusqu'à la Canelotte au-dessus des Englas.

Nous continuons à gravir les interminables ondulations gazonneuses formées par les débris du Ger et de Pénameda. Vous y rencontrerez une grande quantité de papillons, parmi lesquels je citerai : l'*Apollon* et la *Mnémosyne* qui est *oviducte* : c'est-à-dire qu'elle a une poche sous le ventre pour porter ses œufs, comme la sarigue ses petits. Je vous recommande surtout le *Lefebvrei* qui ne se trouve que dans les Pyrénées, et qui a été découvert, ici même, par M. de Rippert, aussi intrépide chasseur qu'entomologiste distingué. Les sites que nous parcourons sont pleins de son souvenir. On parle encore d'un coup double dont deux izards ont payé les frais sous Pénemeda.

Vous trouverez aussi sur ces combles : les *Manto, Dromus, Anthyllidis, Plantaginis, Carna, Torula équestraria*, et parmi les noctuelles : l'*Occellina* sur l'*Eryngium Bourgati, Gouan.*

Après avoir monté indéfiniment, nous descendons dans un cirque en forme de cuvette, tapissé d'un maigre gazon, et percé de trous ronds d'un mètre de diamètre et de profondeur. On dirait un immense jeu de faussette, au travers duquel les eaux de neige se *tamisent* pour alimenter les sources de la plaine. C'est Pla Ségouné! *plateau en tamis.*

Nous sommes en face du *passage* du pic du Ger. Jean y est monté il y a deux jours, pour traquer. Il faut le voir pour le croire. Il n'y a pas de saillies, on se suspend presque verticalement aux aspérités calcaires qui n'ont aucune consistance, et se détachent au moindre contact. Et cela, sur une muraille qui a bien cinq cents pieds de haut. Il est arrivé ainsi en ligne droite au passage même, dans la dépression qui se trouve au milieu, et dont la vue seule donne le vertige quand on est dessus.

La faim nous presse, il faut pourtant faire un dernier effort pour arriver au lac; nous n'avons plus qu'une ondulation de calcaire friable à gravir.

Le poste des izards est le long de la muraille du Ger, sur les bancs de neige où vous écoutez bruire un cours d'eau que vous cherchez vainement; soit qu'il se cache sous la neige, soit qu'il se glisse au travers des éboulis. Je n'ai entendu nulle part le bruit de cette eau fantastique, nymphe des montagnes qui semble changer de place au souffle des brises glacées de ce couloir, gigantesque vestibule de quelque palais enchanté.

Lorsque les izards sont traqués au pic du Ger, ils descendent par où Jean est monté, et viennent passer ici. C'est un des meilleurs postes; parce qu'il est unique à garder quand ils filent le long de la muraille, ou traversent Pla Ségouné pour gagner Pénemeda. [1]

Prenez à droite pour revenir ensuite sur la gauche. Encore quelque pas et nous voici au but de nos désirs. Comme les Israélites à la vue de la terre de Chanaan, nous levons les bras au ciel en poussant des cris de joie. En tenant compte des mille distractions de la route, il faut trois heures pour venir de Gourette ici.

On ne peut rien imaginer de plus sauvage que cet entonnoir, composé de trois bassins, qui, chaque année, se comblent des débris des masses qui les dominent. Des murailles perpendi-

[1] *Saxifraga muscoides. Wulf. — Saxifraga cœsia, L. — Saxifraga oppositifolia, L. — Geranium cinereum. Cav. — Potentilla nivalis, Lap. — Leucanthemum alpinum. Lam.*

culaires, de grés calcaire jaunâtre, s'élèvent à l'ouest et au midi avec une fente entre deux. A l'ouest c'est le Ger, au midi, c'est Amoulat[1] dont le cône isolé et pointu nous cache la fin du monde. Les sommets sont tellement déchiquetés en aiguilles, que même avec la lunette, nous ne pouvons les distinguer des izards qui s'enfuient en nous envoyant une grêle de pierres. A nos pieds, de gros blocs noirs piqués debout ou inclinés comme des pierres druidiques, semblent des gnomes pétrifiés, gardiens de ces lieux désolés. Le plus gros est couché à l'entrée, baignant sa croupe grise dans l'eau peu profonde du premier bassin. Un peu plus loin, ce trou bleu couvert de glace et de neige, est ce qu'on appelle si pompeusement : *Le Lac.* Il n'a dans ce moment que cinquante mètres de circonférence. C'est là qu'à neuf heures, nous dressons notre couvert. Les bouteilles de vin sont débouchées[2] et enfouies dans la neige jusqu'au goulot. Puis chacun casse la glace devant lui pour y puiser de l'eau.

On se demande quels êtres pourraient exister dans ces ondes éternellement glacées?... Elles ont cependant leurs habitants; car les pierres qui sont sous l'eau portent toutes de nombreuses traces d'un insecte, une espèce de ver, qui s'y est traîné.

On mangerait le diable, quand on court ainsi depuis trois heures du matin, et c'est toute une affaire que d'emporter assez de vivres. Après un repas homérique, nous détachons du bord un bloc de glace, et l'un de nous, monté sur ce radeau,

[1] *Algu.* La hauteur de ce pic est de 2,803 m. à l'O., et de 2,618 m. à l'E.

[2] Les bouteilles débouchées se refroidissent plus facilement.

va dresser nos débris au milieu du lac, afin de voir à une prochaine excursion si les vautours ont bien voulu en profiter.

Il ne faudrait pas compter sur la boussole pour se diriger ici ; les aiguilles seraient nécessairement influencées par les roches qui portent presque toutes l'empreinte de pyrites de fer. Je trouve sur le bord du lac un *Hippurites organisans*, caractéristique du terrain Jurassique ou du crétacé supérieur ; il a 30 cent. de long sur une épaisseur de 8 cent. en diamètre, et du poids de 2 kil. 350 gr.

On peut revenir par le lac des Englas ou par Anouilhas. Je choisis aujourd'hui cette dernière direction, après avoir perdu un temps précieux à attendre que les nuages nous découvrent les contours et les détails que je voudrais admirer.

En quittant le lac bleu, nous en trouvons un autre si petit et si peu profond, qu'il ne peut légitimement usurper un pareil nom. Nous gravissons la *raillère*[1] de Pla Ségouné, pour passer entre le pic Amoulat et les contreforts du Ger. Cette montée dans les éboulements qui croulent sous nos pieds est pénible et difficile. Nous apercevons au sommet du col, un rocher bizarre qui, d'Anouilhas, a l'air d'un géant se penchant pour regarder. Il n'est pas le seul ; à mesure qu'on approche, d'autres bien plus grands se détachent en clochetons sculptés, du flanc même du pic.

Dans une autre excursion, descendant ce col avec le Mis des C.... et M. W..... pour aller à Pla Ségouné, nous nous assîmes sur la neige qui recouvrait alors tous les lacs, et nous franchîmes ces pentes avec la rapidité d'une avalanche. Malheureusement le brouillard nous avait empêchés de voir des trous creusés par la chute des pierres; nous y fûmes culbutés

[1] Montée obstruée par les pierres et les rochers.

5

et arrivâmes en bas dans un désordre d'équilibre et de toilette impossible à décrire.

A force de passer du Ger à Amoulat et à la Canelotte, les izards ont tracé dans les pierrailles, deux routins qui se croisent en X, et sont aussi frayés que les meilleurs de la montagne. Celui qui se prolonge sur Amoulat et finit par un sentier de fourmis émietté sur le cône poli, indique la voie par où ce pic est accessible; ce n'est pas engageant. Cependant M. Michelin de la Rochelle a fait cette ascension avec Orteig [1]. Marcheur infatigable, il s'était occupé spécialement de la flore des Pyrénées, et les pics les plus difficiles n'avaient guère de secrets pour lui, lorsqu'une mort prématurée l'a enlevé à ses amis.

Nous apercevons les traces toutes fraîches des izards qui nous ont envoyé des pierres, il y a un instant. Les uns sont montés à Amoulat, et les autres ont gagné l'Arcisette (2,390m).

Le Trichodrome echelette, *Tichodroma phœnicoptere, Temm.* est assez commun dans ces parages; les montagnards l'appellent le *Pic de la Néou.* J'ai vu ce joli oiseau au pic du Midi d'Ossau, sous les glaciers de Gavarnie, et jusqu'au casque de Marboré (3006m). Il a le bec mince et arqué du Colibri, le splendide costume et jusqu'au vol saccadé et hésitant d'un papillon. Le corps est cendré, et les ailes d'un rose vif encadré de noir parsemé de pois blancs. Vivant d'insectes et principalement d'araignées qui se tiennent dans les parois verticales où la neige ne peut se fixer, il arrive à des hauteurs où d'autres espèces ne trouveraient rien à manger.

[1] En 1810, le naturaliste Léon Dufour faillit y périr avec son guide, parce qu'en descendant il ne put pas reconnaître sa ligne de montée.

Je voulais gagner le pic du Ger que l'on aperçoit d'ici, par un autre col du N. O. ; mais, les nuages s'y sont amassés et nous forcent à descendre dans les rainures d'Amoulat.

On passerait sa vie sur ces hauteurs où tout charme et élève l'âme comme les sens. Des nuages d'argent traversent l'atmosphère, tantôt se traînant sous nos pieds et laissant leur duvet aux pointes des rochers, tantôt courant sur nos têtes ou caressant les contours des pics. Il nous enveloppent en nous garantissant des ardeurs du soleil, et nous imprégnent d'une fraîcheur délicieuse qui nous rend la vigueur et la souplesse. Mais il faut redescendre, les pâturages d'Anouilhas que nous allons fouler tout à l'heure, allongent leurs ombres en annonçant le soir. C'est au bas des éboulements, près du ruisseau qui s'échappe de ces cimes, qu'on laisse les chevaux pour monter au pic du Ger.

Les troupeaux sont partout, par conséquent plus de fleurs. Les iris et les daphnés sont passés, nous trouvons seulement l'*Aronicum Doronicum*, Rchb. sur un paté de rochers parsemés de débris de bouteilles, et le *Circium glabrum* D C. au pied d'Aucupat (2381^{m}). En excursion, lorsque l'on a vidé une bouteille, lesguides la posent à une très-petite distance, douze à quinze mètres, et vous parient ceci ou cela, qu'en dix ou vingt coups vous ne l'abattrez pas avec une pierre ? On est si certain de son coup à cette portée, que l'on se fait un cas de conscience de parier à coup sûr. N'ayez pas de ces délicatesses ! Ils vont vous apporter leur béret plein de pierres; il y en a de grosses, de petites, de moyennes; mais pas deux pareilles. Vous jettez la première et vous manquez; c'est tout naturel ! Cette fois vous avez calculé la portée, et vous allez indubitablement renverser la bouteille.... pas davantage; la pierre n'était pas si grosse que la première et vous passez par dessus; la troisième sera plus pesante, détruira encore vos combinaisons, et ainsi de suite, essayez !...

Au détour du sentier, nous descendons dans le *Pla Cardoua*[1] que l'on prendrait de loin pour un lac aux flots d'azur. Cette petite prairie cache des piqûres cuisantes sous ses jolis chardons bleus, et une mort foudroyante sous les casques de saphir de ses aconits. (*Aconitum napellus, L. Eryngium Bourgati, gouan*). La science n'est pas d'accord avec l'appellation populaire. Sous le prétexte que les étamines du chardon bleu sont libres et non attachées entre elles, ce qui est le contraire chez les chardons, elle l'a classé dans les ombellifères et l'a nommé Eryngium, par allusion à de prétendues propriétés médicales. La noctuelle *Ocellina*, est commune ici.

En sortant du pla Cardoua, nous trouvons une jolie fauvette dont je n'ai pu savoir le nom. Elle ressemble à la *Grisette*; seulement la tête et la gorge sont plus blanches, et le dessous du ventre est un peu rosé; ses yeux blonds, avec une prunelle marron, ont une douceur charmante. Elle sautille devant nous en se cachant sous les rochers, et il faut presque mettre la main dessus pour la forcer à s'envoler. Nous organisons une véritable traque, et après un instant de stratégie, nous la prenons vivante dans un trou. Elle ne paraît nullement effrayée, et mange tranquillement les miettes de pain qu'on lui donne.

L'Arcisette est composé de trois mamelons principaux[2] qui vont en s'inclinant jusqu'au col de Lurdé. Le plus élevé

[1] Plateau des chardons.

[2] Le premier mamelon a 2,502 m., le second 2,390 m. et le troisième 2,092 m.

est en face d'Amoulat; les deux autres voient à leurs pieds la plaine d'Anouilhas, un des meilleurs pâturages de la montagne, dont le sol uni, entouré de murailles presque partout à pic, a dû être un réservoir dont le bas s'est défoncé sous la pression des eaux. Au-dessus de la muraille, et au-dessous du second mamelon de l'Arcisette, est un puits pareil à celui du Capéran du Ger. La paroi nord est verticale, composée de pierres plates superposées formant des tuyaux de cheminées. Le côté de la montagne, évasé en entonnoir, couvert de fleurs et de roses, est terminé par un trou rond de trois mètres de diamètre, et tellement perpendiculaire, que la source qui y descend, disparait sans bruit comme dans le vide. A la première pierre que nous jetons, un immense sifflement a répondu comme si nous avions réveillé quelque dragon endormi dans son antre, et un tourbillon de Pyrrhocorax chocards monte jusqu'au jour. J'en cloue un dans un buisson de rose, et tellement à bout portant, qu'il reste suspendu dans les branches. Jean cherche à le ramener avec un bâton; mais, au moment de le saisir, il lui glisse entre les doigts, et au bout de quelques secondes, nous l'entendons tomber à une profondeur considérable, avec un bruit semblable à celui d'une large planche qui frapperait l'eau au fond d'une citerne. En même temps les cris redoublent, on dirait le bruit d'une grêle de pierres sur la glace. J'en tue encore quelques-uns qui retombent dans le trou. Pendant que je recharge mon fusil, j'aperçois un groupe d'animaux au sommet de l'Arcisette. A l'œil nu, on dirait de gros corbeaux; je braque la lorgnette. En la mettant au point, les objets grandissent; on dirait d'immenses vautours; puis leurs corps s'allongent; je découvre des pattes, et enfin très-distinctement, onze izards attirés probablement par mes coups de fusils, et qui nous regardent sans bouger. Pour se rendre compte de ces diverses transformations, il faut remarquer que le soleil était très-bas, et que les ombres démesurément allongées se confondaient avec les corps auxquels elles prêtaient les formes les plus bizarres.

L'annonce de cette nouvelle fait naître des trépignements de joie ; on s'arrache la lorgnette. Jean déclare que la traque est des plus faciles, et qu'en couchant aux cabanes d'Anouilhas, nous trouverons les izards au saut du lit. Malheureusement il est six heures et demie, le soleil va disparaître et nous mourons de faim. Après quinze heures de grand air, je pense qu'il nous faut autre chose que l'hospitalité des pasteurs. J'impose donc silence aux supplications, et nous emboitons le pas gymnastique ; la nuit serait une vilaine compagne pour descendre de la Québotte à Balour.

Il fait complètement noir quand nous arrivons à la prairie ; mais le reste, quoique difficile, n'offre plus de danger. A huit heures et demie, nous étions aux Eaux-Bonnes.

PLA SÉGOUNÉ.

Retour par les Englas.

Excursion de 12 h. 1/2.

Guide Jean Soustrade.

Le cinq septembre nous voit réunis de nouveau autour du petit lac de Pla Ségouné.

Au lieu de revenir par l'ouest comme la première fois, je

lui tourne le dos et je gravis les éboulements de la Canelotte.

Tout est débris et chaos. Les rochers sont de différentes couleurs et dans un désordre sauvage. Ici des schistes verts, là des grés rouges ou noirs, des calcaires blancs remplis de jolis cristaux, puis plus un brin d'herbe ; des bouleversements étranges, des entonnoirs remplis de neige traversés par des ponts voutés, enfin un petit lac de 265^{m}. de tour, retenu par un barrage avec son déversoir. Les rouges-queues et les Tetras Ptarmigans habitent seuls ces lieux déserts.

On voit d'ici la brèche de Pénemeda où Orteig a eu la folie de vouloir attraper de grands izards vivants. Couché sur le dos dans le fond de cette crevasse et caché sous des herbes sèches, il faisait traquer par un camarade et attrapait la bête par la patte au moment où elle passait. La première fois, l'animal saisi l'enleva de sa niche et l'aurait broyé sur les rochers s'il ne l'eut laché. Une autre jour il tint bon ; mais une ruade lui frappa la tête contre la pierre et, aveuglé par le sang, il laissa aller son prisonnier.

Du haut d'un bloc de grés rouge, on a une vue admirable sur la plaine. Nos regards croient distinguer avec la lorgnette, l'écume des flots de l'Océan. Devant nous est la *Cinda blanque*[1] dernier escarpement de Pénemeda. C'est une grande roche grise inclinée au midi, une aiguille renversée, coupée du haut en bas par une raie brillante de quartz blanc qui lui a donné son nom.

Un peu plus loin vers le sud, la chaîne s'incline au col des Englas de la Canelotte. Je quitte mon bâton, ma boîte, et tout ce qui peut faire du bruit ou gêner ma marche, et je m'avance seul avec mon fusil. Il est rare de ne pas trouver

[1] Ceinture blanche.

des izards couchés sur la neige de l'autre côté du col... En effet, au moment où me traînant à plat ventre, je passe la tête au-dessus du rocher, une troupe bondit en tumulte, et avant que j'aie le temps de me lever pour épauler, ils ont déjà disparu dans un brouillard resplendissant qui couvre tout le bassin des Englas. En même temps, j'aperçois, comme une ombre chinoise, ma silhouette au milieu des nuages, et à deux mètres au-dessus de ma tête, une auréole formée par un arc-en-ciel. J'appelle mes compagnons pour jouir de ce spectacle. À ma voix, l'air qui environne ma silhouette semble vibrer ; des ondulations, comme les rayons d'une gloire, s'épanouissent en éventail, montant et descendant en partant de la base. Ce col formé par un V dont la pointe a quatre mètres de large, nous vit bientôt tous réunis et stupéfaits d'une telle magnificence. Dans le premier moment, il y eut confusion dans les rayons qui s'agitaient assez rapidement, puis le calme se rétablit. Un détail assez singulier : c'est que tandis que la tête et le corps se détachaient nettement, nos silhouettes se terminaient en évasement à partir de la ceinture.

Voici dans quelles circonstances ce phénomène se produisait. La chaîne de rochers qui sépare le plateau de la Canelotte du bassin des Englas, court du nord au sud ; l'échancrure du col est au milieu. Par conséquent, les rayons du soleil couchant tombaient perpendiculairement sur cette chaîne, et l'autre côté à l'est, c'est-à-dire les Englas, était dans l'ombre. Un vent vif qui nous soufflait dans le dos en venant de la mer refoulait à l'orient les nuages qui arasaient le col; et c'est sur ce fond argenté que la lumière dessinait notre silhouette et celle de la montagne. Pendant que je prends un croquis, les vapeurs commencent à monter, et le lac nous apparaît au fond de l'entonnoir, reflétant dans son miroir les pointes du Gabisos.

Ce fait est d'autant plus remarquable, que, du lac des Englas on ne peut pas voir ce pic; la chaîne de Louesque s'y oppose. C'était donc par l'effet d'une triple réfraction que nous l'apercevions dans le miroir du lac.

La descente est escarpée, et avec le brouillard qui nous environne, il faut aller prudemment. Jean marche en avant; lui seul peut reconnaître le chemin. Nous mettons nos pas dans les siens. Dans ces cas-là, il faut toujours que les plus inhabiles soient en avant à côté du guide. Par derrière ils risqueraient de blesser les autres; car c'est toute une science que de descendre sans détacher les pierres sous ses pas. Si l'on monte, c'est le contraire, les habiles passent par devant.

Au lac, nous prenons le pas gymnastique. Il fait déjà nuit quand nous passons à Sarrière; mais le chemin est sans danger jusqu'à Gourette où nous retrouvons la route de Cauterets.

A Leye, on débat la question de savoir: si nous couperons au court pour traverser la forêt de sapins?.... Outre l'obscurité qui est complète sous les arbres, nous avons avec nous M. de M.... qui vient ici pour la première fois. Cependant l'avantage de nous épargner une demi-heure de marche l'emporte, et nous descendons à tâtons, Jean tenant notre recrue par la main. La première partie de cette descente n'a rien d'extraordinaire; mais la dernière est au-dessus du gave, et elle nous offre quelques difficultés, surtout en arrivant au pont du Goua. Là nous sommes obligés de nous arrêter, le sentier est presque perpendiculaire, la terre noire et glissante; et le guide lui-même hésite pour trouver les pas qui sont incrustés dans les racines de sapin. A la plus profonde obscurité, se joint le bruit du torrent qui nous empêche d'entendre sa voix. Cependant il est descendu jusqu'au gave, il a reconnu le passage, et il nous propose de nous transporter chacun à notre tour sur son dos. Cette motion est vivement repoussée ! Nous ne pouvons pourtant pas coucher là !.... « Retraite aux flambeaux », s'écrie tout-à-coup l'un de nous en tirant de la besace les journaux qui avaient enveloppé nos vivres. Chacun confectionne une torche avec le papier graisseux, et nous achevons sans encombre, une descente des plus pittoresques. Une fois sur la grande route, on entonne la marche de Faust pour allonger le pas, et à 9 heures 1/2 nous entrions aux Eaux-Bonnes.

POURSIOUGUES (1000m)

Poursiougues, par le chemin que je vais indiquer, est une petite promenade d'une heure ou deux, hors des routins ratissés et peignés, où l'on peut gravir la montagne en miniature.

Après être passé devant l'hôpital, suivez un chemin de pierres roulantes qui remonte le torrent de la *Soude* envahi maintenant par les blanchisseuses. [1] Autrefois, on disait *Sourde* (bruit). Un document de 1403 désigne les bornes des communes d'Aas et d'Assoute dans l'eau d'*Andram as baigt.* [2]

[1] *Salamandra maculosa, Lat. — Salamandra marmorata, Lat. — Hydroporus fasciatus — Hydroporus Delarouzei.*

[2] Andram entrée, as baigt au vallon.

On nommait ainsi tout le vallon depuis l'espartille jusqu'au pont, au bas du jardin Darralde, sous la maison Hourtiq, (Sécula.)

Lorsque vous serez arrivé en face d'un éboulement assez considérable causé par les arbres que l'on y précipite, regardez au travers du chemin un gros rocher arraché depuis peu de son alvéole, et qui n'a pas encore eu le temps de revêtir la livrée des siècles. Faites-en le tour ; un pied de buis cache la source que vous entendez murmurer sur les cailloux. Traversez-la et grimpez maintenant, en revenant subitement à l'ouest. Voilà un vrai sentier de montagne !

Il a ses petits semblants de précipices, ses passages de rochers où rien ne sent la pioche ni le rateau, et serpente, suspendu au flanc *du tertre des cristaux,* jusqu'à des clairiètes de hêtres et de buis, où se trouvent les *Satyrides Stigne, Evias* et le *Bombix du chêne.* Si la saison est assez avancée, vous pourrez rapporter un chapelet de cèpes (*Boletus edulis*), dont les têtes blondes ou brunes percent çà et là les touffes de bruyère. Pour revenir, orientez-vous sur la butte du Trésor, vous aurez bientôt croisé un des nombreux sentiers que l'on a tracés autour de la promenade de l'Impératrice [1].

[1] Herborisation : *Sambucus racemosa*, L. — *Meconopsis cambrica*, Vig. — *Teucrium pyrenaicum*, L. — *Erinus alpinus*, L. — *Potentilla alchemilloides*, Lap. — *Potentilla fruticosa*, L. — *Erica vulgaris* L. — *Erica vagans*, L. — *Anthyllis vulneraria*, Lam.-*Astrantia major*, L. — *Gentiana pneumonanthe*, L. — *Gentiana campestris*, L. — *Gentiana ciliata*, L. — *Pinguicula grandiflora*, Lam. — *Saxifraga aizoon*, Ja. et Bar. — *Aquilegia pyrenaica*, D. C. — *Gypsophila repens*, L. — *Laserpitium Nestleri*, S. Willm. — *Tofielda calyculàta*, Wahl.

Entomologie. — Sur les vieux chènes : *Calosoma cicophanta*, *Cetonia speciosissima*, *Bluprestris rutilans.*

MINE DE ZINC DU TURON DEOUS CRISTAOUS[1] (900m).

Excursion de deux heures 1/2, sans guide.

Passez devant la source froide ; prenez, sur la promenade de l'Impératrice, le premier sentier à droite avant d'arriver à la tranchée qui coupe la butte du trésor ; tirez au nord ; traversez Poursiougues ; montez aux cristaous ; passez le premier turon ; faites le tour du second au nord ; au moment où le sentier arrive en haut sur un petit plateau, *descendez au sud* un étroit routin qui file presqu'horizontalement. Après 30 ou 40 m. de descente, prenez au hasard sur la droite ; la mine est à cent pas de vous sous un bouquet d'arbres.

La grotte où l'on a fait les fouilles regarde le sud ; elle a environ cinq mètres de profondeur. Vous voyez encore, à l'entrée, les ruines de la cabane. Immédiatement après la grotte, à l'est, sur le même flanc de la montagne et dans son épaisseur longitudinale, on a creusé une tranchée de 12 m. de long où vous retrouvez, comme dans le premier découvert, le filon abandonné.

25 m. plus loin, toujours à l'est, nouvelle fouille incomplète où le fer domine ; enfin, quelques pas plus loin : galerie obstruée par un tronc d'arbre pourri, et source intermittente dans les concrétions calcaires et les pyrites de fer.

Les échantillons de smithsonite mamelonnée, de smithsonite pure, de blinde laminaire, de sulfure de zinc, de plomb, d'oxide et de pyrite de fer qui sont amoncelés devant les excavations,

[1] Tertre des cristaux.

prouvent que le minerai était très-abondant; mais M. Abel à qui la concession avait été accordée dut cesser ses travaux, parce que les administrations communale et départementale craignirent que les recherches n'eussent une influence quelconque sur la source thermale des Eaux-Bonnes.

Autre chemin. — Traversez la source de la Soude à la passade nave [1] et montez en ligne droite, N. E, sur la mine que cache un bouquet d'arbres plus vigoureux que les maigres buissons d'alentour.

— Mais, c'est impossible?...

— Comment impossible!... demandez à Mme la Mise de N. à son fils, à sa fille, au Mis des C. et au Cte de G. qui y sont montés avec nous et que j'ai fait descendre ensuite à pic dans le ravin par un chemin non moins pittoresque!.... C'est la moitié plus court que de l'autre côté et c'est cent fois plus amusant.

BOUYE (1583m).

Excursion de cinq à six heures.

Il faut un guide si l'on veut revenir par les *Cristaoûs*.

On suit la Coume d'Aas; le chemin est régulier et monte en pente facile jusqu'à la Fontaine de Gesque qui tombe goutte à goutte dans un tronc de sapin, 1 h. 1/2. Ce n'est pas une source, ce sont des suintements qui sentent l'herbe; l'eau rarement fraîche y est détestable. Un peu plus haut, on gravit soit à gauche, soit à droite d'un massif assez curieux par ses grottes. On dirait les ruines d'une église avec des niches

[1] Voir la course précédente.

vides de leurs statues. *Las quèbas de Gesque* [1], selon M. de Chausenque, devraient leur formation à des dépôts erratiques remaniés par les vagues.

Tout le ravin à droite est ordinairement comblé par les avalanches.

Quelques instants après, on arrive au plateau de Bouye. (2 h. 1/2 des Eaux-Bonnes.) Si l'on est au mois de juin, cette prairie couverte de rhododendrons en fleurs, coupée par des massifs de hêtres et animée par les troupeaux, est splendide. Au retour, on descend par les *Cristaoüs* (1000 m.) qui s'échelonnent comme un gigantesque escalier depuis la base de la Spada jusqu'à la Butte du Trésor. Il faut connaître la montagne pour revenir par là sans guide. Le sentier d'abord très-bien marqué par les bestiaux, se perd dans des bouquets de bois; et lorsque l'on arrive au flanc de la crête que l'on descend à gauche, il faut un œil exercé pour le suivre sous les raisins d'ours qui le recouvrent de leurs feuilles. Prenez garde aux chutes, elles seraient dangereuses ici. C'est le passage des izards, quand les traqueurs ne sont pas assez nombreux pour les forcer sur Asperta. On remonte ensuite sur les crêtes des *Cristaoüs* que l'on ne quitte plus jusqu'à la butte du trésor. (*Satyrides*, *Styne* et *Evias*)[2].

Ce chemin n'est pas difficile; mais il ne faut s'écarter ni

[1] Les cabanes de Gesque.

[2] Herborisation de cette excursion : *Saxifraga cæsia*, *L.* — *Iris xyphioides*, *Ehrh.* — *Androsace villosa*. *L.* — *Linaria alpina*, *D. C.* — *Potentilla fruticosa*, *L.* — *Reseda glauca*, *L* — *Iberis Bernardiana*, *Gr. God.* — *Potentilla alchemilloides*, *Lap.* — *Thalictrum macrocarpum*, *Gren. God.* — *Asperula hirta Ram* — *Phyteuma spicatum*, *L.* — *Pedicularis tuberosa* *L.* — *Gentiana acaulis*, *L.* — *Gentiana ciliata*, *L.* — *Gentiana pneumonanthe*, *L.* — *Leontopodium alpinum*, *Will* — *Lathirus montanus*, *Gren.*

à droite ni à gauche. On peut voir de la route de Cauterets quelle culbutte on ferait si on dégringolait au nord.

L'année dernière, Lanusse avait cassé la cuisse à une chèvre, sur le pic de lous Coutchess. Malgré cette blessure, la pauvre mère s'était enfuie avec son petit dans les précipices de la Gouarde. Le lendemain, Lanusse y retourna avec quelques chasseurs et des chiens. La bête fut levée et poussée dans les abîmes où elle se tua. Quand au petit izard qui avait environ trois mois, il passa au travers des chiens et remonta rapidement au-dessus du pont d'Asperta. Il allait s'échapper, lorsqu'Orteig et Navarreinx lui barrèrent le passage qu'il devait forcément traverser. A leur vue, l'animal épouvanté se lance dans les airs, et retombe à plus de quarante mètres à travers les cîmes des arbres, précisément au milieu des chiens qui suivaient son train. Sans être étourdi d'une pareille chûte, il bondit devant eux, remonte à Bouye, et ce n'est que trois heures après qu'il fut forcé.

Cette excursion se fait également en montant par les Cristaoüs pour revenir par la coume d'Aas; mais c'est plus fatigant.

Un jour nous y sommes allés en partant après déjeuner. Il faisait une chaleur affreuse, nous étions grillés sur les arêtes des rochers, et nous souffrions tellement de la soif qu'il y eut des pleurs répandus. On se disputait dans les bruyères les perles de rosée sur les toiles d'araignée. J'avais beau vanter le lait que nous boirions bientôt dans les cabanes de Bouye; on se roulait par terre; c'était une désolation gé-

God. — Aquilegia pyrenaica, D. C. — Astrantia major, L. — Erigeron uniflorus, L. — Dianthus monspessulanus, L. — Sideritis hyssopifolia, L. — Cotoneaster vulgaris, Linds. — Arctostaphilos officinalis, Wim. — Paronichia serpillyfolia, D C. — Aster alpinus, L.

nérale. Enfin nous y arrivons, à ce cher plateau; les jambes repoussent à tout le monde. Nous courons à la cabane des fromages qui était la plus voisine. O désespoir! elle est solidement fermée. J'appelle en vain; les bergers qui sont au sommet de la Spada ou de Coutchess ne répondent même pas. Cependant, nous voyions, à travers les pierres, les piles de fromages, les sceaux de lait et de crême dont les ventres luisants semblaient nous narguer.

Ma petite troupe était consternée. Nous souffrions réellement, et tellement que je pris un grand parti..... Je commençai à démolir un coin de la cabane. J'allais bientôt pouvoir introduire mon bras, quand un de nous, qui était allé frapper à une autre cabane, fit signe qu'elle était ouverte et qu'il y avait du lait.

Nous étions chez un lettré. A côté d'une tresse d'oignons, un morceau de lard s'étendait mollement sur *La Lampe merveilleuse des Mille et Une Nuits* dont les feuillets graisseux attestaient une lecture assidue.

Il y avait aussi un livre de messe. Si près de Dieu, en haut de ces montagnes, et ayant sans cesse sous les yeux ces grands spectacles de la nature, les nuages avec leurs dangers, la foudre avec ses tempêtes, les pâtres sont restés religieux. J'en ai trouvé souvent le dimanche, lisant leurs offices.

Quand nous eûmes apaisé notre soif, je voulus m'acquitter envers notre bienfaiteur inconnu : j'attachai une pièce de vingt sous à une ficelle que je laissai pendre à la poutre devant la porte, de manière à ce que l'on ne pût entrer sans la voir.

A quelque temps de là, un berger à qui j'avais raconté mon aventure disait au propriétaire de la cabane : « As-tu vu « le diable qui est entré chez toi l'autre jour? »

— « Non, » répondit celui-ci, « ce n'était pas le diable ; mais « bien le bon Dieu qui m'a attaché *une pièce à une corde de* « *vingt sous.* »

Les bergers ne sont pas toujours aussi faciles à satisfaire. Un jour que nous descendions du pic du Ger, je rencontrai un grand vilain garçon qui nous offrit du lait de vache dans un seau taillé, anse et vase, dans un même bloc de sapin. Sa pittoresque amphore, remplie d'un lait tiède et saupoudré de poils, sentait si bien la laine et le suif, que nous ne pûmes qu'y tremper nos lèvres, nous en avions bien pris une cuillerée environ. Je lui tendis une petite pièce d'argent, croyant payer en grand seigneur.

— « C'est cinquante sous qu'il me faut ! » dit-il, d'un ton assez rude, en se reculant au milieu du chemin.

Je l'envoyai au diable, qui n'est certainement ni plus laid ni plus noir que lui !

PIC DU GER. (2613 mètres.)

Excursion de 12 heures.

Guide, Esterle.

Le 9 juillet il avait plu toute la journée, et nous nous étions couchés sans espoir pour le lendemain, lorsqu'à cinq heures du matin je fus réveillé par Esterle ; la journée s'annonçait superbe. Il fallut s'équiper, faire les provisions, enfin il était déjà six heures quand nous sortîmes de chez M. Bonnecaze. C'était trop tard pour penser à une course sérieuse ; je voulais seulement respirer l'air de la montagne. Aussi lorsqu'Esterle me demanda où nous allions ? je lui répondis en plaisantant : « au pic du Ger ! » comme j'aurais dit : « à la lune ! »

Nous entrons dans la gorge de la Soude, et nous traversons toute la coume d'Aas par le chemin que nous connaissons déjà. Les *Torula équestraria* [1], réveillés par les premiers rayons du soleil, s'ébattent dans les clairières de Gesque où nous sommes rejoints par un des propriétaires des troupeaux de Bouye. On ne se rencontre jamais dans la montagne sans se parler.

— « Où allez-vous? » dit-il à Esterle ?

— « Au pic de Ger ! » répond celui-ci, sans se retourner, et en se balançant sur ses jarrets avec cette désinvolture qui en fait encore à son âge le type de la vigueur et de la souplesse.

— « Euh ! » reprit l'autre en patois, « ce ne seront pas les jambes des demoiselles qui y grimperont aujourd'hui ! »

— « Tu le verras, » dit Esterle ! sans se déconcerter.

J'étais parfaitement de l'avis du camarade. Il prit à gauche pour monter à Bouye, tandis que nous traversions le ravin à droite ; ayant à l'est les collets *de coutchets* (pic des Cous, à cause de sa forme adossée au pic du Ger), et au midi le petit pic de la Spada [2] s'appuyant sur les aiguilles de las quintettas [3] que l'on contourne sous un bois de sapin.

Au-dessus de la Spada, on aperçoit la bosse du Ger que, des Eaux-Bonnes, l'on prend généralement pour le point cul-

[1] Le *Torula equestraria* est un joli petit géomètre aux ailes orangées encadrées de noir. Lorsqu'il est poursuivi, il se cache dans les brins d'herbe où il se laisse tomber.

[2] Epée.

[3] Les cinq aiguilles.

minant; mais c'est une erreur; elle n'est que le prolongement de la Crête s'abaissant au nord. Le *salon* du pic qui est tout à fait au sommet de cette même crête en remontant au sud, est bien plus élevé, et c'est lui qui cache la coupole de la véritable cime.

Quelques instants après, nous tournons las Quintettas, et nous continuons au midi, rasant le pied du Ger. Il y a là un petit passage sur des lames de rocher, qui n'est pas dangereux pour les grandes personnes qui porteront le corps à la montagne et les yeux au bout du soulier; mais les enfants à qui on ne donnerait pas la main, pourraient y faire un faux pas par trop de précipitation.

Hors du bois, tout ce qui est devant nous et autour de nous, est Ger. Le géant ne permet pas aux grands arbres de monter plus haut. (2,000^{m}.) C'est d'ailleurs une règle générale dans ces altitudes, règle qui varie nécessairement suivant les latitudes. Ainsi, en Bolivie, les grandes forêts montent à 2,830; les taillis à 3,600; les terres sont labourées à 4,090; et enfin la hauteur moyenne de la ville de la Paz où les Pêchers fructifient, est de 3,730^{m}.[1]

Nous sommes encore lestes et dispos; décidément nous irons déjeuner à la fontaine du Pic. Après une grande marche de rochers entremêlés de terre, nous entrons dans un monde nouveau couvert de débris et de fleurs. Je cueille un *Dryas octopetala* qui a vingt-quatre pétales; on dirait une rose double. Voici un ravin aride où glissent les avalanches et les fontes de neige; nous le suivons à gauche jusqu'en face du Cujala du Ger, où nous allons chercher des fossiles et des polypiers indéterminables, quoique ces derniers surtout,

[1] Voyage en Bolivie. Weddel. p. 117. etc.

d'une texture rose, soient presque complètement sortis de leur gangue : une roche schisteuse et toute décomposée qui n'est pas là en place.

Il faut traverser à droite ; le sentier est facile et marqué. Une autre fois, j'avais continué à gauche, et je fus ensuite obligé de passer au niveau de la fontaine elle-même, sur la roche humide, polie par les eaux et si inclinée, qu'il était difficile de s'y maintenir, même en ôtant ses souliers.

Nous voilà enfin à la source désirée[1] : il est onze heures et nous mourons de faim. Esterle débouche les bouteilles de vin, les installe dans un lit de neige et dresse le couvert.

Nous avons mis bien plus de temps que n'en indiquent les guides ordinaires; mais il faut calculer qu'en courant de tous côtés pour cueillir des fleurs, attraper des papillons ou prendre un croquis, l'on fait évidemment plus de chemin. Dans tous les cas, nous sommes là pour nous amuser et non pour faire une course de vitesse.

Nous apercevons la chapelle des Eaux-Bonnes et un coin de la promenade horizontale. Celui qui serait sous le parasol installé au premier tournant, pourrait nous voir en suivant de l'œil le val de la Coume d'Aas jusqu'à l'endroit où les versants opposés se rencontrent en formant un V. Au-dessus du V, regardez le petit triangle de prairie avec son chapeau de neige, et par dessus le chapeau la grande pierre transversale que l'on prendrait pour une cabane. C'est au pied de cette prairie à droite, que coule la fontaine du pic du Ger.

Les traqueurs, pieds nus, et en se collant aux parois des rochers, grimpent au pic par des fentes pleines de neige qui sont devant vous, lorsqu'ils veulent forcer les izards au

[1] 7° centigrade.

passage du salon. Cet endroit est également un bon poste quand, à l'inverse, ils les font descendre du sommet.

Après déjeuner, je coupe court aux chuchotements de ma troupe qui complote avec Esterle l'ascension du pic. La journée est trop avancée, et la chaleur fait craindre un orage pour la soirée. J'accorde seulement d'aller goûter à la fontaine du Capéran qui dresse ses deux arêtes devant nous.

Depuis l'année dernière, un quartier de rocher a roulé du sommet de la première aiguille, et l'emplacement en est assez visible pour que des prairies d'Aas on l'aperçoive se détachant en blanc comme une plaque de neige.

Ce pic du Capéran ou pic du Moine, inaccessible quoique peu élevé, surgissant isolé au milieu d'une plaine de rochers presque toujours couverte de neige, est très-pittoresque. On dirait un vaisseau sur une mer de glace [1].

Une multitude de Pyrrhocorax choquards, *Pyrrhocorax pyrrhocorax*, *Cuvier*, tournent sur la cime en jetant des cris perçants. A notre approche, ils se laissent tomber perpendiculairement du haut des nues et disparaissent dans un trou au pied du pic. J'accours avec mon fusil ; ils viennent jusqu'entre mes jambes, s'accrochant aux bords du puits, [2] battant des ailes et faisant un vacarme épouvantable.

J'en aurais tué tant que j'aurais voulu ; mais nous n'aurions pu les avoir. Pour les faire sortir, nous leur jetons des rochers qui bondissent sans fin à des profondeurs incalculables. A chaque pierre, ils reviennent en tourbillonnant à l'orifice, avec des sifflements étourdissants ; on entend comme des vagues

[1] On le voit du pont de fil de fer de Lescar, aux environs de Pau.

[2] Dans certaines contrées ces puits s'appellent *évents*. Ici, les montagnards les désignent sous le nom de *poye*.

qui s'entrechoquent dans les entrailles de la terre. Quelles étranges retraites! Quels palais splendides peut-être!....

On serait tenté d'y pénétrer; mais les arceaux des voûtes s'écroulent sous les projectiles que nous lançons.

Race tapageuse et folâtre s'il en fut, et dont les cris joyeux semblent une énormité si loin des bruits de la terre au milieu du silence glacial des pics, le Pyrrhocorax choquard a tout le plumage d'un noir brillant, avec des reflets d'un pourpré changeant en vert, le bec jaune et les pieds rouges. Ses œufs sont blancs tâchés de jaune sale.

Il y a beaucoup d'autres puits dans les environs; leurs orifices sont corrodés d'une façon particulière par les pluies de montagne; il semblerait qu'on les a creusés avec une gouge.

Les montagnes, comme les jeunes filles, ont leur beauté du diable: les fleurs de chaque année. Les neiges seules leur prêtent une jeunesse éternelle, en dérobant aux ardeurs du soleil, les plantes qui ont trouvé un abri sous leur linceul. A mesure qu'elles fondent, celles-ci s'épanouissent sans s'inquiéter des saisons, montant toujours, toujours, jusqu'à ce que la terre leur manque. C'est ainsi qu'après avoir cueilli l'*Erinus alpinus* à Pau au mois d'avril, je l'ai retrouvé au pic d'Amoulat à la fin d'août. D'autres, plus sauvages, croissent à de certaines hauteurs, pas au-dessous, pas au-delà.

Nulle part, je n'ai vu une si splendide toilette sur un si grand espace; ajoutez à cela l'odeur pénétrante des Daphnés et des Primula farinosa, c'est enivrant!

Au moment de partir on m'a fait tant de supplications pour achever l'ascension du pic, que j'ai cédé, et maintenant que la question est décidée, il faut nous hâter...,

Nous traversons des nappes de neige pour les gravir ensuite en lacet par la gauche. Là, nous tombons dans les éboulements ; puis nous escaladons enfin un mur de gazon qui ferme brusquement le fond de ce cirque, et forme comme une chaussée qui réunit le Ger au Pembécibé [1].

A ces hauteurs, la moindre rencontre est un événement, et l'on peut se figurer quel est notre stupéfaction de trouver là un homme roulé en boule, les bras entrelacés avec son parapluie, dormant dans un trou.

C'est B...., un malheureux qui ne jouit pas de tout son bon sens et à qui la police devrait bien éviter les agaceries et les insultes dont on l'accable aux Eaux-Bonnes. Il est venu accompager un touriste qui, dans ce moment, peint à l'aquarelle e pic d'Arcisette. Réveillé par le bruit de nos pas, il me salue en tirant son béret avec ce geste dramatique et majestueux qui n'appartient qu'à lui.

Dans ce moment, un Tetras Ptarmigan me passe sur la tête et disparaît avant que j'aie eu le temps de prendre mon fusil. Nous gravissons la croupe arrondie qui semble mener d'un premier jet au sommet du pic [2].

Quand nous l'avons franchie, nous rencontrons une autre élévation où vient s'accrocher une crête schisteuse, lézardée, saillante, qui semble se précipiter dans la plaine de neige qui joint le Capéran. C'est par là que la première ascension du pic du Ger a été faite par M. de Chausenque, il y a

[1] J'ai donné p. 189 du Guide de Pau aux Eaux-Bonnes, l'herborisation de cette excursion jusqu'ici.

[2] *Anthyllis vulneraria, var. Allioni, D. C. — Bartsia alpina, L. — Paronichia serpillyfolia, D. C.* — Nous trouvons au même endroit une dent de squale dans un morceau de calcaire saccharoïde.

environ cinquante ans. Il faut être sur les lieux pour se faire une idée des difficultés qu'il a eu à surmonter. Aujourd'hui, par le chemin que nous suivons, ce n'est plus qu'une partie de plaisir.

Je voulais essayer de tirer des izards au pic, mais B.... chante son grand air de *la belle Madelaine* sur un ton si aigu, terminant chaque couplet par le cri de triomphe du coucou, que dans cinq minutes il n'y aura plus un animal sauvage à une lieue à la ronde.

Nous nous déchargeons du fusil, des boîtes et des vivres, et après nous être rafraichis avec un punch de neige et de trapistine, nous attaquons les derniers étages.

Je fais laisser le vrai pic à droite, tout prêt à le sacrifier si nous n'avons pas le temps d'y monter; en effet, nous respirons du feu, et je regarde avec inquiétude le couchant où se forment les orages.

Après avoir incliné à gauche sur le flanc de la roche, quand même le guide ne vous avertirait pas, déposez vos bâtons, relevez les robes et les pans d'habit, serrez toutes choses afin que vos mouvements soient parfaitement libres; et si vous portez un album ou une lorgnette, assujettissez-les de manière à ce qu'en vous mettant à quatre pattes, comme vous allez y être tout à l'heure, ces objets ne viennent pas se heurter dans vos jambes.

Cette crête calcaire, de 20 à 30 mètres de long, étroite et inégale, sorte de marbre blanc teinté d'ardoise, dont les parois, délités par les gelées et la foudre, se détachent sous les pieds, est ce qu'on appelle le *Passage*. Tout le monde vient jusque là; quelques-uns ne vont pas plus loin; c'est une affaire de tempérament. Si vous avez le vertige, il ne faut pas vous y risquer.

Il est bon de se familiariser avec le vide, regardez l'abîme à gauche et à droite, ne fermez pas les yeux sur ces profondeurs sans les avoir sondées ; le vertige est moins fort quand on sait à quoi l'on a à faire. Quelques fortes têtes passent debout ; mais n'ayez pas de respect humain, prenez la crête à pleines mains et enfourchez-là, jambe de-ci, jambe de-là, c'est assez étroit pour cela. Maintenant, à la force des poignets !

Esterle aide ma plus jeune fille à passer, la laisse au pied d'une espèce d'escalier et vient prendre la seconde pour la conduire au même endroit pendant que je les dessine. Je les rejoins ensuite, et nous grimpons tous ensemble au *salon*, dont nous ne sommes plus séparés que par un escarpement peu élevé.

Esterle, aussi joyeux que les enfants, les fait monter sur une grosse pierre où ils ont juste la place de leurs pieds, puis, tirant une ardoise de sa poche : — « Ecrivez de là étant, M...., écrivez, » me dit-il, « que la première ascension [1] du pic de Ger en 186..., a été faite le 10 juillet à deux heures un quart par deux demoiselles, la plus jeune de onze ans. Or donc cela n'arrive pas tous les jours, et que c'est Esterle premier guide des Eaux-Bonnes, qui les a fait passer au salon ! »

Comme panorama, rien n'est comparable à celui qui se déroule sous nos yeux. Les Eaux-Bonnes dans leur nid de verdure, Pau coupé en deux par la montagne de Louvie, Tarbes,

[1] En effet quoiqu'il y eut fort peu de neige cette année, personne n'avait encore fait l'ascension. A partir de ce jour le beau temps y amen de nombreux visiteurs.

Pénamédan près de nous ; puis la Latte, le Gabisos, le Pic du Midi de Bigorre, Néouvielle, le Mouné, et tout à fait à l'est, le Mont Perdu et le Vignemale n'arrêtent qu'un instant nos regards avides de découvrir au nord les immensités indécises dans les brumes de l'après-midi[1]. On croirait embrasser la terre entière dont les contours se perdent sous des nuances vaporeuses. Au sud, l'Arcisette, Sourins et Cézy ne sont plus que des collines qui servent de repoussoir au Balaïtous, à Palas, à Some de Séoube, au Pic du Midi d'Ossau. Enfin à l'ouest, le pic d'Anie, et la Rhune qui disparaît dans les vapeurs de l'Océan, complètent ce magique tableau [2].

Mais un coup de tonnerre vient nous faire tressaillir. Le Pic du Midi est en feu ; les nuages amoncelés au sommet lui donnent l'air d'un volcan que sillonne la foudre ; je presse la retraite.

Toutefois, je ne veux pas partir sans grimper au véritable pic ; il ne faut qu'un instant pour cela. Les nuages qui mon-

[1] Il faut être au salon avant onze heures si l'on veut éviter les vapeurs qui s'élèvent de la terre et qui dérobent alors une partie des détails.

[2] Herborisation du salon : *Arenaria purpurascens*, *Ram.* — *Arenaria. Sedum atratum, L.* — *Gentiana nivalis, L. Saxifraga Groenlendica, L. Draba aizoides, S.* — *Draba pyrenaica*, *L.* — *Hutchinsia alpina, Rb.* — *Saxifraga oppositifolia*, *L.* — *Galium verum*, *var. alpinum*, *L.* — *Silene acaulis, L.* — *Oxitropis montana, D. C.* — *Thymus serpyllum*, *L.* — *Juniperus alpina*, *Cluz.* — *Anthyllis montana*, *L.* — *Salix herbacœa*, *L.* — *Leontodon pyrenaicus*, *Gouan.* — *Iberis nana*, *all. ou spathulata*, *Berg.* — *Potentilla nivalis*, *Lap.* — *Saxifraga ajugœfolia, L.* — *Asperula hirta*, *Ram.* — *Valeriana globulariæfolia*, *Ram*, — et un graminé dont j'ai perdu le nom ; enfin un métal qui a dû se trouver bien dépaysé ici : *un ressort de crinoline*. Quelle est l'élégante, ou l'imprudente, qui l'a apporté là ?....

tent rapidement de l'est et sont sur le point de le couvrir, s'entrouvrent un moment pour laisser plonger nos regards sur l'infiniment petit lac bleu de Pla Ségouné.

Je franchis le passage avec les mêmes précautions qu'à l'arrivée, et chacun reprend son bâton pour gravir, dans la direction du sud, le cône qui est de même composition que le reste du pic. Il n'y a presque plus de neige, et cette dernière ascension est des plus faciles.

Du sommet, on aperçoit les lacs d'Artouste et d'Ormialas. Mais les nuages nous enveloppent; Amoulat, l'Arçisette et tout Anouilhas ont déjà disparu. Il faut se hâter d'arriver avant eux à la fontaine du pic du Ger, où aboutit le dernier sentier tracé, sous peine de s'égarer, même avec un guide comme Esterle. Nous prenons le pas gymnastique. Le tonnerre gronde toujours; mais l'orage se circonscrit sur les hautes cimes et nous donne le temps d'arriver au sentier. Là, je respire plus à mon aise; nous faisons halte pour nous raffraîchir et descendons ensuite tranquillement aux Eaux-Bonnes où nous arrivons à six heures.

Afin d'éviter la chaleur, il faut partir de grand matin pour cette excursion, qui n'est pas, à beaucoup près, aussi fatigante qu'elle en a la réputation, *si on monte lentement.*

On peut gravir le pic du Ger par des voies un peu plus courtes; mais offrant quelques difficultés.

Lorsque vous êtes au pla de Gesque, traversez-le en vous orientant au S.-E. et laissant à gauche, plein est, le sentier que nous avons suivi dans l'autre excursion. Montez dans la fente de rochers par où descend la source du pic lorsque les eaux sont fortes. Traversez le bois de hêtres; maintenant, suivez le chemin que vous connaissez déjà jusqu'au Capéran.

Laissez ce pic fortement à droite et montez dans le cirque qui s'ouvre devant vous. Ici, trois lignes d'ascension sont à votre disposition : la plus facile, au sud, longe la chaine du Capéran et rejoint la chaussée du Ger par des neiges très-rapides qui ne sont pas toujours praticables ; la plus difficile, à l'est, monte directement au passage en laissant à droite ces aiguilles et ces forteresses dont j'ai parlé en montant, c'est la voie de Chausenque ; enfin, une troisième, moins perpendiculaire et très-praticable, dont je vais donner la description exacte, en vous avertisssant néanmoins que ce serait une folie de s'y engager sans un guide qui y ait déjà passé.

A partir de la source du Capéran, descendez 60 m. Au N.-E. pour gagner les pentes praticables ; suivez, S.-E. une muraille dont les strates sont horizontales jusqu'à ce que les couches arrivent au niveau du terrain que vous gravissez. Tournez alors subitement au N.-E. *Otez vos chaussures* et suivez le sillon qui dessine la crête de la muraille jusqu'à une rigole, S.-E. regardant la direction du salon. Voici l'endroit le plus difficile : il faut gagner comme vous pourrez cette petite plaque de gazon au-dessous de deux roches en saillie. Une fois là, remettez vos chaussures et entrez dans le salon par le S.-E.

Cette plate forme si aristocratiquement nommée n'a pas son livre d'or comme le Néthou, il est rare d'y retrouver les ardoises et les cartes de visite que vous lui confiez ; c'est dommage ; car on y voit très-bonne compagnie. A notre dernière ascension, le 5 août 1872, l'aimable compagnon et intrépide Comte de L..... B...., nouveau centaure montant en liberté les chevaux les plus indomptables ; a passé la main sur la crinière du Ger. Les neiges qui couvrent son front ne l'empêchent pas d'affronter celles de nos pics.

Le seuil du salon, à gauche, est une grande plaque en marbre blanc cendré, inclinée à l'est, mais dont les strates montent du Nord au Sud ; c'est la direction la plus générale de la chaine. A droite, de gros blocs d'un marbre plus bleu, reposent, par couches, les uns sur les autres. Le sol est labouré par la foudre qui a creusé un trou au milieu des pierres brûlées et brisées. Un éperon surmonté d'une belle roche de marbre violet, blanc et rose, d'un clivage très-remarquable descend vers l'Ouest. L'Arête qui fuit au Nord pendant deux cents mètres, devient de plus en plus difficile à mesure qu'elle se penche au Nord-Ouest. Tout ce qui n'est pas en pente trop raide est couvert de pierrailles. Le lac d'Artouste ne s'aperçoit pas du salon, mais de 50 ^{m} plus au Nord. Outre le *sphærulites angeiodes*, Sacaze a trouvé au sommet du pic plusieurs exemplaires très-bien conservés de la *turbinolia uricornis*, *Michelin*.

Au lieu de descendre du pic par le Clot Ardoun, on peut se laisser glisser par la première ligne d'ascension dont j'ai parlé, il y a un instant. On passe alors sous des murailles si vermoulues qu'il suffit du poids d'un oiseau, souvent même de son vol, pour en détacher les pierres. C'est une des manies de certaines espèces à ces hauteurs : ils viennent voltiger autour de vous, et leur amabilité n'est pas toujours sans danger. Un Accenteur Pegot nous a tenu en échec dans ce passage au Capéran, et nous a forcés de descendre plus vite que nous ne voulions. Cet oiseau, *Accentor alpinus*, *Bechst*, monte encore plus haut que le Rouge-queue qui ne s'éloigne guère des cabanes. Il a le vol, le chant et presque le plumage de l'alouette Cochevis, il pond dans les fentes de rochers cinq œufs verdâtres.

LOUCTORES [1].

Excursion de six heures.

Un guide est nécessaire.

Lorsque l'on va au pic du Ger par la coume d'Aas, on aperçoit deux cirques sur la droite : le premier est Montcouges, le second s'appelle Louctores. Ils se touchent tous les deux ; mais par des arêtes si perpendiculaires, qu'il est extrêmement difficile de correspondre de l'un à l'autre. Leur réunion avec le pic ou col d'Aucupat qui est par derrière, forme le massif de Pembécibé [2].

Je conseille de prendre un guide pour faire cette excursion, parce que cette partie de la montagne étant très-abritée contre le vent du midi, les nuages s'y amassent facilement, et l'on risquerait de s'égarer dans un dédale inextricable de sentiers. Montez comme si vous alliez au pic du Ger. Après avoir traversé la Béhorade, vous arrivez à une grande éclaircie sur la droite (3/4 d'heure des Eaux-Bonnes.) C'est là que descendent les avalanches de Louctores dont la commune vend la neige aux porteurs que vous voyez passer à chaque instant. Les hommes les plus robustes ne chargent pas plus de 80 à 90 kilos par voyage. Des femmes, de malheureuses jeunes filles même, portent jusqu'à 50 kilos. Cette avalanche

[1] *Louct hores*, avalanche qui vient d'en haut.

[2] Pentes herbeuses qui conviennent aux *besibés*, brebis de 2 ans.

est souvent considérable. On la traverse pour gagner une prairie qui est de l'autre côté du ravin. Gravissez-la en lacet, appuyant à gauche, jusqu'à ce que vous ayez atteint le sommet. A l'entrée du bois qui la couronne, vous trouverez le sentier qui, alors, est parfaitement marqué.

Au sortir du bois, vous suivrez l'espèce d'escalier tracé sur le gazon par le pas pesant des porteurs de neige. Tous ces paturages sont excellents, et, malgré cela, généralement délaissés, surtout pendant la sécheresse, parce qu'il n'y a pas de sources dans cette région. Les plus proches sont celles de Gesques et de la Béhorade. (Cette dernière est intermittente.)

Le cirque de Louctores est plus grand que celui de Montcouges. Il est possible de gagner le pic du Ger en franchissant la crête ; mais c'est pénible et assez dangereux [1].

Au lieu de revenir par le même chemin, on peut descendre par l'avalanche elle-même [2].

[1] Herborisation de Louctores : *Silene acaulis, L. — Polystichum filix-mas, Roth. — Spiræa aruncus, L. — Hyppericum nummularium, L. — Thalictrum macrocarpum, Gren. God. — Iberis Bernardiana, Gren. God. — Nigritella angustifolia, Rich. — Bupleurum angulosum, L. — Valeriana montana, L. — Géranium sylvaticum, L. — Geum montanum, L. — Aronicum scorpioides, DC. — Rosa pyrenaica, Gouan. — Primula integrifolia, L. — Pr. intricata, Gren. — Pr. farinosa, L. — Aquilegia pyrenaica, D. C. — Rhododendron ferrugineum, L. — Geum rivale, L. — Phyteuma spicatum, L. — Pedicularis foliosa, L. — Ped. Comosa, L. — Ped. rostrata, L. — Scilla verna, Huds. — Thalictrum majus, Jq. — Androsace pubescens, Var. hirtella, Duf. — Saxifraga longifolia, Lap. — sax. aretioides, Lap — sax. aizoon, Jacq. et Bar. — sax. ajugæfolia, L. — sax. recta, Lap. — Aronicum doronicum, Rchb. — Potentilla alchemilloïdes, Lap. — Pinguicula grandiflora, Lam.*

[2] *Arbutus alpina, L. — Saxifraga aspera, L. — Sax. cæsia, L. — Arenaria purpurascens, Ram. — Aren. serpyllifolia, L. — Ranunculus Thora, L. — Globularia nudicaulis, L. — Androsace villosa, L. — Lathirus montanus, Gren. God. — Leontopidium alpinum, Will. — Convallaria majalis, L. — Anemone alpina, L. — Thalictrum saxatile, DC. — Gentiana acaulis, L. — Gent. verna, L. — Soldanella alpina, Lam.*

Au mois de novembre 1866, Lanusse qui chassait des izards avec un américain, M. O... aperçut ici les traces d'un ours. Il envoya deux traqueurs battre les bois qui nous séparent du pic du Ger, et vint se poster dans la prairie où nous sommes.[1] Il était à mi-côte, et son camarade dans le bas, chacun caché derrière un sapin. L'animal ne se fit pas attendre : aux premiers coups de fusil que les traqueurs tirèrent en l'air, il sortit du bois.

Quand l'ours marche tranquillement, il va sur ses quatre pattes ; lorsqu'il est poursuivi, il ne court pas, il bondit en se cabrant. Celui-ci effrayé par la fusillade, prit son galop saccadé et vint droit sur M. O... qui lui envoya une balle, en plein corps. Il ne tomba pas pour cela, et descendit toujours aussi rapidement au bas de l'avalanche de Louctores. Calculant qu'il allait traverser le ravin pour gagner Montcouges, Lanusse y courut à toutes jambes, et arriva juste au moment où il reparaissait de l'autre côté, en face de lui. Là, il eut l'adresse de lui loger au défaut de l'épaule, une balle qui l'arrêta court. Que cette aventure ne vous empêche pas d'aller vous promener dans la coume d'Aas ; on n'a pas tous les jours une si heureuse chance. Il y avait un siècle que l'on n'avait vu un ours autour des Eaux-Bonnes, et vous seriez bien malheureux d'en rencontrer, n'en cherchant pas, lorsque ceux qui courent après en trouvent si rarement.

[1] *Zygœna anthyllidis*, *Stigne*, *Syricthus Lavateræ*, *Triphœna orbona.*

MONT COUGES (1495m)

Excursion de 5 heures. Un guide n'est pas indispensable.

Couges signifie qui n'a pas de corne ; en effet, le mont Couges, premier cirque que l'on rencontre à droite en suivant la Coume d'Aas pour monter au pic du Ger, est arrondi, et n'est dominé par aucun pic saillant.

Suivez le chemin du pic du Ger jusqu'à la Béhorade [1] dont l'eau, remplie de salamandres et d'œufs de grenouilles, est peu appétissante, quoiqu'elle se présente coquettement dans un joli bassin. Quelquefois les avalanches descendent jusqu'ici, et la neige s'y conserve assez longtemps.

Prenez à droite un sentier arrangé depuis peu par l'administration, et bien marqué, du reste, par les pas des porteurs de neige [2]. Parvenu au-dessus d'un ravin profond et dénudé où roulent les avalanches, tournez à l'ouest, vous arriverez bientôt à une forêt de sapins escarpée et entrecoupée de rochers. En sortant du bois, on traverse une clairière où le sentier est moins marqué. Il faut incliner un peu à gauche et rester sous les arbres qui s'éclaircissent bientôt.

Si vous avez un fusil, apprêtez-le et marchez avec précaution. Au pied du monticule qui est devant vous, jaillit une fontaine dans un tronc de sapin; l'eau en est excellente, et les coqs de bruyère viennent souvent s'y baigner. La source

[1] Abreuvoir.

[2] *Atropa Belladona, L.*

étant dans un pli de terrain, on y arrive sans être aperçu, et si c'est par un beau jour et à une heure favorable, vous pouvez avoir la chance d'un joli coup de fusil. Un petit rocher est à deux pas de la source, la table et les siéges sont solides, c'est un endroit charmant pour déjeuner. Après le repas, on va prendre les glaces un peu plus haut, ou tout près dans le ravin, si les neiges ont été abondantes.

C'est ici que commence le cirque, formé de calcaires ondulées qui l'entourent d'une muraille sombre et luisante. La végétation continue encore jusqu'à un rocher qui sert de toit à une québa abandonnée; mais tout est désolation. Les arbres sont couchés par les avalanches et déchirés par les pierres qu'elles ont entraînées. Le reste de l'ascension est escarpé. Les neiges montent jusqu'au pied de l'enceinte; à mesure qu'elles fondent, les bords se couvrent de fleurs que l'exposition du nord conserve très-longtemps. [1]

La Comtesse H. de B. est venue ici avec nous et elle n'a

[1] Herborisation de Mont Couges: *Crepis pygmæa*, L. — *Soldanella alpina*, Lam. — *Viola biflora*, L. — *Linaria alpina* DC. — *Primula intricata*, Gr. Go. — *Prim. integrifolia*, L. — *Prim. farinosa*, L. — *Salix pyrenaica*, Gouan. — *Ranunculus alpestris*, L. — *Arabis alpina*, L. — *Campanulla glomerata*, L. — *Aronicum doronicum*, Rchb. — *Geum rivale*, L. — *Lithospermum Gastoni*, Bent. — *Aronicum scorpioides*, DC. — *Scilla verma*, Hud. — *Phyteuma hemisphæricum*, L. — *Phyt. spicatum*, L. — *Daphne cneorum*, L. — *Daphne laureola*, L. — *Gentiana verna*, L. — *Gent. acaulis*, L. — *Saxifraga longifolia*, Lap. — *Sax. aizoon*, Jac. et Bar. — *Dethavia tenuifolia*, End. — *Dryas octopetala*, Lam — *Rhododendron ferrugineum*, L. — *Horminum pyrenaicum*, L. — *Draba aizoides*, L. — *Arenaria montana*, L. — *Helianthemum canum*, Dun. — *Lonicera pyrenaica*, L. — *Leontopidium alpinum*, Will. — *Bartsia alpina*, L. — *Globularia nudicaulis*, L. — *Glob. cordifolia*, L. var B. *nana*, Lam. — *Biscutella lævigata*, L. — *Erinus alpinus*. L. — *Rhamnus pumilus* L. — *Phyteuma orbicularis*, L.

pas voulu revenir aux Eaux-Bonnes avant d'avoir touché du doigt les dernières murailles du cirque, au-dessus des neiges.

Dans la prochaine excursion j'indiquerai un autre chemin.

PAS DE L'OURS.

Excursion de quatre ou cinq heures, par le torrent de la Soude, la pierre *bigarade*[1] et l'*Espartille :* autrement dit le chemin de Balour.

Un guide est indispensable.

Après une ascension de 25 minutes, on débouche dans une clairière au bout de laquelle se trouve le *Clot de Débatche*[2].

Prenez immédiatement à l'est au milieu des buis et des hêtres, cinq minutes après, vous avez le *Pas* devant vous. Toute insignifiante que soit cette ascension, il ne faut pas la tenter avant la fin de juin. Jusqu'à cette époque, d'énormes roches plates se détachent de la muraille et brisent tout ce qu'elles rencontrent[3].

[1] Bigarée.

[2] Couloir d'en bas.

[3] Herborisation du pas de l'Ours : *Thalictrum macrocarpum*, *Gre. God.* — *Leontopodium alpinum*, *Will.* — *Saxifraga aretioides*, *Lap.* — *Sax. longifolia*, *Lap.* — *Globularia cordifolia*, *L. var. B. nana*, *Lam.* — *Gentiana acaulis*, *L.* — *Arctostaphilos officinalis*, *Wim.* — *Asperula hirta*, *Ram.* — *Asp. cynanchica*, *L.* — *Dethavia tenuifolia*, *Endl.* — *Rosa pyrenaica*, *Gouan.* — *Rhinantus major*, *Ehrh.* — *Aster alpinus*, *L.* — *Astragalus monspessulanus*, *L.* — *Ononis striata*, *Gre.* — *Contoneaster tomentosa*, *Lindl.* — *Meconopsis cambrica*, *vig.* — *Valeriana montana*, *L.* — *Rhinantus cristagalli*, *L.* — *Gypsophila repens*, *L.* — *Phalangium liliago*, *Schreb.* — *Centaurea scabiosa*, *L.* — *Phyteuma spicatum*, *L.* *Horminum pyrenaicum*, *L.* — *Iberis Bernardiana*, *Gr. God.* — *Leucanthemum corymbosum*, *Gr. God.* — *Epilobium montanum*, *L.* — *Aronicum doronicum*, *Rchb.* — *Ar. scorpioides*, *DC.* — *Convallaria majalis*, *L.*

Le *Pas de l'Ours* est au passage du pic du Ger ce qu'un cheval en liberté est à une bête sellée et bridée. Au Ger, vous vous accrochez à tout; ici, vous ne pouvez que vous appuyer, à peu près comme une mouche sur un carreau de vitre.

— Mais les moutons et les ours n'y montent-ils pas?

— Oui, et c'est précisément ce qui en fait la difficulté: le sabot des uns et les griffes des autres ont tout aplani.

Cependant, il ne faut pas non plus s'en faire un monstre, puisque nous y montons avec nos souliers. Pour descendre, c'est différent; il faut être pieds nus.

Il n'y a d'un peu scabreux qu'une hauteur de sept mètres. Ensuite, on peut se coucher à plat ventre et enlacer les herbes. Je ne connais pas de site plus pittoresque à une demi-heure des Eaux-Bonnes : arbres sauvages, lézarde de 200 pieds où monterait peut-être un ramoneur, flore des montagnes, lépidoptères des hauteurs, rien n'y manque.

Le 26 juillet, j'ai trouvé *sous les pierres*, avant d'arriver au Pas, l'*Emydia Ripertii*, espèce très-rare que l'on n'avait encore rencontrée que près des Eaux-Chaudes, sous les rameaux de Coudrier, du cinq au dix juillet.

Un sentier assez faiblement marqué conduit en 25 minutes à la fontaine de Montcouges. On peut revenir par le même chemin ou par la Coume d'Aas. Pour ce dernier cas, voyez l'excursion précédente.

MINE DE BALOUR.

Excursion de deux heures, sans guide.

Suivez le même chemin que pour le Pas de l'Ours. Au milieu de la clairière qui précède le Clot de Débatch, prenez à l'O N O. un sentier bien marqué. Après avoir monté 100^m, vous trouverez une première excavation encombrée de débris de minerai. La véritable galerie est à 35^m plus loin, en appuyant légèrement à droite. Elle est parfaitement taillée à la poudre à travers bancs, dans le calcaire compacte, ayant 1^m 50 de large, 2^m de haut, et se terminant au bout de 53^m de profondeur, par un éboulement d'une marne argileuse très-fine et très-plastique, au delà duquel des débris de forts boisages et un courant d'air frais, font soupçonner des travaux étendus. A l'extérieur, un éboulement considérable, formant le déblais de l'exploitation, ne contient que de la pyrite transformée en hématite brune, qui s'est quelquefois transformée elle-même à la surface en hématite rouge pulvérulente, un grand nombre de stalactites calcaires, et des galets d'un schiste satiné gris. Il y avait là un véritable filon exploité par des mineurs habiles. Mais rien dans l'histoire du pays n'indique à quelle époque la galerie a été ouverte, et quelle espèce de minerai on y a exploité[1].

Il existe, à 20^m au-dessus de cette galerie, un autre puits dangereux dont l'entrée est obstruée par les éboulements, et tout autour, divers essais de sondage.

[1] Bulletin de la Sté Géologique. 2e série, t. 19, f. 21, 32, note de M. Des Cloiseaux.

BALOUR.

Excursion de 3 heures sans guide.

Suivez le chemin du pas de l'ours. Gagnez le Clot-de-Débatch; en entrant dans le couloir; vous verrez à gauche dans l'enfoncement du rocher, la retraite d'un taureau. Quand les vaches sont dans cette partie de la montagne, le maître de céans est presque constamment couché dans son antre, et vous ne pouvez éviter de le coudoyer un peu, le passage ayant a peine quelques pieds de large, tandis que les parois se dressent à seize mètres à pic de chaque côté. Celui que je connais, est l'animal le plus débonnaire que j'aie jamais vu, et je ne pourrais, sans ingratitude, lui refuser un certificat de bonne conduite; mais n'étant pas immortel, il peut être remplacé par un seigneur moins pacifique. Envoyez votre guide en éclaireur, ou bien allez chercher à gauche, au pied de Montcouge, un passage d'une pente très-raide. Le Pas de l'Ours est au sommet.

En débouchant du Clot-de-Débatch, on rencontre une fontaine qui n'est ni agréable, ni saine, à moins que ce ne soit dans les premiers jours de juin. Traversez alors une clairière au bout de laquelle parait un deuxième couloir: *lou Clot-de-dessus.* Si l'on est au commencement de la saison, et que les troupeaux n'aient pas encore tassé sous leurs pieds les immenses amas de feuilles que l'hiver y a réunis, prenez à gauche le chemin d'exploitation qui est à peine terminé; vous risqueriez de glisser sur les rochers cachés, ou tout au moins, de vous enfoncer jusqu'à mi-corps dans ces décompositions humides. Au sommet de l'escala de l'Artigue coule une excellente fontaine intermittente. Quelques instants après, l'espace s'élargit tout à coup, et l'œil se repose avec plaisir sur la jolie prairie de Balour. [1].

Nous sommes déjà loin du temps où M. de Chausenque admirait « le vert foncé de la pelouse qui s'étend *avec sécurité* « au pied des escarpements, où *nul débris* n'interrompt sa « teinte amie de l'œil. » La moitié de la prairie a déjà disparu sous les éboulements et les *moraines* que les neiges poussent chaque année devant elles. Ce vallon ovale est fermé par la muraille de Montcouge et l'aiguille du rocher de Lacarra [2], à l'est, au sud par les premiers bois d'Assouste, et à l'ouest par un rempart infranchissable dont le sommet s'abaisse vers les pâturages de Gourziotte.

Si les bergers sont absents et que vous ne puissiez vous procurer du lait, il faut aller vous désaltérer à une source qui suinte au nord sur la lisière du bois, aux pieds des hêtres,

[1] On trouvera l'herborisation de Balour p. 150 du Guide de Pau aux E.-B., on peut y ajouter les plantes suivantes : Entrée de la prairie, pentes de l'ouest : *Linaria alpina, DC. — Arabis alpina, L. — Linaria origanifolia, Dec. — Helianthemum canum, Dun. — Globularia nudicaulis, L. — Salix pyrenaica,* Gouan. — *Convallaria majalis, L. — Globularia cordifolia, L. var. B. nana, Lam. — Centaurea scabiosa, L. — Salix herbacœa, L. — Lathirus montanus, Gren. God. — Dethavia tenuifolia, Endl. — Valeriana montana, L. — Pedicularis tuberosa, L. — Biscutella lævigata, L. — Galium verum, L. — Sideritis hyssopifolia, L.*

Il faut ajouter à l'herborisation de la grande raillère : *Thalictrum minus, L. — Asperula hirta, Ram. — Asp. cynanchica, L.* — J'ai trouvé sous les pierres du haut l'*Emydia Ripertii.* Je dois signaler également au sommet du torrent de pierrailles qui descend du S O. le *Lithospermum Gastoni, Bent. — Anemone alpina, L. — Ranunculus Thora, L.*

[2] Dalle.

et à mi-côte des éboulements. Elles est assez difficile à découvrir ; mais si les troupeaux sont dans la prairie, leurs traces vous y conduiront. De là, on gravit dans les pierres pour faire le tour du cirque.

D'en bas, ces éboulements paraissent la chose du monde la plus facile à franchir ; mais à peine a-t-on fait cent mètres de cette ascension, que l'on recule deux pas pour un qu'on avance. Le sol s'effondre tout autour, et la pente est si rapide que l'on a de la peine à s'y cramponner. Il faut marcher de front ; car le moindre caillou ébranlé roule jusqu'en bas, et gare aux jambes des retardataires.

Si les brebis paissent au sommet, il n'est pas prudent de s'y engager ; à chaque instant, elles vous envoient des pierres qui finissent par acquérir une rapidité peu rassurante. Ne lâchez pas vos bâtons, ils sont indispensables, et une fois hors de vos mains, ils s'arrêteront difficilement. J'y ai laissé échapper un gros bouquet de rhododendrons qui a roulé plus de 300 mètres sans s'arrêter.

AR.

Eaux-Bonnes, 10 sept.

Excursion de 19 heures 1/2.

Guides, Castagnet [1], Jean Soustrade et Casabonne. Partis à 4 heures par Balour nous arrivons à la fontaine d'Anouilhas (5°),

[1] Castagnet est le concessionnaire de tout le val d'Ar. Si on ne l'a pas pour guide, il est impossible de faire cette excursion avec fruit. Il demeure à Montplaisir entre Gère et Laruns.

près du pla Cardoua, en même temps que notre savant compagnon qui est monté par le Gourzy avec Castagnet, (8 heures 1/2) [1].

Il est déjà midi quand nous traversons le calcaire magnésien du Col d'Ar dont la Scala est parsemée de Cobalt. Une source qui brille à l'est nous attire invinciblement ; elle présente, à son évasement, cette couleur bleue qui est toujours l'indice d'une certaine profondeur ; c'est en effet une des plus considérables de ces régions (8°). Voici les principaux échantillons que nous récoltons en allant au filon d'Aarite ; Calcaire cobaltifère avec cristaux de calcaire, oligiste compacte, amianthe, smithsonite, blinde très-riche etc. Nous descendons du N O. au S E. Le pétrosilex qui enveloppe le nickel est tellement dur que les mineurs ont perdu un temps considérable à le percer. Le pyrite nickelifère contient 35 p. 0/0 de nickel antimonio-arsénié nommé *Aarite* par Adam [2].

On peut également venir ici par Herrana, le gave de Souzouéou, puis le torrent d'Ar à l'origine duquel se trouve l'atelier de cassage. La cabane où l'on a travaillé est couverte en ardoises et bâtie à chaux et à sable au milieu d'une vallée plate comme un lac ; de nombreux troupeaux y paissent une herbe succulente, arrosée par des ruisseaux qui courent de l'Est à l'Ouest, en descendant sur Souzouéou. Il y a dans l'intérieur de cet établissement de grands appareils de forge de campagne, cuvette en fonte avec hélice pour faire l'amalgamation, bélier pour piler les cristaux etc. La dernière société

[1] La course d'Ar se trouve déjà dans le Guide de Pau aux Eaux-Bonnes ; cette nouvelle excursion contient des détails complètement nouveaux et qui pourront intéresser particulièrement ceux qui s'occupent de géologie.

[2] Il aurait dû le nommer *Arite* ; car la montagne d'Ar dont il lui a donné le nom ne s'écrit qu'avec un A.

a fait de mauvaises affaires et ce matériel reste là abandonné. Ce val d'Ar est très-mouvementé, il étincelle de sources, de fontaines, de ruisseaux, d'étangs et de petits lacs. Palas et Balaïtous, à l'horizon, dominent le sud.

La seule mine d'argent natif que nous ayons, je crois, en France, est celle de Chalanches (Isère) à 2.664 m. « La deuxième aurait été découverte en 1846 par un berger d'Ar, qui ramassant une pierre pour la jetter à son troupeau fut fort étonné d'en ramasser deux. Elles étaient reliées ensemble par un fil métallique. La Faculté de Montpellier reconnut que c'était un minerai d'argent très-riche, et que le fil qui les attachait était de l'argent natif. La hauteur de ce filon est de 2.211 m. Les minéraux qui accompagnent l'argent sont ; 1° le nickel antimonial argentifère et blendifère ; 2° le nickel arsenical argentifère avec trace de Cobalt ; 3° la galène ; 4° la pyrite martiale ; 5° la pyrite arsenicale argentifère ; 6° la blende argentifère ; 7° le manganèse péroxidé ; 8° des ocres argentifères provenant de la décomposition des pyrites ; 9° du nickel oxidé ; 10° de la calamine ; 11° enfin, du bismuth ; suivant M. Ranchecourt, l'analyse a dévoilé la présence de l'or dans l'argent natif ; mais en faible quantité. »

A un kilomètre au nord de la Cabane dont j'ai parlé, « se dresse un escarpement de 150 m. de jet, dirigé E O. et formé par des calcaires grizâtres subsaccharoïdes, dont les couches sont redressées sous un angle de 80 à 85°. En montant aux mines d'argent, on rencontre dans le calcaire, plusieurs attaques entreprises sur des filons de blende jaunâtre, lamelleuse, parallèles entre eux, et parallèles aussi à la stratification, désignés par les noms de St-Michel, de Ste-Marie, et de St-Sauveur. Leur épaisseur dépasse quelquefois un mètre, et quelques chantiers sont susceptibles de fournir 50 p. 0/0 de minerai à l'abattage. Le zinc se trouve disposé en veines irrégulières, parallèles et séparées par des intervalles stériles qu'occupe la roche encaissante. Il existe de distance en distance des renflements dans lesquels la blende occupe, à elle seule, presque toute la largeur du filon. Le mur est un quartzite grenu. La blende du filon de St-Sauveur a donné 12 gr. d'argent sur 100 kil. Parvenu à l'ourlet des escarpements taillés à pic où sont logés les filons de blende, on se trouve en face du filon St-Pierre qui est le plus important de tous, et dont on peut suivre les affleurements pendant 3 ou 400 m. C'est celui qui contient l'argent natif. Il est éclairé par des tranchées à ciel ouvert dont la plus considérable est celle des Espagnols ; ses murs de quartzites se continuent à l'est sous le pic d'Âr-Sourins. ».

M. Coquand a trouvé à la Pena blanca d'Arcizette l'*Hippurites organisans*, les *Sphœrulites Sauvagesi* et *Angeiodes*, l'*Hippurites cornu-vaccinum*, le *Turbinolia uricornis*, *Michelin* ; *Chœteles Coquandi*, *Mich*, des *Capprines*, des *Nérinées*, des *Polypiers*, en un mot les représentants de son étage Provencien. Il remarque que l'étage crétacé s'appuie sur un système puissant de schistes talqueux phylladien placés sur le granite d'Ossau et le pic même d'Arcizette [1].

La raillère qui monte à Sourins est pleine de fossiles indéterminables, je n'ai pu reconnaître que le *Retepora reticularis*. Nous y avons trouvé également de petits et de très-gros grenats, ainsi qu'un cristal de roche dont une des faces mesure trois centimètres de large etc.

[1] Bulletin de la Société géologique de France, p. 47. 15 nov. 1869.

Notre véritable retour, scientifique aussi bien qu'agréable, aurait dû se faire par Sourins, Englas, et Gourette où nous croisions la grande route de Cauterets ; mais malgré mon avis, nous reprenons notre contre-pied ; la nuit nous gagne à Anouilhas ; Casabonne que je crois égaré dans les brouillards de Bréca fait perdre trois quarts d'heures d'inquiétude, et il est déjà 11 heures 1/2 lorsque la lueur des reverbères, traversant les couverts de Gourzy, nous annonce la présence des Eaux-Bonnes.

COL DE LURDÉ (1951m).

Excursion de 8 heures avec guide.

La première fois que je suis allé au col de Lurdé, je n'avais pas de guide, et par conséquent, on peut s'en passer ; mais je dois avouer que j'ai été obligé de revenir sur mes pas deux fois de suite, sans avoir pu trouver le chemin au fond de la prairie de Balour. Vous ferez donc mieux, même avec l'itinéraire que je vais tracer, d'en emmener un pour porter vos provisions ; car sans s'arrêter, c'est une excursion de huit heures, et si vous voulez la faire agréablement, vous n'aurez pas trop de toute la journée.

L'excursion précédente nous a appris le chemin de Balour. Arrivé dans la prairie, dirigez-vous vers un hêtre isolé, presqu'au bas des éboulements, dans le fond à droite. Le sentier est peu visible au milieu des cailloux entraînés par la fonte des neiges. Il tourne immédiatement à gauche pour traverser le torrent de pierres, et cotoie, un instant sous, quelques arbres, un ravin à sec.

Montez à pic dans un terrain rocailleux et glissant, dangereux par le brouillard et l'obscurité.

Il y a un autre sentier pour les bêtes, de l'autre côté du ravin [1] ; mais, sans y mettre la moindre susceptibilité, je préfère celui-ci qui est plus court. Au sommet de ce raidillon, le sentier qui court sur le bord des sapins et des hêtres, est bien marqué. La gorge se resserre ensuite jusqu'à un rocher qui a roulé au milieu. (*Gentiana nivalis*, en aout) Tournez à gauche, et après avoir enjambé une grande marche moirée par les eaux, vous aurez devant vous une pelouse verdoyante, qui longe une terrasse couverte de grandes saxifrages [2].

Une cabane de berger y est adossée : c'est la *Québotte.* [3].

On est étonné d'entendre toute l'année le chant d'amour du Pinson (*Fringilla cœlebs*, Lin.), sur les derniers hêtres de la forêt ; tandis que dans nos vergers, il cesse son refrain de noce aussitôt que ses petits sont éclos.

Immédiatement au-dessus du rocher de la Québotte, sont des crevasses dans lesquelles la neige se conserve toute l'année.

En haut, vous voyez un petit vallon qui vous sépare des crêtes dénudées d'Anouilhas. A cinquante mètres sur la gauche, dans une fente imperceptible, coule une source excellente où nous déjeûnons ordinairement [4].

[1] En continuant à l'est, on arriverait dans Moncouges par les crêtes.
[2] L'herborisation est dans l'autre guide, page 151.
[3] Grotte.
[4] Cette fontaine marque 6° au thermomètre.

Retournez-vous pour voir le rocher de *Lacara* [1]. Il vous paraîtra encore bien plus grandiose tout à l'heure.

Si on voulait aller au pic du Ger, il faudrait remonter les éboulements où brillent de gros morceaux de spath, en rasant le pied de Pembécibé et d'Aucupat (2,381^{m}).

Pour aller au col de Lurdé, nous descendons un petit vallon au S O, en laissant sur la gauche un groupe de cabanes, où Pierre Laortade a si tristement péri le 3 août 1866. Il était allé au milieu du brouillard chercher ses brebis sur le Pembécibé; en descendant la crevasse qui interrompt la muraille, à pic partout ailleurs, le malheureux se fracassa la tête sur cette petite roche pointue que vous voyez à mi-côte, et où son berret resta accroché; puis glissant par la rainure, il vint se crever la poitrine sur l'aiguille qui est en bas. Deux jours auparavant il avait partagé son pain avec nous.

La route la plus facile contourne à l'ouest les mamelons grisâtres. Mais ne craignez pas votre peine, et gravissez ces calcaires en sondant le sol avec votre bâton, pour ne pas vous disloquer les pieds dans les trous que recouvrent les rhododendrons. Si vous y arrivez avant les troupeaux, vous verrez des monticules de *Saponaria cœspitosa* D, comme vous n'en rencontrerez nulle part ailleurs.

Avant de descendre du mamelon le plus élevé où nous sommes, retournez-vous vers Balour, contemplez les tuyaux d'orgue de Lacara, et ces masses grandioses de rochers qui se précipitent vers la plaine. Regardez ici même à vos pieds: on dirait l'Océan pétrifié, les vagues avec leurs crêtes écumeuses, charriant des débris en un jour de tempête, et se tordant en découpures bizarres que les vents agitent à la

[1] Dalle.

cime des flots; tout cela entrelacé de rhododendrons et de dryas, comme des algues arrachées aux profondeurs des mers; partout des effrondrements du sol, formant des puits comblés par les débris et remplis de fleurs. Ces vagues bleuâtres sont âpres au toucher et couvertes d'excóriations schisteuses. Si vos regards plongent au midi, le col de Lurdé avec le pic d'Ossau au milieu, vous apparaît entre la dernière croupe d'Arcisette et le pic de Cézy.

Pour y arriver, on laisse à gauche le groupe des cabanes de Laglère entourées de murailles en ruines comme une ville détruite : ce sont les enceintes des troupeaux, et ces moëlons verdâtres bronzés par le soleil, sont des blocs d'ophite. En face des roches plutoniques, le sol s'incline à l'ouest; la fontaine de Lurdé, une des meilleures et des plus fraîches de la montagne, coule dans la dépression.

Le 30 juin de l'année dernière, nous avons été obligés de faire un trou de 2m. de profondeur dans la neige, pour aller y puiser. Malgré cette enveloppe glaciale, elle marquait 4°. Les alentours étaient couverts de la jolie et assez rare Androsace carnea, L. et d'Anemone narcissiflora également en fleur. Un Pipit spioncelle, *Anthus Aquaticus, Bech*, avait fait son nid sous une touffe de *Draba aizoides, L.* Il affectionne les prairies humides, les bords des lacs et même les neiges, pourvu qu'il y trouve un buisson pour s'abriter et une fleur pour cacher son nid dans l'herbe naissante. Au mois d'octobre et de novembre, il accourt à l'appeau et va se faire prendre à la tirasse sur les bords de la Côte. Ses œufs d'un verdâtre sale, sont couverts de tâches plus foncées et disposées particulièrement sur le gros bout. Le même jour, surpris par un orage en montant Balour, nous courûmes nous réfugier dans les cabanes de la Québotte qui devaient être vides, les bergers n'étant pas encore montés ; mes enfants avaient avec elles une de leurs jeunes amies Mlle D. ; il nous fallait un peu plus de place qu'à l'ordinaire. Au moment d'entrer, une odeur affreuse sort de la cabane où remue quelque chose de brun et de poilu.... c'étaient trois ânes empilés les uns sur les autres, et en contravention ; car le garde survint un instants après et les emmena en fourrière avec plusieurs vaches dans le même cas ; mais avant de partir, comme il pleuvait à verse, il commença par les mettre à la porte, et moins difficile que nous sur les parfums, il occupa leur abri. Nous fûmes témoins alors d'un fait assez curieux : lorsque le vent, soufflant du nord, poussait violemment les torrents de pluie dans la gorge, tous les animaux tournaient la tête au vent et restaient immobiles. Pendant les moments de calme, ils broutaient dans toutes les positions puis se remettaient invariablement tête au vent quand la bourrasque recommençait ; imitant en cela les oiseaux qui n'aiment pas plus qu'eux à être pris à rebrousse-poil.

Le pic du Midi (2,885^{m}) tient ici la place d'honneur, d'abord par sa forme qui est certainement la plus imposante de toute la chaine, ensuite par son rapprochement, ce qui est pour beaucoup dans l'aspect des montagnes. En effet, au S E. Palas qui a 2,976^{m} et le Balaïtous qui atteint 3,145, ne sauraient lui être comparés à cause de la distance qui nous en sépare. Sa tête est terminée par deux boules ; celle de droite est le faux sommet qu'on voit de Pau, celle de gauche est le véritable.

Je crois utile de signaler ici une erreur de la carte d'état-major : Elle place *Aucupat à l'Est*, sur le plus haut mamelon d'Arcisette, tandis qu'il est au N E, à notre gauche, *sur le massif de Pembécibé.*

Regardez Césy à l'Ouest ; les couches du sommet Nord se redressent en regardant le Midi, et celles du rein Sud se soulèvent au contraire à l'aspect du Nord. La bécotte du milieu est une roche d'Ophite qui a opéré cette dislocation par sa poussée, le sommet est un calcaire siliceux [1], la base est de granite. La mine de cuivre a été ouverte à la base S O. au-dessus d'Herrana ; vous y trouverez des échantillons de pyrite de cuivre dans la dolomie ferrifère, de calschiste, et de malachite sur un mélange de pyrites de fer et de pyrites de cuivre.

Dans les ravins qui descendent du Col de Lurdé à la Tume, vous rencontrerez l'amphibolite épidotifère surmontée de calottes de cargneules jaunâtres et d'argiles de même couleur, gypsifères, et contenant en outre de l'oligiste écailleux en si grande quantité que le sentier en est tout brillant. Vous y trouverez également des cristaux de quartz jaunes, blancs ou noirs, que l'on vous vendra de très-bonne foi pour de la Couzeranite ou du Dipyre, dont les véritables gisements sont à Pouzac et à Mauléon. Tout en observant que cette dénomination est plutôt une erreur qu'une fraude, je dois dire : que ce minéral est la *Staurotide* nommée par Haüy [2].

Les insectes, surtout au voisinage des cabanes et des neiges, sont aussi abondants ici qu'à Anouilhas. J'ai trouvé les espèces suivantes que j'inscris par ordre de valeur : *Carabus pyrenæus*,

[1] Lichens de la dernière pierre du sommet : *Placodium murorum, Hoff.* — *Lecidea galactina, var.* — *Lecanora dissipata, hyl.* — *Verrucaria, nigrescens, Pers.*

[2] C'est à M. Thore que je dois cette détermination.

Pterostichus Dufourii, *Chrysomela lineata*, *Zabrus obesus*, *Limonius cupreus*, *Hymenoplia*, *Feronia abacoïdes*, *Silpha montana var*, noire, *Crystocephalus*, *Rhizotrogus ater*, et une quantité d'autres parmi lesquels un *Carabus purpurascens*, *un seul*. L'éther de mon flacon s'était probablement évaporé trop vite; le lendemain matin, de soixante insectes que j'avais rapportés, il n'y en avait plus qu'un seul : le *Carabus purpurascens* parfaitement vivant, et avec une panse rebondie qui attestait l'orgie de la nuit. Les élitres même de ses victimes, quoique pouvant encore servir à la détermination, étaient en mille morceaux.

La *Tume* [1] descend de l'Ouest à l'Est, d'abord par degrés inégaux qui versent immédiatement sur le précipice pendant 35^{m}, puis par un coude rentrant qui vous lance dans un escalier de 10^{m} dont les marches sont effleurées au marteau. L'inclinaison est trop forte pour que les chevaux puissent s'y maintenir avec leurs fers. Ils glissent forcément, et il est rare qu'ils arrivent en bas sans tomber sur un côté ou l'autre. Le danger n'est pas dans la rigole où ils sont soutenus à gauche et à droite; il est au bout. L'important est donc d'avoir des animaux très-tranquilles, qui ne s'effraient pas et se relèvent doucement. Une bête vigoureuse qui, arrivée à l'extrémité, donnerait un coup de rein trop fort pour se redresser, pourrait passer par-dessus le bord du coude; alors elle roulerait dans l'abîme. Ce très-mauvais pas qui conduit au lac d'Artouste, n'est guère usité.

A un des derniers passages, trois chevaux ont culbuté. L'un, un peu vif, est tombé dès le commencement, a bondi au

[1] Rocher qui surplombe et qui ressemble à une tête de bélier qui lutte : *tuma*.

milieu et est arrivé au bout, piqué sur les quatre jambes. Les deux autres ont roulé sur le flanc, et se sont ramassés paisiblement au bas. C'était Maucor père qui les conduisait.

Il faut bien se garder de les tenir, on arrange la bride et les étriers de manière à ce qu'ils ne puissent s'embarrasser dedans, et on les abandonne à eux-mêmes.

Pour revenir, c'est moins difficile ; on les présente au passage et on les pousse vivement.

Il y a un autre escala de la Tume pour descendre les piétons au chemin d'Herrana ; il est aussi dangereux pour les hommes que l'autre l'est pour les bêtes. Un excellent guide quel qu'il soit ne vous y ferait pas passer s'il ne le connaît pas d'avance. Prenez un berger sur les lieux, c'est plus sûr. Les ruines que vous voyez sur le plateau sont celles d'un corps de garde qui commandait le Col et Herrana pendant les guerres de Napoléon 1er avec l'Espagne. Il y a près d'ici une colonie d'hirondelles et une station très-remarquable d'*Orbitulus var. pyrenaica*, *Odezia chærophyllaria*, *Casiope*, *Pales*[1], *Callidice*, *Phicomone*, *Apollon* et *d'Ascalaphus macaronius*. Cette singulière libellulle plane sans avoir le saccadé de sa race ; on la dirait embarrassée dans un flocon de soie jaune qui ralentit son vol montant puis descendant ; enfin, comme n'en pouvant plus, elle se laisse tomber sur un brin d'herbe. Au bas de l'escala, on trouve des fossiles dans le calcaire saccharoïde.

Vous pourriez revenir par Herrana et les Eaux-Chaudes ; mais remontons au Col. Non loin de la fontaine est une carrière de plâtre. Suivez le sentier au nord pour rentrer aux Eaux-Bonnes par les passes de Bréca, Gourziotte et le Gourzy.

[1] On le rencontre jusqu'en Laponie.

Deux heures de marche.

La fontaine de Gourziotte est à 400^{m} de Bréca, c'est une de nos stations favorites pour déjeûner ou pour gouter. Il est rare de trouver un site qui réunisse, presque dans le même rayon de perspective, un si grand nombre de pics. Sur le premier plan au midi, Cézy nous montre ses plateaux, viennent ensuite les pics d'Ayous (2,312^{m}), d'Estibère (2,552^{m}), d'Aule (2,382^{m}). de Gaziès (2,415^{m}); dans le fond de la gorge, le val d'Ems de Bielle fréquenté par les ours, le pic de Las Serous (2,408^{m}) M. Mondaut (2,512^{m}) et le pic de Sesques (2,605^{m}) avec son petit Capéran que l'on voit même de Pau comme un tuyau de cheminée. A nos pieds, la route de Gabas; au-dessus à l'ouest, le val de Bitet couronné par le pic Bouerzy (1,766^{m}); dans une échancrure à l'horizon, le pic d'Anie (2,508^{m}), enfin, un peu plus au nord, le pic Montagnot (2,125^{m}).

Le paccage de cette prairie est aménagé afin de laisser repousser les herbes; par conséquent les troupeaux y viennent plusieurs fois. Tachez de vous trouver à leur arrivée, avec un fusil de bon calibre, des chevrotines et des balles. Vous pourrez y tuer des vautours, des aigles et des gypaëtes qui viennent sans défiance par dessus les crêtes de Bréca ou de Gourziotte.

Le gypaëte barbu, *Gypaëtus barbatus, Cuvier*, est le plus grand oiseau de nos continents. Il est magnifique, lorsqu'avec sa tête blanche ou blonde, une barbiche de poils noirs qui tranche sur sa poitrine orange, drappé dans un manteau brun dont chaque plume porte une raie blanche longitudinale, il se détache sur le ciel au sommet d'un pic.

Il tombe sur sa proie comme la foudre et avec un bruit épouvantable; poussant les izards dans les endroits escarpés.

Les grosses bêtes savent bien lui échapper; mais s'il peut isoler les jeunes animaux, il les frappe de ses grandes ailes, les heurte de la poitrine et les précipite souvent dans quelque abîme où il descend les manger; ses doigts étant trop courts pour enlever une proie un peu considérable. Il ne vit ordinairement que de sa chasse, mais dans les moments de disette, son nom, du grec γύψ vautour et αετος aigle, peut lui être appliqué; on le voit quelquefois se nourrir de voieries.

Les gypaëtes dépeupleraient la montagne s'ils étaient nombreux. La Providence y a pourvu en ne leur donnant que deux œufs blancs à surface rude, marqués de tâches brunes, qu'ils déposent sur les rochers les plus escarpés et que l'on pourrait appeler inaccessibles, si chacun de ces œufs n'était coté 35 fr. pièce dans les catalogues. A ce prix, les pasteurs savent affronter les escalades les plus périlleuses, et peuvent quelquefois, suspendus dans les airs au bout d'une corde, être obligés de lutter avec un animal qui, debout, à la taille d'un homme, et nous fait courber involontairement lorsque son ombre glisse sur nos têtes. J'en ai tué un, ici, presque à bout portant, au milieu des nuages qui l'avaient empêché de me voir. Il était passé si près de moi qu'il m'avait fait peur; je paraissais un mirmidon sous ses ailes.

Il habite également les Alpes et la Hongrie, et n'est commun qu'en Egypte.

A cent mètres de la fontaine, à l'est, sur les crêtes de Balour, il y a ordinairement une compagnie de Tétras Ptarmirgans.

Descendez aux Eaux-Bonnes par Gourziotte et le Gourzy.

EAUX-CHAUDES
(675m).

Par la Montagne.

Excursion de 5 heures pour aller. Il en faut autant pour le retour si on revient par la montagne.

Afin d'éviter de faire deux fois le même chemin, on peut partir des Eaux-Bonnes avec l'omnibus, et revenir par le Gourzy; mais c'est fort pénible, parce que l'ascension se fait en plein midi. Il vaut mieux se lever de bonne heure pour gravir la promenade Jaqueminot, et garder la grande route pour le retour; d'autant mieux que si vous êtes fatigué, vous avez la ressource des omnibus. D'une manière ou d'une autre, la traversée de la montagne est de cinq heures. Un guide n'est pas indispensable si le temps est sûr.

Prenez la promenade Jaqueminot en passant derrière la chapelle si vous êtes à pied, ou suivez la promenade Grammont si vous êtes à cheval. La promenade Jacqueminot est entretenue avec grand soin jusqu'au premier plateau du Gourzy. Beaucoup l'admirent, moi j'y étouffe, je suis impatienté de ne pouvoir percer cette voute de petits hêtres qui me cachent une nature splendide ou sauvage, et qui n'ont pas pour eux la vigoureuse originalité de leurs camarades de la promenade horizontale. Au coude d'un des lacets, une percée gracieusement ménagée, permet de voir, dans un cadre de buis, le pic du Ger au-dessus de la Coume d'Aas.

Le premier plateau du Gourzy est une clairière verdoyante,

rendez-vous de tous les pique-niques à en juger par les nombreux débris qui jonchent le sol. On se croirait aux environs de Paris ; rien n'y manque, pas même les parties à âne.

Nous ne sommes plus dans un jardin anglais; voilà la vraie montagne avec ses sapins renversés et un sentier en zigzag, si bien creusés, qu'on y disparaît à moitié. On voudrait mettre dans son album tous ces beaux arbres mousseux, sillonés par la foudre et tordus par les tempêtes.

Le *Machaon* est commun au second plateau qui n'est qu'un mamelon rond couvert de gazon. Quittez le sentier et descendez à gauche sous les hêtres; la fontaine de Laga coule limpide dans un tronc de sapin, qui sert de baignoire aux coqs de bruyère.

A partir du second plateau, descendez au sud-ouest un vallon sauvage, le chemin se bifurque à la cabane de Laga. La gauche mène au pic du Ger par l'escala de Gourziotte qui appartient à Assouste ; la droite conduit aux Eaux-Chaudes. On a fait sauter le rocher sur la rampe, ce n'était pas sans besoin; car il était difficile d'y passer à cheval. Tous les guides vous arrêteront ici ou un peu plus loin, pour vous faire admirer la vue de la plaine, et ils auront raison.

Après avoir traversé un vrai bois de rhododendrons et de daphnés, on arrive au troisième plateau pour saluer le pic du Midi.

Du sommet des Ouliettes, on peut descendre à Laruns par Gélo. Tous ces pâturages sont de Laruns. Quand il y a une tourmente, le passage au col du Gourzy (1,839m.) est dangereux. Dans le pli de terrain, formé par le ruisseau de la source du Gourziotte, se trouve la fontaine intermittente de la Carette (12°.) dont le filet d'eau tombe dans un tronc d'arbre. A quelques pas de là est une cabane très-bien construite. J'y passais un soir en grande hâte, parce que le brouillard, descendu subitement, me faisait craindre de nous égarer, quand un vautour qui n'y voyait pas plus que moi, m'effleura de son aile. Il avait déjà disparu quand je pus épauler mon fusil.

Maintenant la sagette de Durré court à l'ouest, en descendant sous des sapins séculaires. Le plus remarquable est à droite ; c'est le roi de la forêt. Aucun de ses fiers rameaux n'a daigné suivre la loi commune et regarder la terre ; ils se sont tous redressés vers les cieux, et quand les vents agitent leurs mousses verdâtres, il en sort des harmonies sauvages.

Continuez sous bois, dans un sentier raviné et désagréable par ses cailloux roulants, jusqu'à la route de la Grotte des Eaux-Chaudes (1059^{m}). Si vous voulez la visiter en passant, ralentissez le pas pour ne pas avoir trop chaud en arrivant, et prenez à gauche ; elle vaut les trois quarts d'heure que vous lui consacrerez [1].

Comme grotte, elle n'a rien de remarquable, celle d'Izeste est bien plus belle ; mais ce qui la rend vraiment extraordinaire : c'est ce torrent qui la traverse, et que l'on remonte jusqu'au milieu des entrailles de la terre, à la lueur des torches et des feux de Bengale, sous des gerbes d'eau étincelantes qui se brisent avec fracas sur les rochers, et contre le frêle escalier qui vous supporte.

Sur ces marches vermoulues et glissantes, il n'y a de crainte à avoir que pour les vêtements, qui s'imprègnent d'une bouillie de résine et de suie, délayée avec la fumée des torches.

[1] Sur le bord de la route, dans un endroit humide : *Cochlearia officinalis*, L.

Ce torrent tapageur dans lequel on craint de disparaître, est sans profondeur, et n'offre aucun danger.

En sortant de la grotte, suivez de l'œil le ruisseau qui descend en cascatelles jusqu'au gave. En face, sur la route même de Gabas, du cinq au dix juillet, vous trouverez l'*Emydia Ripertii* voltigeant entre les rameaux de coudrier, surtout quand le temps est couvert. Elle a été découverte par M. de Rippert, et est tout à fait particulière à cette partie des Pyrénées.

En descendant aux Eaux-Chaudes, je me rappelle qu'ici même, le Cte de C... un intrépide marcheur, connaissant à fond la montagne qu'il parcourait constamment seul et sans guide, voulut un jour revenir par le Gourzy avec ses enfants. Il s'égara dans les pentes herbeuses dont les ondulations s'étendent depuis les derniers sapins jusqu'à la base de Cézy. Surpris par la nuit, épuisés de fatigue et de besoin, je ne sais ce qu'ils seraient devenus, si la providence ne leur eut envoyé un berger qui passait là par hasard, et qui les ramena aux Eaux-Bonnes où nous les attendions depuis longtemps, avec une inquiétude bien légitime.

Ces grands pâturages de Gourzy jusqu'à Anouilhas sont perfides. Les bergers eux-mêmes refusent de s'y aventurer quand il fait du brouillard ; aussi malgré ce que j'ai dit au commencement de cette excursion, prenez un guide si vous avez des enfants avec vous ; car quelque connaissance que l'on croie avoir du pays , l'arrivée subite des nuages qui vous surprennent quelquefois par les temps en apparence les plus sûrs, vous jetteraient dans de cruels embarras.

Un guide qui veut être utile plus d'une année, et c'est mon ambition, doit s'abstenir de donner des renseignements sur les prix des locations et des denrées qui varient d'un jour à l'autre ; mais il ne lui est pas défendu de faire des rapprochements philosophiques sur ce qui était, ce qui est et ce qui devrait être.

Or, voici le règlement pour la saison thermale des Eaux-Chaudes en 1576 [1].

Cette ordonnance qui fait partie des archives de la commune de Laruns a été rendue le 12 mai 1576 par Henri d'Albret, baron de Miossens, lieutenant général de Henri III roi de Navarre (plus tard IV de France). Elle est relative à la police des Eaux-Chaudes et au tarif des objets de première nécessité pour le commencement et la fin de la saison thermale : (du 20 avril au 10 juin et 20 août au 10 octobre); le reste de la saison, du 11 juin au 19 août, la spéculation devenait libre.

Les jurats de Laruns [2] feront faire dans chacune des cabanes qui existent aux Eaux-Chaudes, des cheminées et un plancher en haut, ainsi que des.... (Je demande la permission de substituer le mot béarnais du texte officiel à la traduction que je pourrais en donner) *segreta* et de plus une galerie couverte qui servira pour deux cabanes, le tout d'ici à la fin du mois d'août prochain, sous peine de 50 amendes majeures (2,300 sous de Morlàas) [3].

Item, il est permis aux jurats de faire vendre aux Eaux-Chaudes, le piché de vin *un liard* de plus qu'à Laruns et

[1] Communication de M. Raymond archiviste du département à la société des sciences, lettres et arts de Pau, p. 111 et suivantes, année 1872.

[2] Le texte original est en patois.

[3] Le sou Morlaàs valait deux sous 3 deniers tournois. Le sou tournois valait 4 liards ou 12 deniers tournois. (Con Raymond).

de même pour la livre de mouton, de viande salée, de chandelles et d'huile;

Item, pour le louage d'un cheval ou d'un mulet avec charge complète de 3 quintaux et demi, on paiera de Laruns aux Eaux-Chaudes 5 sous jacques et pour une demie charge 18 liards [1].

Et pour le louage d'un cheval ou d'un mulet pour porter un homme ou une femme de Laruns aux Eaux-Chaudes, 5 sous jacques.

Item, pour quatre hommes qui porteront un homme ou une femme malade ou en bonne santé, de Laruns aux Eaux-Chaudes, on paiera à chaque porteur de 4 sous jacques.

Item, une charge d'homme ou de femme de Laruns aux Eaux-Chaudes se paiera 6 liards.

Item, pour chaque lit avec lit de plume, oreiller, couverture et quatre draps pour 10 jours et 10 nuits, on paiera 10 sous jacques et pour chaque lit avec trois traversins et deux draps, on paiera pour une nuit et un jour 4 liards.

Item, dans la cabane de Capdevielle, où il y a deux salles au-dessus du premier plancher, chaque étage se paiera 4 fr. 1/2 pour 10 jours, à la condition que les jurats de Laruns seront tenus de donner un pot et une terrine de terre, et pour chaque lit au rez-de-chaussée de la cabane on paiera 5 sous jacques à la charge toutefois de fournir.... la même vaisselle que dessus.

Item, pour les cabanes du comte, pour la maison du roi, celle de M. de Lescar etc, etc.

[1] Le sou Jacques ou sou bon valait 1 sou 6 deniers tournois. Le sou tournois équivalait à notre sou actuel, valeur relative à part. (Con Raymond.)

EAUX-CHAUDES

Par la glissoire de Crabé.

Excursion de deux heures.

Obligé de suivre un traitement aux Eaux-Chaudes, et fatigué du mouvement de la voiture, j'avais obtenu de mon docteur la permission de faire le trajet à pied. C'est ce qui m'a donné l'idée d'un chemin plus court que la grande route, pour les personnes souffrantes qui ont besoin d'un exercice violent.

Ce n'est pas sans peine que je l'ai trouvé.

Je l'ai d'abord cherché par l'extrémité de la promenade horizontale, avec le général d'état-major, Comte H. de B., à qui je ne reproche qu'une chose : c'est de marcher dans la montagne comme s'il allait au feu. Je pris ensuite pour guide un bûcheron de Laruns qui connaissait, assurait-il, tous les passages ? Il faillit nous faire casser vingt fois le cou dans des cheminées sans issue, et finit par nous laisser là à l'entrée de la nuit.

J'eus alors recours à Joseph, mon baigneur des Eaux-Chaudes. M. de M. qui avait, comme moi, besoin d'un peu d'exercice, doit se rappeler nos recherches.

Joseph nous fait grimper à l'endroit où on casse des cailloux, entre les Eaux-Chaudes et le pont de Crabé ; puis, au moment de franchir le passage difficile, il déclare qu'une roche s'est écroulée en laissant un vide de 3^{m} et qu'il n'y a pas moyen d'aller plus loin. Je venais de cueillir une clématite de trente pieds de long; elle était assez forte pour nous porter, et je propose d'établir une passerelle? Mais Joseph n'adopte pas ce moyen; il faut redescendre sur la route.

Arrivés au pont de Crabé, *juste en face*, il nous fait gravir dans une glissoire raide, mais facile; car on peut s'accrocher à tous les bords, et dans le cas où l'on tomberait, on courrait encore la chance de rencontrer l'omnibus au passage et de dégringoler sur l'impériale. Je ne dis rien du sommet, il est abrupte, et la roche porte encore la trace des vigoureuses enjambées de M. de M. Nous y arrivons juste à temps pour mettre la main sur une couleuvre noire qui ne se doutait pas de l'honneur que je lui réservais: sa tête, envoyée à M. Blanchard membre de l'institut, a été reconnue pour appartenir à la *Flava viridis, var. Carbonarius* de Bonaparte.

Une demi-heure après, nous avions rejoint au N E. l'extrémité de la promenade horizontale.

Quelques jours après, on voulut bien me confier une charmante espagnole: Mlle A. de S. y H., amie de mes enfants; deux de ses frères l'accompagnaient.

Pensant que la dernière partie de l'escalade indiquée par Joseph laissait un peu à désirer pour un début, j'inclinai à droite de la glissoire de Crabe, où j'avais cru découvrir des éclaircies plus faciles: ce fut une illusion...

D'abord, je marche sur un Mastodonte de crapaud, le plus beau que j'aie vu de ma vie: 49 c. de circonférence, et la moitié du corps couleur de feu avec des pustules d'ébène. Puis, engagés dans un dédale de ronces et de lianes, il nous faut monter sur un arbre pour enjamber de là sur la roche gluante et se vautrer ensuite dans un sillon fangeux. Enfin, quand je crois être arrivé, je vois une muraille de vingt pieds se dresser devant moi et m'opposer un obstacle infranchissable sans quelques vigoureux buis qui eurent la galanterie de supporter ces demoiselles.

Ce joli raccourci débouche au quartier de Hiaspe, dans une cabane abandonnée; cabane comme on n'en fait plus, creusée dans le roc vif avec des trous pour soutenir la charpente. Un Tétras Auerhan part dans les buissons en nous indiquant une source délicieuse où nous buvons l'oubli d'un instant d'embarras.

EAUX-CHAUDES

Par la Couère.

Eaux-Chaudes, 21 juillet.

Excursion de six heures.

Guide, Bertrand Bergada.

On appelle *éou Couère*, tout le quartier qui est au-dessus de l'Hôtel de France, aux Eaux-Chaudes. Cette ascension paraît impossible au premier abord; et, en effet, elle est bien raide; mais il y a peu de mauvais passages, et l'important est d'avoir un guide qui connaisse parfaitement les lieux et vous sorte de ce labyrinthe avant que le soleil n'ait enfilé la gorge; car alors on courrait un bien autre danger: ces pierres chaudes sur lesquelles il faut ramper avec les mains et les genoux plus qu'avec les pieds qui deviennent presque un embarras, ces maigres buissons qui vous font maudire votre bâton inutile, fourmillent de vipères. Elles sortent aux premiers rayons de chaleur, et il faudrait des nuées d'Aigles Jean-le-Blanc, *Falco brachydactylus*, *Wolf.*, pour transformer la Couère en une promenade praticable en plein midi. Cet oiseau les avale, la tête la première après la leur avoir brisée, et Philippe a trouvé jusqu'à trois de ces reptiles dans l'estomac d'un seul Jean-le-Blanc. Vous pouvez vous expliquer maintenant pourquoi l'on voit presque constamment des oiseaux de proie dessiner leurs spirales dans les rotondes d'éou Couère qui, en patois veut dire faucon.

Si l'on considère la disposition des lieux, on remarquera que la faille qui constitue la gorge des Eaux-Chaudes s'étrangle dans le passage du village. Il en résulte qu'à l'époque glacière, dont toutes les parois ici portent les traces, il y avait retard dans la marche du glacier; poussé par les masses arrivant par derrière, il débordait dans la dépression du Gourzy, et y formait ce que l'on appelle dans les rivières : une eau dormante. Le caractère de ces eaux est de tourner constamment sur elles-même, et il devait en être ainsi pour les glaciers, qui, tournoyant ainsi à l'entrée du défilé, ont creusé ces stalles, ces rotondes dans lesquelles nous gravissons.

Mes enfants avaient avec elles Mlle de S... et l'un de ses frères. Bertrand Bergada nous servait de guide. Je ne saurais trop le recommander; il est poli, instruit même et connaît parfaitement la contrée. Il nous racontait qu'il avait fait passer par ici M. le comte de P... avec ses filles en 1857 environ, et que depuis ni avant, il ne se rappelait pas y avoir vu qui que ce soit.

Cela m'étonnerait; car c'est réellement une excursion très-intéressante, sauvage et où l'on n'a pas à redouter d'être coudoyé par les passants. En deux heures, on peut atteindre les bois d'Izeout d'où l'on a une vue charmante sur les Eaux-

Chaudes que l'on domine constamment du reste, et dont les habitants ne se méfient pas assez des regards indiscrets qui peuvent pénétrer dans leurs appartements à cette heure matinale. Après la forêt, une véritable échelle nous conduit au-dessus de la végétation. Izeout est inondé de lumière et de chaleur (1,800^{m}), et nous trouvons bien longue la demi-heure qui nous sépare de notre déjeuner, à la fontaine du *Bos négre* où vient se greffer le sentier des Eaux-Bonnes.

Voir l'excursion des Eaux-Chaudes par la montagne. Il faut 3 h. d'ici aux Eaux-Bonnes [1].

Si je refais cette excursion, je suivrai horizontalement Izeout de manière à arriver au niveau de la Carette, ce qui ferait gagner plus d'une heure. Il était bien inutile de redescendre à Bos négre si notre déjeuner ne nous y avait attendu.

EAUX-CHAUDES

Par le rocher du Hourat.

Excursion de deux heures et 1/2.

Après être descendu des Eaux-Bonnes par les raccourcis indiqués à la page 12 jusqu'à l'embranchement de la route des Eaux-Chaudes et de celle de Laruns, continuez comme si vous

[1] Herborisation de cette excursion : *Centaurea Scabiosa*, *L.* — *Phalangium liliago*, *Schreb.* — *Teucrium chamœdris*, *L.* — *Buplevrum fascatum*, *L.* — *Bup. gramineum*, *Will.* — *Thalictrum saxatile*, *Dc.* — *Ononis striata*, *Gre-God.* — *Phyteuma hæmisphericum*, *L.* —*Phyt. comosum*, *Will.* — *Passerine dioica*, *R.* — *Laserpitium latifolium*, *L.* — *Leucanthemum corymbosum*, *Gred-God.* — *Rhamnus alaternus*, *L.* — *Saxifraga longifolia*, *Lap.* en grande quantité et à portée de la main.

alliez à cette dernière ville, passez le pont du Gave, et prenez presque aussitôt, à gauche, un sentier entre deux murs. Montez à travers les petits prés et les bouquets de bois; vous traverserez la butte rocheuse en suivant le haut de la crête [1] et inclinant plutôt du côté du gave que de celui de la vieille route du Hourat. Le sentier presque imperceptible descend sur la chapelle elle-même (1367^{m}).

Ne faites pas cette petite excursion sans guêtres. Ce rocher est un nid à vipères. Je ne croirais certainement pas celui qui me dirait y avoir vu un Tétras Ptarmigan, et cependant, l'année dernière au mois de juillet, il m'en est parti un dans les jambes; je ne puis comprendre pourquoi il avait quitté la région des neiges pour descendre aussi bas.

Déposez votre obole dans le tronc de l'oratoire où l'on a gravé la prière suivante :

« Chers voyageurs, nous voici entre les rochers fort escarpés et l'affreux abîme du ruisseau. Par ainsi, ayons recours à la Sainte Vierge; qu'elle intercède pour nous; soyons garantis des dangers spirituels et corporels. Prière ; † Pater † Ave † l'an M. DCCC. XI 1811. Nous avons recours à votre assistance Sainte Mère de Dieu † Ne méprisez pas les prières que nous vous faisons dans nos besoins; mais délivrez-nous en tout temps de tous périls et dangers. O Vierge Sainte, etc..... ».

Je ne sais pas pourquoi on a enlevé l'ancienne et prétentieuse inscription qu'on va lire : « Arrête-toi passant; admire ce que » tu ne vois pas, et regarde les choses que tu dois admirer; » nous ne sommes que des rochers et cependant nous parlons; » la nature nous a donné l'être, et la princesse Catherine nous » a fait parler; nous l'avons vue lisant ce que tu lis; nous avons

[1] *Juniperus Phœnicea. L.*

» oui ce qu'elle disait ; nous l'avons soutenue. Ne sommes-
» nous pas heureux, passant, de l'avoir vue, quoique nous
» n'ayons pas d'yeux ? Heureux toi-même de ne l'avoir pas vue !
» Nous étions morts, et nous avons été animés ; toi, voyageur,
» tu serais devenu pierre. »

La route qui traverse le Hourat a été faite par l'intendant d'Etigny sous Louis XV ; suivez-la jusqu'au pont Crabé où vous rejoignez la nouvelle qui a été ouverte en 1849. (1/2 heure des Eaux-Chaudes.)

EAUX-CHAUDES

Par le Grand Pont du Hourat.

(1 h. 1/4 des Eaux-Bonnes — 3/4 d'heure des Eaux-Chaudes.)

N'imitez pas ceux qui se contentent d'admirer le gave en se penchant par dessus le pont de Hourat, ce qui n'est pas d'ailleurs très-facile, vu la prudente hauteur des parapets. Descendez par l'ouverture qu'on a laissée à gauche; les roches sont tapissées d'*Antirhinum sempervirens*, *Lap.*, et venez jusqu'au bord du torrent respirer la poussière de ses eaux et vous assourdir de ses clameurs. On se croit oublié de l'univers sous ces voûtes sonores. Le ciel a disparu, et les flots d'écume ne savent pas le refléter. Les suintements du pont ont satiné et soudé ensemble les pierres du sol; ces gouttes qui bruissent avec la régularité d'un balancier ont quelque chose de fatidique. Entrez sous les arches; l'immense pilier du Hourat s'est éclaté, vous pouvez vous glisser dans la fente et, au fond du corridor, enjamber la muraille suspendue sur des marches en volée. Gravissez ensuite dans le chaos qui vous regarde...

Pour sortir de ces abîmes, il faut ramper dans les sentiers de serpent qu'ont tracés les pêcheurs, ou remonter sur la route par cet escalier bréchu qui vous prête à regret les degrés qui lui restent.

LAC D'ARTOUSTE (1964m)

Par Gabas.

On va au lac d'Artouste par Gabas, par le col de Lurdé, et par la forêt d'Herrana. Nous examinerons successivement ces trois directions à cause de l'importance de cette excursion; en effet, ce lac [1] est le plus grand des Basses-Pyrénées, et il se trouve au pied de Palas [2] qui surpasse de quatre-vingt-onze mètres le pic du Midi lui-même.

L'organisation la plus commode pour aller au lac d'Artouste, est d'envoyer son guide et les chevaux coucher la veille à Gabas. Le lendemain matin, on part en voiture pour aller les rejoindre, et l'excursion terminée, on revient le soir aux Eaux-Bonnes par le même moyen.

Si vous préférez faire toute la course à cheval, vous le pouvez, même en une seule journée; mais c'est assez fatigant pour bêtes et gens. A Gabas, (1125m) vous trouverez des lits propres, soit à l'hôtel des Pyrénées, soit à celui du pic du

[1] Il a cinquante-cinq hectares environ.
[2] Nom d'un des anciens propriétaires d'Assouste.

Midi ; mais il faut avoir le sommeil dur ; car les chambres sont au-dessus des écuries, et celles-ci sont remplies de mules qui font sonner leurs grelots toute la nuit, et d'espagnols qui arrivent tard et partent tôt. Ce que l'on a de mieux à faire est de sauter de bonne heure hors du lit. Maintenant, il faut compter avec le temps, cet impitoyable cauchemar des amateurs d'excursions.

Lorsque je fus coucher à Gabas, il plut toute la matinée. A huit heures, ce n'était plus que du brouillard, on s'enveloppa comme l'on pût, et nous partîmes.

Nous étions quatorze : j'avais Lanusse pour guide, Esterle et Maucor accompagnaient M. et Mlle de la B. le Comte et la Comtesse R. de P. le Comte de P., un homme suivait à pied pour garder les chevaux.

On suit la rive gauche du gave de Broussette par la route d'Espagne ; Une heure après notre départ, nous passons sur la rive droite que nous quittons ensuite un kilomètre avant la case de Broussette (1382m), réduit misérable, aujourd'hui en ruine, construit par la commune de Laruns pour abriter les voyageurs qui passaient les cols de Peyrelue ou d'Anéou.

Nous traversons alors le torrent qui vient du col d'Arrious, pour gravir la montagne sur la gauche. Arrêtés à mi-côte par un escalier, les guides mettent pied à terre pour nous faire passer ; le terrain est tellement en pente qu'un des chevaux laissé en liberté fait la culbute, et ne se rattrape qu'un peu plus bas. Au sortir d'un beau bois de sapins, nous entrons dans des prairies rocailleuses. Ces pâturages dominés au sud par le pic de Soques (2713m), sont aménagés entre plusieurs communes et suivant des conventions diverses. Les seules fleurs qui égaient ce tableau, sévère comme tout ce qui est sur le sol granitique, sont : les *Swertia Perennis*, *L.* dont les tiges funèbres percent les gazons marécageux qui descendent du nord, et le *Carlina acanthifolia*, *All.* qui s'étale sur les dernières plaques d'herbe, avec cette assurance ventrue qui sait que personne, homme ou bête, n'osera y toucher ; et pourtant, malgré ses épines, chacun de nous en emporte. C'est un monument que cette grosse cocarde d'or, qui se conserve des mois entiers avec un peu d'humidité. Nous étions à la fin d'août, et les troupeaux, français de ce côté du ruisseau, espagnols de l'autre, ont tout dévasté. De quoi peuvent vivre ces myriades de sauterelles engourdies par la rosée ; nous les écrasons à chaque pas? Elles sont rassemblées par paquets sur les débris de plantes et de graines d'Iris qu'elles ont dévorées ; il y en a de vertes, de jaunes, de rouges avec des ailes d'un noir violet, et des panses rebondies comme à la suite d'une orgie. En cherchant avec soin dans les endroits qui ont pu leur échapper, vous trouverez le *Dianthus benearnensis*, *Loret.*

On laisse ordinairement les chevaux au pied d'un gros rocher contre lequel s'abritent les cabanes des pasteurs ; en effet le sentier n'est plus qu'un chaos de pierres énormes roulant sur elles-mêmes, et au milieu desquelles on ne sait où poser le pied. Toutefois il est convenu que les trois dames qui nous accompagnent, resteront en selle jusqu'à la vue du lac.

Chacune a un guide qui tient son cheval par la queue. Cette précaution peut paraître singulière, et c'est cependant le seul moyen d'éviter les accidents ; parce que le cheval voit bien où il pose ses pièds de devant ; mais si le guide ne tirait pas à gauche où à droite pour rétablir l'équilibre, le train de derrière culbuterait infailliblement ; les autres chevaux suivent en liberté.

Dans ce moment, deux aigles chassant des Tétras Ptarmigans qui se cachent sous les pierres, viennent, en rasant le sol, roder autour de nous. J'aurais eu grande envie de les tirer, si je n'avais craint d'effrayer les chevaux dans un moment où chacun avait besoin de toute son attention ; ils furent bientôt hors de portée.

Arrivés à une petite plaine, où une longue bande de neige fondue par dessous n'avait plus que la croute, un des chevaux s'imagina de monter dessus. Il y eût un instant de terreur comique, on s'attendait à le voir passer au travers ; mais à force de cris, de coups de fouet et de cailloux qu'on lui lança, il s'en tira à son honneur, avec force glissades.

Le temps était encore brumeux ; on ne voyait dans la neige que quelques *Cardus, Carlinoïdes, Gouan* en fleurs, couverts d'Appollons transis par le froid. Nous en prenons vingt-trois sur le même pied. Au bout d'un petit plateau, on tourne à droite, après avoir traversé un ruisseau qu'il faudra suivre plus haut. Il vous mènera en cinq minutes, au petit lac d'Arrious entouré de neige et constamment glacé, excepté dans les endroits les plus exposés au soleil.

C'est ici qu'il faut s'enfoncer au SS E. pour aller au Balaïtous (3145).

Dans le fond du lac au S O. Some de Séoube (2825^{m})[1] montre ses deux têtes, à l'est et à l'horizon Balaïtous ou Marmuret étale ses glaciers et ses neiges (3145^{m}); tandis que plus près de nous, Cujala-Palas ou Mourrous (2976^{m}), [2] avec ses

[1] Sommet de sortie.

[2] Bercail de Palas. M. Joanne dans les cartes qui accompagnent son

aspects misérables, semble vouloir se mesurer avec le pic du Midi (2885m). Il le surpasse en hauteur; mais malgré leur proximité, combien le géant Ossalois l'emporte par son port majestueux; si son capéran ne se détache pas comme au nord, en revanche nous distinguons les cheminées qui grimpent sur son échine verdâtre et encore maculée par les neiges. Enfin au nord et tout près de nous, le pic d'Arrious (2825m) [1] étale ses lézardes et ses crêtes hérissées de pointes tordues.

Cinquante mètres plus haut, en passant sur les neiges par dessous lesquelles s'écoulent les eaux du lac, nous sommes au col d'Arrious à (2254m) au-dessus du niveau de la mer. Le lac d'Artouste nous apparait dans le fond, enchassé dans sa monture de granit, et reflétant le ciel bleu qui vient enfin de se découvrir. Il faut trois quarts d'heure pour y descendre, et une heure et demie pour en remonter, par des sentiers non frayés, et dans des éboulements qui vous entraînent au lieu de vous soutenir.

Ces dames mettent pied à terre, deux d'entre elles s'établissent derrière un rocher pour déjeûner; le vent est froid et piquant comme au sommet de tous les cols ; la troisième nous accompagne au lac.

A moitié chemin de la descente, on trouve un ruisseau glacé qui va se perdre dans le bas par une fissure à pic. Deux ou

excellent guide, l'appelle Arrieu-Grand ou Cujes las Palas. C'est une erreur ; le pic d'Arrieu-Grand est distinct de Palas, et plus à l'est.

C'est au voisinage de la frontière qu'il faut attribuer les différents noms que portent ces pics; Palas et le Balaïtous qui en ont chacun deux, ont leur sommet coupé par la ligne de démarcation entre la France et l'Espagne. Il en est de même entre les différentes vallées; celles d'Arens, d'Ossau et d'Aspe ont des noms divers pour les mêmes pics.

[1] Pic des Ruisseaux.

trois rochers y forment comme une grotte devant laquelle s'étend un tapis de *Saxifraga stellaris, L.* C'est là que nous déballons les poulets, et une unique bouteille de vin apportée avec mille précautions. Le couvert est dressé avec les soins les plus tendres, sur un gazon luisant comme du crin (*Festuca eskia* R.) dont les pointes piquantes s'insinuent malgré nous au travers de nos vêtements. A peine étions-nous attablés, qu'un malencontreux coup de pied vient briser notre chère bouteille et nous réduire à l'eau claire.

Après déjeûner, nous descendons au lac qui fourmille de truites. Je dois avouer que ce sont les moins estimées des Pyrénées; mais je laisse à penser si, prises à 1,964^{m}, dans un vrai lac de cinquante-cinq hectares environ, nous nous apprêtions à les trouver excellentes. Le vent d'Espagne soufflait, ce qui est le *nec plus ultra* des conditions favorables; l'agitation qu'il produit sur l'eau, ne permettant pas à la truite de distinguer le danger qui la menace. Enfin, Lanusse tenait la ligne, et seize ans passés sur ces bords pour approvisionner les Eaux-Bonnes, ne nous laissaient aucun doute sur une pêche abondante.

Les enfants courent aux environs ramasser des herbes sèches pour allumer du feu. Nous nous asseyons à l'entour, respectant la consigne de Lanusse, qui nous fait signe de ne pas approcher. Il se met à ramper sur l'herbe; puis, parvenu à la crête d'un rocher qui plonge dans le lac, il se couche à plat ventre et lance la ligne au bout de laquelle se débat une sauterelle. Il y a un instant de ce silence qui précède les grands évènements.... Tout à coup, le fil se tend, et une jolie truite apparaît se débattant sur les rides de l'eau. Nous jetons un cri de triomphe, qui.... hélas! expire aussitôt; la ligne venait de se rompre près du manche. Le fil tournoie un instant à la surface, puis tout disparaît.

Les truites d'Artouste ont la tête un peu grosse, et le corps mince ; celles d'Ormialas sont préférables, la chair est plus fine. Trois des lacs d'Ayous, c^{ne} de Bielle, ont été empoissonnés depuis quelques années, les truites y sont fort belles ainsi qu'au lac d'Aule. Celles du lac d'Astu le sont également ; mais ce territoire, de l'autre côté du col des Moines, appartient à l'Espagne, et nos pêcheurs ne se risquent guère à y aller jeter la ligne.

La légende raconte : qu'Artouste était autrefois une riante prairie, traversée par un ruisseau. Notre Seigneur ayant pris les traits d'un voyageur épuisé de fatigue, vint demander l'hospitalité aux bergers qui gardaient leurs troupeaux. Repoussé sans pitié, il commanda aux eaux de la montagne d'engloutir ces lieux maudits, et tandis que les coupables périssaient dans les flots, un rocher surgissait au milieu, pour sauver une jeune fille innocente.

Le lac Arremoulit (2,232^{m}) est dans la jointure de Palas et de Some-de-Séoube ; ses eaux, alimentées surtout par les neiges de ce dernier pic, forment deux autres petits lacs avant de se jeter dans celui d'Artouste, et c'est presque devant leur cascade, que se trouve le rocher légendaire.

Il y a quelques années, un jeune couple anglais, vint s'établir ici avec un canot portatif, pour pêcher et se promener sur le lac. Puisse leur bonheur être aussi pur que les eaux virginales qu'ils ont sillonnées, et aussi durable que ce roc séculaire, sur lequel ils ont dressé quelques pierres pour rappeler leur souvenir.

Au Sud-Ouest où nous sommes, les eaux du lac viennent

mourir sur la prairie. L'Est et le Nord-Est sont escarpés ; cependant vous pouvez en faire le tour, en montant un peu plus haut. A l'Ouest, le pic Lacoste ou Lurien (2,352^{m}) baigne ses pieds dans le lac, ne laissant qu'un étroit sentier pour passer.

L'eau est fade ; l'imagination aidant, sans doute, on lui trouve le goût et l'odeur du poisson.

Maintenant, Augustin Lanusse et les Maucor vous amènent à cheval jusqu'au bas du lac.

S'il n'est pas facile de grimper avec les chevaux, le retour est encore plus difficile. Il faut descendre à pied pendant trois heures, jusqu'à ce que l'on ait rejoint la route d'Espagne ; mais au lieu de suivre le même chemin, on en prend un beaucoup plus rapide et plus court. Cependant une de ces dames, arrivée aux cabanes des bergers, voulut remonter à cheval malgré toutes les observations qu'on lui fit. Il lui fallut deux guides, et malgré ce secours, il y avait des endroits où tous glissaient ensemble sans pouvoir se retenir.

La seconde fois que je suis venu à Artouste, nous sommes montés par ce même sentier ; mais en entrant dans le bois, l'un des chevaux s'étant un peu embourbé dans le marécage, je vis le moment où il tombait à la renverse avec son cavalier. Cette montée est vraiment trop raide ; et si vous mettez pied à terre, vous ne gagnez rien à avoir pris le plus court.

Après une petite pluie, le soleil apparut radieux, mais brûlant. Le pic du Midi est couvert de gros nuages noirs, enflammés et transparents.

Nous étions à Gabas à 6 heures. On n'en finit pas d'apprêter le dîner, et il était tout à fait nuit quand nous partîmes.

Un vent chaud balayait la poussière de la route que de larges gouttes d'eau n'avaient pas encore détrempée. On se mit au galop à la lueur des éclairs, qui heureusement se succédaient presque sans interruption, en nous faisant une illumination splendide. Une partie d'entre nous revenaient en voiture ; j'étais à cheval avec ma bande. Quatre guides que le vin d'Espagne, distribué un peu largement, excitait à une bruyante gaîté, nous accompagnaient avec six chevaux en liberté. Le bruit de la foudre se mêlant au cliquetis des étriers, aux claquements des fouets et aux chansons de la montagne ; nous ressemblions pas mal à une troupe de diables échappés de l'enfer.

La pluie tomba bientôt par torrents ; mais heureusement nous entrions ventre à terre aux Eaux-Chaudes, avec un tel vacarme et de tels hourras, que les habitants en furent un instant en émoi.

On s'arrêta pour laisser passer l'orage, qui n'avait pas encore eu le temps de nous transpercer, et qui ne dure jamais longtemps dans la montagne. Onze heures sonnaient au moment où nous remontions à cheval.

Cette gorge des Eaux-Chaudes, déjà si imposante quand on la traverse en plein jour, empruntait à l'obscurité quelque chose de plus saisissant encore. Il fallut aller au pas et s'abandonner à l'instinct des chevaux ; on ne voyait pas à se conduire ! Le bruit assourdissant du Gave se brisant contre les rochers, ne nous permettait guère non plus d'entendre les histoires d'Esterle. En voici une, cependant, qui empruntait une triste actualité aux lieux que nous traversions.

Un jour qu'il accompagnait une anglaise à cheval, il aperçut un sapin lancé par des bucherons, descendre en bondissant du haut de la montagne qui est en face de nous, de l'autre côté du Gave. Une jeune fille passait précisément sous cette grande roche moirée que l'on ne saurait oublier. Effrayés du danger qui la menaçait, ils lui firent des signaux et jetèrent des cris qui ne lui parvinrent malheureusement pas ; elle fut écrasée sous leurs yeux.

Ce récit mit fin à notre folle gaîté, et chacun garda le silence jusqu'au sortir de la gorge où la lune nous éclaira. Je vis alors un des guides, le dos courbé, la main au pommeau de la selle, se balançant comme un métronome au mouvement de sa monture; il dormait profondément. Lanusse le réveilla en entonnant : *Aquéros mountagnés*; quelques instants après, nous entrions aux Eaux-Bonnes à minuit et demie.

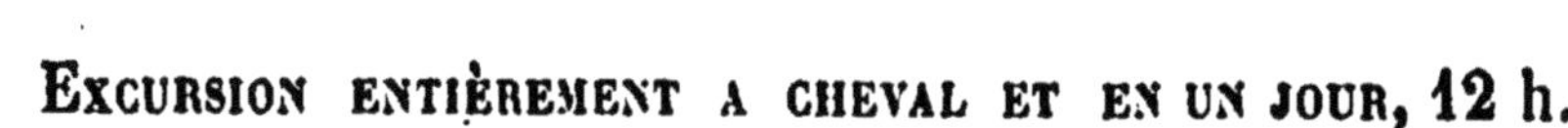

LAC D'ARTOUSTE

Par Gabas.

EXCURSION ENTIÈREMENT A CHEVAL ET EN UN JOUR, 12 h. *sans compter les temps d'arrêt.*

Des Eaux-Bonnes à Gabas 2 h., de Gabas au Col d'Arrious 3 h., du Col au Lac 1/2 h., retour au Côl 1 h. 1/2, retour aux Eaux-Bonnes 5 heures.

LAC D'ARTOUSTE

Par le Col de Lurdé.

Excursion de treize heures.

On peut aussi aller à cheval au Lac d'Artouste en passant par le Col de Lurdé et le pas de la tume (1660m). J'ai déjà parlé de ce casse-cou dans une précédente excursion. Mais vous ne trouveriez pas facilement des guides qui voulussent y risquer leurs bêtes. Autrefois, c'était différent; ils avaient des chevaux qui ne pratiquaient que la montagne, qui étaient voués à toutes les misères possibles ; ils souffraient celle-là comme les autres. Mais aujourd'hui, ils sont plus difficiles ; le luxe des chemins a tout envahi, vous trouvez des routes carossables jusque sur les sommets qui devaient se croire le plus à l'abri de cette spoliation, et ils regarderaient à deux fois, avant de se hazarder dans une telle entreprise.

Ce qui est très-faisable , par exemple, c'est d'aller à cheval *jusqu'au col de Lurdé seulement*, par la promenade Jaqueminot, le Gourzy et les passes de Bréca. (3. h. 1/4.)

Maintenant, continuez à pied. Du col de Lurdé au lac d'Artouste, il faut quatre heures ;

Pour le retour du lac au col de Lurdé, trois heures ;

Et du col de Lurdé aux Eaux-Bonnes, deux heures trois quarts avec l'aide de vos chevaux qui vous ont attendus.

Si vous adoptez ce moyen, qui est à considérer, puisqu'il évite six heures de marche à pied, emmenez un homme pour garder vos montures ; car lorsque l'on arrive harassé, soutenu principalement par l'espoir de se prélasser sur un cheval frais, rien n'est vexant comme de le trouver décampé, et d'être obligé de prendre la selle et la bride sur son dos pour courir après.

Le jour où nous fûmes au lac d'Artouste, à pied, par Herrana, trois hommes et une femme étaient partis à cinq heures des Eaux-Bonnes avec deux guides. Ils laissèrent leurs chevaux en liberté à la Tume, sans en confier la garde à qui que ce soit; puis, prévoyant qu'au retour ils auraient besoin de se rafraîchir, ils cachèrent deux bouteilles de vin sous un rocher. Arrivés à l'Artigue de Mous Cabarous la fatigue était si grande et le temps si court, qu'il fallut, à l'exception d'un des hommes, se décider à la retraite sans avoir vu le lac. De retour au col de Lurdé, les bouteilles furent trouvées vidées par les trop clairvoyants bergers d'alentour, et les chevaux en fuite. On perdit un temps précieux à courir après, et il y en eut même deux que l'on ne put rattraper qu'à plusieurs jours de là. Les guides revinrent à pied, et il fallut descendre Jaqueminot dans une obscurité complète, avec des angoisses de toutes sortes.

Si vous voulez faire la course entièrement à pied, voici votre itinéraire :

Des Eaux-Bonnes au col de Lurdé par Balour et Anouilhas, 3 heures 1/2.

Du col de Lurdé au lac, aller et retour, 7 h.

Du col de Lurdé aux Eaux-Bonnes, 2 h. 1/2.

Remarquez que je ne tiens pas compte ici, des temps d'arrêt pour se reposer ou s'amuser ; il faut les ajouter aux treize heures de marche dont je viens de donner le détail.

Au lieu de passer par Balour, on pourrait monter par le Gourzy, si ce n'était plus long. Quant à la descente, c'est différent: il faut posséder à fond cet affreux casse-cou de Balour, pour y faire une retraite au pas gymnastique ; tandis que par le Gourzy, on va comme sur des roulettes.

Enfin, que l'on soit à cheval ou à pied, voilà une observation qui regarde tout le monde : Balour et Jaqueminot sont aussi impraticables l'un que l'autre par l'obscurité. Pensez-y pour votre départ, et surtout pour votre retour, à moins que vous n'ayez des torches ou des lanternes.

LAC D'ARTOUSTE

Par Herrana.

Excursion de 19 heures dont 4 en voiture.

Guide Jean Soustrade.

Parti des Eaux-Bonnes le 12 septembre à 3 h. 1/2 du matin, par une nuit magnifique, mollement étendus dans une bonne voiture, nous étions à 5 h. 20 au chemin d'Herrana[1], à 4 kilomètres des Eaux-Chaudes où notre cocher va dételer pour venir nous reprendre à la nuit.

Pendant trois kilomètres environ, la route qui cotoie le Gave de Gabas est parfaitement entretenue pour l'exploitation des bois de la marine; on vient même jusque là en voiture. Pour nous raccourcir, nous prenons un sentier près de la prairie et de la grange de *Hourcq*. La route se termine aux

[1] *Her* veut dire : Fer.

ruines d'une ancienne scierie, où on franchit le gave sur une passerelle formée de deux sapins jetés en travers. Ce pont du *Goua* n'est pas spacieux ; mais il est très-présentable. MM. C., en excursion comme nous, n'ont jamais pu y faire passer un âne chargé de leurs bagages et de leurs vivres. Ils furent obligés de lui glisser leurs bâtons de montagne sous le ventre, et de le transporter de l'autre côté sur ce pavois improvisé.

Le sentier circule d'abord dans les buis, et après avoir passé sous de grands arbres, il se butte contre l'*Escala*. C'est en effet une véritable *échelle* qu'il faut grimper tantôt sur des rochers lisses où le pied est cependant solide à cause de la rugosité du granit, tantôt à travers le chaos, sous d'énormes sapins entremêlés de bouleaux et de hêtres. On gravit sans fin cette gorge étroite, encombrée de rochers à pic et d'arbres noirs.

Nous nous arrêtons dans une petite clairière où suinte la fontaine de *Mous Cabarous* [1]; elle est couverte de grands Yebles (*Sambucus ebulus*). Un gros roc de granit est au milieu [2]. En nous retournant, nous voyons le pic de Rioutor (1,699^{m}), qui nous renvoie les premiers rayons du soleil.

Personne ne dit mot dans cette affreuse montée. Pas d'éboulements friables comme dans les terrains calcaires, tout est granit aux pointes aigues, coupantes, verdâtres, roses, rouges ou noires. Les blocs, jetés les uns sur les autres, forment mille cavernes sombres, d'où l'on s'attend à voir sortir quelque monstre.....

Pour dire la vérité, nous y pensons bien un peu. Un bucheron à qui je demandais tout à l'heure : ce que signifiait *Herrana?* « Tout ce qu'il y a de plus épouvantable », m'a-t-il

[1] Mot à mot : *Monsieur Tête rosée.*
[2] *Hieracium nobile*, G. G.

répondu, « la vrai pays des ours! » Or, depuis la fontaine de Mous Cabarous, nous suivons leurs traces dans les endroits humides.

Au reste, nous étions armés, et d'autant mieux qu'à la suite des troubles d'Espagne, des bandes couraient, disait-on, la montagne pour entrer en France; nous avions un aspect des plus respectables.

Enfin, à force de jouer des pieds et des mains, nous atteignons le faîte de l'Escala où nous rencontrons un petit garçon et une jeune fille de huit à neuf ans qui conduisent un âne. Le soleil nous frappe en pleine figure. Ici la montagne semble fendue d'un coup de hache, en inclinant sur nous; la portion verticale est hérissée de sapins collés si ras la roche, qu'ils n'ont de branches que d'un côté; les pierres, en se détachant, sont restées suspendues entre les troncs ou sur les branches comme des nids de granit. Le gave qui vient d'Artouste, gronde à deux ou trois cents pieds dans le fond de la fissure. Il est impossible de passer ailleurs que par le sentier que nous suivons, et l'on comprend que les ours eux-mêmes, n'aient pas d'autre chemin pour aller rendre visite aux troupeaux des prairies.

Il y a quelques années, un pêcheur était parti avant jour de Sousoéou; il allait à Gabas vendre des truites pour une noce. Arrivé à l'endroit où nous sommes, il aperçoit, à dix pas devant lui, un tronc d'arbre au milieu du chemin. Ce tronc lui semble bizarre, il ne se rappelle pas en avoir jamais vu dans cet endroit; il s'arrête, et à la clarté indécise du jour naissant, il finit par distinguer un ours immobile sur ses quatre pattes!..... Notre homme qui n'avait que ses truites dans son mouchoir pour toute arme défensive, commence par maudire la noce et les mariés; cependant il ne quitte pas l'ours de vue, ils se tiennent mutuellement en arrêt. Sans bouger de place, il cherche un moyen de salut ; mais l'obscurité est presque complète ; s'il quitte le sentier il risque de rouler dans le gave. Je sentais, me dit-il, mes cheveux soulever mon béret. Enfin la nécessité le rendant brave, il se baissait insensiblement pour chercher une pierre, une arme quelconque, lorsque tout à coup, l'ours qui éprouvait probablement les mêmes impressions, se précipita dans le ravin avec un fracas épouvantable, brisant les branches, et roulant avec les rochers qui se détachaient sous lui.

Nous continuons à descendre des pentes si rapides qu'on glisse sans pouvoir se retenir ; quelquefois, le flanc du ravin est tellement à pic, que l'on passe sur des petits ponts de sapin suspendus entre deux arbres. Puis le sentier se rapproche du gave qu'il cotoie dans un bois de hêtres, et nous sortons enfin d'Herrana dans une veine de calcaire, au pied du pic de Cézy (2190^{m}).

Après les blocs de granit, ces petites pierres nous font plaisir à voir; il semble que ce soient de vieilles connaissances. Que de fois en montant l'Escala, nous avons dit : « quelle désolation !... Comme c'est triste !... »

Mes enfants courent après les *Satyres alcyons* dont l'évolution est fort amusante ; toutes les fois qu'ils se posent, ils se retournent rapidement pour nous regarder en fermant leurs ailes ; la ligne qu'ils présentent alors est si fine et si perpendiculaire à notre regard, qu'on ne les aperçoit pas, même quand le pied est sur le point de les écraser.

L'emplacement des anciens lacs saute aux yeux dans la montagne. Sousoéou en était un évidemment. Le barrage qui le renfermait est là devant nous, comme le mur d'une redoute avec une tranchée dans le milieu; et dans cette tranchée, un rocher en forme de *coin* qui laisse filtrer l'eau en cascade sous un pont de sapin. Le pas de la *Tume* est là-haut à l'est, et le lieu où nous sommes s'appelle *Tumacor*[1]. *Enfoncez le coin* entre les deux rochers, et Sousoéou (1,410ᵐ) qui déroule si coquettement devant vous ses quatre kilomètres de prairies mouchetées de troupeaux, sera demain un lac allongé comme un œuf ainsi que l'indique son nom[2].

Nous avons mis quatre heures pour venir de la route de Gabas ici, en nous amusant et en chassant. Les *pièces de gibier* sont étalées pompeusement sur le bord du gave : il y a des mésanges charbonnières. — *Parus major Lin.*, més. petite charbonnière. —*P. ater*, L., més. bleue.—*P. cœruleus*, L., més. à longue queue. — *P. Caudatus* L., més. huppée. —*P. cristatus* L., més. Nonnette. —*P. palustris*, L., Bouvreuil.—*Pyrhula vulgaris Bris.*, Bec-fin rouge-gorge. — *Sylvia rubecula Lath.* et bec-fin rouge-queue *Sylvia tithis Scop.*

Chacun de nous se met à l'ouvrage; les uns plument, les autres dressent le foyer. Jean met les bouteilles à l'eau et prépare une broche. On approche des pierres pour s'asseoir, et les herbes sèches commencent déjà à pétiller sous les branches de sapin. Pendant ce temps, je continue à m'avancer dans la prairie pour tirer des Cincles dans le gave. Il y en avait un qui fuyait devant moi, quand une volée de Pipits vint fondre sur lui... Je ne pus m'empêcher de rire de leur étonnement, lorsque le cincle, pour leur échapper, disparut dans le gave. Aussitôt qu'il sortait la tête pour respirer, les Pipits accouraient et le

[1] *Tuma cor*, enfoncer un coin.
[2] *Oéou*, œuf.

plongeon recommençait. De mon côté, je m'avançais insensiblement pour mettre tout le monde d'accord, quand j'aperçus un écureuil sautillant sur les rochers. Il paya pour les autres et alla grossir notre garde-manger.

Une nuit, Lanusse pêchait ici avec Blaise de Laruns. Au moment d'aller se coucher, il vit une ombre qui traversait le gave. Il s'avança, pensant que c'était son camarade. « Eh bien Blaise », lui dit-il, au moment où l'autre gravissait la berge ; « as-tu pris quelque chose ? »

Un affreux grognement lui répondit !...

C'était un ours qui allait à la picorée, et qui, aussi effrayé que son interlocuteur, s'enfuit par bonds de son côté, tandis que Lanusse qui était sans armes, sautait dans le gave et se sauvait à toutes jambes vers les cabanes.

Cette portion de la prairie est de Laruns, jusqu'à un petit mur ; l'autre côté jusques et y compris le lac d'Artouste, est d'Assouste.

Après une grande heure de repos, nous nous remettons en route. (10 h. 40). Trois hommes, une dame et deux guides des Eaux-Bonnes, descendent par la Tume, et nous rejoignent au petit mur d'Assouste. Ils vont bien vite pour un train de montagne ! Je les laisse prendre les devants sans respect humain.

Il n'y a plus de sentier ; le véritable chemin est de tenir toujours *le gave à sa droite*. Nous traversons des ruisseaux où, malgré la saison avancée et la présence des troupeaux, nous trouvons encore le *Primula farinosa* et le *Dianthus benearnensis*. *Lous Québotte*[1] avec son gros rocher en forme de brioche et un sapin qui relie les deux rives, est de l'autre côté du gave. Les *Colchicum montanum* couvrent, en de certains

[1] La grotte, ou la caverne.

endroits, le sol que nous foulons. Nous voici à l'Artigue de Mous Cabarous[1] le meilleur poste d'ours de cette contrée quand on les traque, et même quand on ne les traque pas ; car la nuit dernière, une brebis espagnole a été à moitié dévorée à la porte de la cabane où nous passons ; il reste encore la tête et une partie de l'estomac. Les tisons de sapin que les bergers ont jetés à l'ours pour lui faire lâcher prise, sont fumants sur le sol ; l'on peut suivre sa trace de retraite, marquée par les flocons de laine ensanglantée qui se sont accrochés aux pointes des rochers.

C'est également ici qu'a été tué celui que l'on a vu aux Eaux-Bonnes cette année. Les deux montagnards qui l'apportaient étaient dans un tombereau ; ils avaient eu la singulière idée de l'asseoir entre eux deux, sur une planche qui leur servait de banquette, et de lui tenir chacun une patte, bras dessus bras dessous. A chaque secousse du véhicule qui allait bon train, l'ours saluait à droite, à gauche, se renversait la gueule ouverte, ou piquait une tête en avant comme un ivrogne ; c'était le bonheur des enfants...... et de bien d'autres.

Nous dépassons, à notre tour, ceux qui nous ont laissés à Sousoéou ; ils renoncent à aller plus loin, à l'exception de l'un d'entre eux qui va jusqu'au lac en courant et en revient de même.

Leur guide qui se repose sur une pierre, nous dit qu'ils sont allés visiter les débris d'une scierie que l'on voit sur le gave. On ne comprend pas la construction d'un tel établissement si loin d'un chemin quelconque, lorsque

[1] Le bercail de Monsieur Tête rosée.

l'on pense qu'il fallait transporter les planches à dos d'homme jusqu'au pont du Goua.

Nous avons fini notre cher calcaire. Nous voilà de nouveau dans le granit, et quel granit? C'est la vallée de Josaphat! Les pâturages sont abondants sur les pentes; mais les sommets sont décharnés. Les os de la montagne lui percent la peau; elle a laissé mourir de faim les rares sapins qui auraient pu cacher sa nudité, et maintenant leurs squelettes blanchis sont toute sa parure.

Au détour d'un rocher, nous surprenons des bergers espagnols en costume d'Adam avant sa chûte; ils pêchent des truites dans le gave qu'il ont mis à sec, en creusant à l'eau un nouveau lit.

Nous traversons le gave plusieurs fois de suite et nous prenons définitivement sa rive gauche jusqu'au pied de *Mondeils*, ce mur colossal de granit qui sert de barrage au lac, dont les eaux, étranglées dans une fente, bondissent jusqu'à nous à travers les rochers. Cette chûte est très-belle, non comme cascade, mais comme détail et pittoresque.

Depuis Sousoéou, nous sommes montés de gradins en gradins, celui qui était devant nous paraissant toujours le dernier; lui franchi, c'était encore à recommencer. Cette fois nous savons que ces croupes de granit poli, sont les derniers obstacles qui nous séparent du but.

Chacun veut arriver le premier, c'est une course au clocher: celui qui gagnera doit pointer à l'ouest jusqu'à l'inclinaison qui conduit à une petite pièce d'eau peu profonde; on la laisse à droite. Cherchez les pentes les plus douces pour ne pas glisser sur cette grande levée; pieds nus on grimpe partout; avec des souliers, il y a un choix à faire.

Le lac nous apparaît tout à coup ! L'œil ne le ramasse pas comme du haut du col d'Arrious, là bas au S E. ; il faut regarder à droite et à gauche pour l'embrasser ; et encore, de gros môles de granit nous dérobent les contours de l'est.

Il est deux heures vingt minutes. Je ferai grâce à mes lecteurs d'une nouvelle description des pics qui nous entourent. Je dirai seulement que Palas qui nous paraît tout pelé sans son manteau de neige, présente à son sommet un aspect nouveau ; c'est un cirque où dorment des neiges éternelles, garanties des chaudes haleines du sud, par une enceinte demi-circulaire qui ressemble à une collerette.

Nous sommes obligés de nous coucher sous des massifs de rhododendrons en fleurs, pour ne pas être saisis par le vent qui est froid ; et malgré cette précaution, nous sommes bientôt transis. Afin de nous réchauffer, il faut mettre le feu à notre abri protecteur, et l'entretenir avec des bouses de vache séchées au soleil. A cette époque, les troupeaux français sont déjà descendus plus bas, et les pâturages sont loués aux Espagnols qui y amènent quelquefois jusqu'à 7,000 brebis.

Aujourd'hui, comme dans toutes nos excursions, je voudrais nouveau Josué, arrêter le soleil ; on n'a pas le temps de jouir de la peine qu'on s'est donnée et des difficultés vaincues ; les heures vous talonnent.

Voilà trois h. 20 ; il faut partir pour ne pas se laisser surprendre par le soir qui arrive en courant. Les pentes gazonneuses que nous traversons sont plus fatigantes que les terrains d'éboulements ou les rochers. Dans ces derniers, le pied trouve toujours à se poser d'aplomb et sûrement en allant vite ; il n'en est pas de même dans les autres. Il y a une certaine force à dépenser pour s'empêcher de glisser, et c'est autant de perdu pour avancer.

Les pâtres de Lous Quèbotte demandent : à quelle cabanne nous allons coucher? et quoiqu'ils ne soient pas moqueurs, ils rient cependant, quand nous leur répondons : que nos lits nous attendent aux Eaux-Bonnes.

A 5 h. 35, nous entrons dans la prairie de Sousoéou, et à 5 h. 50, nous gravissons Herrana.

Jean, toujours si confiant, ne cache pas ses inquiétudes; il craint que la fatigue ou le temps ne nous permette pas d'arriver à l'Escala avant la nuit. De mon côté, tout en riant et distrayant ma petite troupe qui ne rêve qu'au bonheur de rencontrer un ours, j'ai aussi mes préoccupations. Je prends donc la tête et je mets le guide à l'arrière-garde; nous entrons ainsi dans la forêt sans ralentir notre course, même dans les passages les plus rapides, et nous arrivons assez promptement à l'Escala.

Au sommet, on voit un peu plus clair, les dernières lueurs du jour qui s'enfuit pouvant arriver jusqu'à nous; j'ai l'espoir d'atteindre le pont du Goua avant que l'obscurité ne soit complète. Nous faisons halte, le flacon de Chartreuse passe à la ronde.

Nous étions déjà repartis depuis un instant, et je descendais à dix pas en avant, lorsque j'entendis distinctement un grognement dans l'épaisseur des sapins à droite. En même temps, celui des enfants qui était le plus rapproché accourut à moi, frappé du même bruit; les autres causaient en riant, à l'arrière, et ne se doutaient de rien. Je fis serrer les rangs et presser le pas, tout en me mettant sur mes gardes.

Il ne faut pas croire qu'une semblable rencontre pût être

dangereuse ; l'ours est naturellement poltron et n'attaque pas à moins d'avoir été blessé. Or, malgré la tentation de tirer un si beau coup de fusil, et quoique je fusse parfaitement armé, je ne pouvais à cette heure, entouré de mes enfants, dans un endroit escarpé et sans issue, lui chercher la moindre chicane ; il n'était donc pas à craindre qu'il usât de mauvais procédés à notre égard.

Cette descente de l'Escala n'en finit pas malgré la rapidité avec laquelle nous dégringolons, et je suis bientôt obligé d'appeler Jean à la tête. Je ne puis plus distinguer le sentier au milieu des buis et sur le rocher de granit où le pied ne laisse pas de traces. Cette dernière portion du chemin, quoique n'offrant aucun danger à pied et en plein jour, nous prend beaucoup de temps. La nuit est tout à fait venue, nous nous disloquons le corps et les jambes, tombant quand nous croyons monter, nous heurtant les pieds lorsqu'il nous semble descendre. C'est dans l'obscurité surtout que l'on apprécie la bonté d'un guide; le nôtre n'hésite pas un instant; il va aussi vite que si les rayons de la lune pouvaient percer les murs de granit qui nous couvrent de leurs ombres.

Enfin, grâce à Dieu! voilà le pont du Goua. Nous jetons un cri de joie! Vite une goutte de liqueur et sauvons-nous! Quel bonheur d'avoir un sol plat, et une bonne route sous les pieds! Voilà des délices inconnues à ceux qui ne vont qu'à cheval. Il nous est cependant réservé quelque chose de plus agréable encore..... c'est de nous étendre dans une calèche une demi-heure après, roulés dans nos manteaux, et éclairés par une lune sans nuages. (8 h. 20.)

En passant aux Eaux-Chaudes, nous prenons un potage arrosé de champagne, pendant que le pauvre Jean dort si profondément sur le siége, qu'il faut le tirer par les pieds pour lui faire boire un coup. A 10 h. 1/2 nous étions aux Eaux-Bonnes.

CROMLECHS DU GAROT.[1]
ROUMIGA.

Excursion de 17 h. dont 4 en voiture.

Le 9 juillet 1872, M. le Marquis de Nadaillac, préfet des Basses-Pyrénées, m'invita à assister aux fouilles qu'il allait faire exécuter dans les cromlechs qui sont sur la route d'Espagne, à 7 kil. de Gabas. Il était accompagné de plusieurs membres de la société des sciences, lettres et arts de Pau : MM. François Saint-Maur président, Genreau ingénieur des mines et Raymond archiviste du département, secrétaires; Conte-Grandchamp ingénieur en chef, docteur de Bataille membre du Conseil général, etc... Nous arrivons en voiture à Gabas et gagnons, à pied, les rochers du Garot où quinze ouvriers commencent aussitôt les travaux.

Ces Cromlechs, au nombre de cinq, doivent être antérieurs à l'époque romaine. Leur direction N E. — S O. coupe la route en biais. Quatre sont au N E. et le cinquième est au S O., sur la rive gauche du gave. Ils sont composés de pierres debout, distantes les unes des autres, et formant une circonférence très-régulière de 4 à 5 m. de diamètre. Beaucoup de ces pierres ont un mètre hors de terre ; quelques-unes sont enfoncées de 60 centimètres et *callées*. Le premier

[1] Terrasse de rocher à l'Est de la route d'Espagne.

Cromlech, le plus avancé du côté de l'Est, est presqu'au pied du Garot. Le second, en venant à l'Ouest, est à 15 mètres du premier; une très-grosse pierre en occupe le centre et le distingue des autres; on l'a déchaussée sans succès. Le troisième et le quatrième sont à cinq mètres les uns des autres. Le troisième est entouré de six grandes pierres à l'Ouest et de six petites à l'Est. Le quatrième a été coupé en deux par la route, et c'est alors que l'on y a trouvé un squelette entre deux grandes ardoises. La portion Est, qui reste seule intacte, ne nous a présenté que quelques traces de charbon. Nous communiquons avec le Chaos où se cachent las Quebas[1], par un pont en tronc d'arbres, et l'un de nous va diriger les fouilles du cinquième Cromlech, qui est à environ 100 m. du quatrième; tous nos efforts sont infructueux, les tranchées transversales n'ont pas été plus heureuses que les recherches au pied de chaque pierre.

Le déjeuner nous attendait à deux kil. plus loin; l'hospitalité de M. le Préfet n'avait pas connu de difficultés; jamais la cantine de Broussette n'avait vu pareil luxe, même lorsque la Case, dont les ruines étendent leurs ombres à l'ouest, était dans toute sa prospérité.

MM. Conte-Grandchamp et Genreau m'ayant proposé de faire une pointe en Espagne.... J'accepte avec empressement. La route n'est achevée que jusqu'au ruisseau de Peyrelue, (2 kil. de la cantine); nous continuons par le sentier qui mène à la frontière en traversant Anéou (4 kil.); Il monte, tourne, descend, et tombe tout-à-coup sur le col de Pôurtalet (1796^{m}): inflexion de terrain, au milieu duquel un passage de deux mètres, flanqué de chaque côté par un mur en

[1] Cabannes des bergers.

pierres sèches à hauteu d'appui, donne accès d'un pays dans l'autre.

Après l'avoir dessiné avec son fond de belles montagnes rouges, tigrées de neiges et une mine d'anthracite au sud, je fais dix pas en Espagne; puis, assis près d'une petite fontaine cachée sous terre (8°), et qui, rampant dans les herbes, devient peut-être ensuite la source du Gallego, je prends un croquis du côté de France....

Aucun détail du pic de Midi ne m'échappe : c'est une horrible décrépitude! Je comprends maintenant le jeu de mots des Espagnols.... J'expliquerai lorsque nous ferons cette excursion, pourquoi on l'appelait autrefois, en béarnais, pic de *tres serous*[1]. Les Espagnols disaient : *tres sorores*, et par allusion, *tres horrores*!

Je travaillais depuis un instant, écoutant, non sans tristesse, le bruit sourd du canon d'Espagne qui, chose incroyable, faisait dans le même moment trembler les vitres de l'établissement, aux Eaux-Chaudes; lorsque j'entends des pas derrière moi.... Quatre personnages, armés, m'examinaient attentivement... J'allais peut-être me laisser aller à quelque supposition, quand l'un d'eux, M. L. mon confrère en saint Hubert, me reconnait et me présente à ses camardes parmi lesquels je remarque l'Alcade de Salient. L'hospitalité de ce magistrat est proverbiale à la frontière.

Ces messieurs chassent les cailles et en remplissent aimablement mes poches pendant que je fais circuler mon bidon plein de vin de Carineña.

« Vino de Carineña que te hecho yo?

[1] Des trois sœurs.

« Per donde pasa el carro no puedo pasar yo? » Me dit l'Alcade, en m'offrant des cigares.

En effet, le Carineña a la réputation de faire trouver les chemins trop étroits et donne lieu à ce dicton populaire en Aragon.

La caille, *Perdix coturnix, Lath.* arrive en mai pour nicher en France : on l'appelle alors : *caille verte.* Les plateaux qu'elle préfère sont : le port de Castets, le Benou et le Roumiga, Les Espagnols fauchent cette dernière prairie d'assez bonne heure et y mettent immédiatement les bestiaux. C'est ce qui explique le départ forcé des cailles que nous trouvons pendant quatre ou cinq jours au pic de Lurien et jusqu'au pic du Midi d'Ossau, dans les pacages de Peyreget, à une altitude de 2,000 à 2,500 mètres.

La caille, chassée du Roumiga, quoiqu'elle passe en France à une époque inusitée, n'en est pas moins une *caille verte.* La vraie *caille de passage* dite : *caille blanche* ou *caille grasse,* apparait dans la vallée d'Ossau vers la première quinzaine de septembre et n'arrive à Bayonne que principalement dans la seconde moitié du même mois. Les cailles que l'on voit au second passage de novembre sont plus petites et proviennent probablement des secondes couvées. Plus les prairies artificielles augmentent en France, et plus l'on détruit de premières couvées par les fauches précoces.

Le passage de septembre est ordinairement annoncé par un vent chaud et lourd.

Salient est à quatre heures d'ici. [1] Je reparlerai du Roumiga dans la prochaine excursion. Les cailles qui me partent dans les jambes, les fleurs et les papillons qui couvrent la prai-

[1] On compte 13 à 14 heures de marche des Eaux-Chaudes à Penticosa.

rie, m'ont retardé, et j'ai de la peine à retrouver mes compagnons qui m'attendent au col de Peyrelue, près d'une bonne fontaine. On nous montre l'endroit où plusieurs personnes sont mortes dans la neige.

Les Cathartes alimoches sont nombreux au col, le *Cathartes Percnopterus*, *Temm.* a plus de vingt noms. Rare dans le Nord, il habite presque tous les continents. Dans les Pyrénées, on l'appelle *Marie blanche.* Il descend souvent à la voirie de Pau. Rien n'est gracieux comme cet oiseau blanc lorsqu'il se balance dans les teintes bleuâtres des pics. Mettez-le par terre d'un coup de fusil et regardez-le de près? Il est hideux!

Il a la tête et le devant du cou couverts d'une peau nue d'un jaune livide ; le bec grêle ; les yeux stupides ; les grandes pennes des ailes noires et tout le reste du corps d'un blanc pur. Sa longueur est de 75 centimètres, son odeur insupportable rappelle celle du Vautour. Il pond deux œufs dont l'un obtus, d'un blanchâtre ponctué très-finement de tâches brunes qui grandissent au gros bout et envahissent complètement le fond. Ce n'est que la troisième année qu'il devient blanc ; jeune, il est d'un brun ardoisé.

A notre retour à la cantine, nous trouvons, je puis bien dire, l'infatigable M. de M.; il vient de faire le tour du pic du Midi par les lacs d'Ayous, le col des moines, Peyreget, Magnabatch, la sagette Braque, puis il est descendu à Gabas et le voilà ici, se disposant à revenir à pied avec nous.

LE ROUMIGA. FLUORINE.

Eaux-Bonnes 3 août.

Excursion de 18 h. dont 4 en voiture.

Guides : Jean Soustrade et Laborde de Gabas.

Départ des Eaux-Bonnes à 3 h., en voiture, avec M. Des Cloizeaux membre de l'institut qui veut bien nous conduire au gisement de Fluorine qu'il a découvert au Roumiga[1].

Gabas 5 h. Nous nous arrêtons un instant à la chapelle. Elle a été bâtie, ainsi qu'un hôpital pour les pèlerins qui est actuellement l'hôtel des Pyrénées, par les religieux du couvent de Ste Christine en Espagne. Le sanctuaire actuel, sorte de grotte dans laquelle on descend comme dans une cave, doit être une reconstruction sur les ruines de l'ancien édifice. Nous aimons cette pauvre chapelle avec sa rustique statue de la vierge. Nous n'y passons jamais sans lui demander de nous protéger dans nos excursions.

Laborde sur lequel je comptais, ne peut venir ; mais il nous donne son neveu, petit montagnard intelligent qui vient de faire sa première communion, et nous prête son âne pour porter nos pierres. Chacun se décharge sur maître Aliboron qui disparaît sous les boîtes, les imperméables, les marteaux, les albums, les sacs et les armes.

Pourquoi des armes pour une excursion géologique ?.....

Je répondrai sans périphrases : que je suis toujours armé, surtout lorsque j'approche des frontières d'Espagne. La vertu

[1] Bulletin Soc. géol., t. XIX, p. 418.

et la probité ne se promènent pas toujours dans les sentiers d'Anéou et de Peyrelue, et quoique les pasteurs des Basses-Pyrénées soient plus doux et meilleurs que partout ailleurs, je ne puis oublier ce qui s'est passé, en plein jour, sur la route de Biousartigue il y a quelques années. Je ne parlerai pas de l'aventure du Cotieilla près de Plan de Gistain..... Si le Cte H. Russell-Killough avait été armé, il n'aurait pas attendu qu'on tire sur lui à bout portant et il eut évité à son camarade, M. Lequeutre, ainsi qu'à leur guide Passet de tomber au pouvoir des bandits Espagnols. D'ailleurs, tenez pour certain que : plus vous portez ostensiblement vos armes, plus vous êtes considéré.

3 Kil. de Gabas, pont de Sagette, la carrière de marbre blanc de Fabrége est au N O. à 300m de là.

2 Kil. plus loin, pont de Camps. Regardez en arrivant, et dans le cours même du Gave, la disposition des schistes rubanés. Ils sont très-bons pour faire des pierres à repasser. Au chalumeau, ils fondent en verre noirâtre ; ce qui prouverait que ce sont des filons de quartz traversant des couches de schistes.

Il a gelé ce matin, et nous avons de la peine à nous réchauffer en marchant. Laborde est venu jusqu'ici avec une petite charrette pour chercher les fromages de tous les pasteurs des environs. Le thermomètre marque 6° à l'ombre, plongé dans les eaux glacées des sources, il ne change pas de température. Cette route, aussi régulière et unie qu'une allée de jardin anglais, est tracée dans les schistes.

Joli pont sur le ruisseau qui descend de Soques.

Roches de griotte rose et verte qui feraient de mauvais

marbres, les schistes qui en forment le réseau étant trop friables.

Les deux ruisseaux, au-dessus de la cantine, marquent également 6°. Nous nous établissons en plein soleil sur le bord du second pour déjeuner. En débalant nos sardines et nos pommes de terre, nous sommes un vendredi, je trouve une vipère sous une ardoise; si nous habitions certaine portion de la France, on pourrait en faire un plat d'anguille. Pendant notre repas, il passe de nombreuses caravanes chargées de laines pour Oloron. Les muletiers aragonais, à cheval sur leur cargaison, se laissent bercer, en fredonant, au pas cadencé des mules richement caparaçonnées. Mais la vie a ses deux faces. Pendant que nous entendons par intervalles le canon qui gronde en Espagne, un ecclésiastique accompagne une pauvre malade à demi couchée dans une sorte de palanquin dont les pans sont singulièrement redressés sur le sommet pour la garantir des rayons du soleil. Les deux porteurs, en guenilles, sont nu-têtes; un troisième, qui a l'air de commander aux autres, est coiffé de trois chapeaux.

Il y a un grand passage d'Apollons à la Québa du Tourmon, sorte de défilé entre des rochers sauvages où le passage doit être difficile pendant une tourmente.

Au col d'Anéou, nous prenons un raccourci où les mules ne traversent pas ordinairement; les plaques calcaires sont parsemées d'empreintes d'*Encrines moliniformis* qui se retrouvent quelques pas plus loin à la fontaine de la Rague (4°) entourée de grandes pierres plates. Anéou est couvert de troupeaux; un des pasteurs se joint à Jean pour nous guider dans le Roumiga. Il se plaint amèrement des bergers Espagnols qui laissent leurs brebis franchir la frontière, et répondent à leurs observations par des coups de fusil.

Nous passons le Pourtalet à 1 h. 50. Les recherches de M. Des Cloizeaux qui ne retrouve pas sans peine le gisement de Fluorine, nos allées et nos venues, les coups de marteaux à tort et à travers intriguent vivement les bergers Espagnols. Mais ils disparaissent à la vue des armes et nous épient derrière les rochers. Le petit ânier, resté avec sa monture à 300^{m} en arrière, en voit arriver un précipitamment qui lui demande s'il a de l'argent et si nous sommes riches?.... Jean accourant chercher nos affaires met fin à cette conversation indiscrète.

Si vous voulez visiter les gisements de Fluorine, prenez à l'Ouest après la source, passez le long d'une grande roche grise[1] que vous laissez à droite en contournant sa raillère ; la fraîcheur du terrain indique une source un peu plus haut ; à 300^{m}, à l'Ouest de cette source, vous trouverez un des principaux gisements sur le bord d'une petite prairie, avec un puits perdu au pied.

Lorsqu'on est sur la roche de Fluorine, la frontière, dont le mur apparait à gauche du pic de Peyregette, à l'horizon, est à 200^{m} au Nord. Un rocher assez bizarre couronne le monticule qui est à 50 pas de vous, dans la même direction Nord. Il a la forme d'une cabane dont l'extrémité gauche du toit tombe juste à l'intersection du pic de Peyregette avec le petit pic du Midi, tandis que l'extrémité droite se confond avec la ligne séparative du petit avec le grand pic.

Ce gisement n'est pas isolé, il y en a une foule d'autres tout autour, et si vous prenez Larriu le minéralogiste des

[1] Belles empreintes d'Encrine Moliniformis.

Eaux-Bonnes pour guide, il vous montrera des cristaux verts qui sont plus phosphorescents que ceux que je vous indique.

Au contact des pluies de montagne qui sont fortement acidulées, la Fluorine devrait dégager de l'acide fluorhydrique et brûler tout ce qui l'entoure. Cependant, le *Sempervivum arachnoideum* pousse dans les fentes ; et les lichens *Lecidea geographica, Schœr. — Lecanora fuscata, Ach.* vivent sur le cristal lui-même[1].

Les muletiers espagnols, fort polis de l'autre côté de la frontière, ont l'air insolent ici. Les bergers, sans chiens, dirigent avec une adresse merveilleuse des troupeaux de belles brebis dix fois plus nombreux que ceux de nos pasteurs français. L'un d'eux, sur le sommet d'un rocher, à moitié nu, un sac de peau sur les épaules, agite son chapeau en levant les bras en l'air. A sa voix saccadée, les brebis s'enfuient au cujala. Cette physionomie diabolique dont les yeux lancent des éclairs, se détache sur l'horizon bleu et les glaciers d'un pic énorme que je crois être le Bondellos (2,900^{m}).

Au retour, nous prenons au bord du chemin les Apollons endormis sur les Iris et les chardons. Bientôt nos boîtes sont pleines, et nous cueillons de gros bouquets de leurs perchoirs d'où ils ne bougent pas plus que s'ils y étaient piqués avec une épingle.

Arrivée à Gabas 7 h., et aux Eaux-Bonnes 9 h.

[1] Herborisation des environs de la roche : *Iris xyphioides, Ehr. — Dianthus benearnensis, Loret. — Campanula linifolia, Lam. — Trollius europæus, L. — Centaurea phrygia, DC. — Phyteuma hæmisphericum, L. — Meum athamanticum, Jacq. — Sedum album, L. — Pedicularis. Antenaria dioica, Gœrn. — Potentilla alchemilloides, Lap. — Globularia cordifolia, L. — Caltha palustris, L. — Armeria alpina, Wild. — Scorsonera aristata, Ram. — Erigeron uniflorus, L. — Vicia Pyrenaica, Pour. — Jasione humilis, Pers. — Hyacinthus amethystinus, L. — etc.*

PIC DU MIDI D'OSSAU OU DE TRES SEROUS[1] (2,885m).

Eaux-Bonnes, 9 septembre.

Excursion de 13 h. 35' dont 4 en voiture, 3 à cheval de Gabas au fond de Magnabatch, 1/4 d'heure jusqu'à la 1re cheminée, 1 h. 55' d'ascension, 35' de repos, 1 h. 45' de descente, 15' pour rejoindre les chevaux, et 2 h. 30' pour revenir à Gabas [2].

Guides Augustin Lanusse, J. Soustrade.

Les excursions avec combinaison de guides, chevaux et voitures sont difficiles à organiser. Cependant, cette réunion d'éléments divers m'avait paru indispensable pour faire l'ascension du Pic du Midi d'Ossau, en partant des Eaux-Bonnes; et le 9 septembre, malgré une médiocre confiance dans un ciel qui était incertain depuis huit jours, j'avais envoyé Augustin Lanusse et Jean Soustrade coucher à Gabas avec nos chevaux.

A minuit, je fus réveillé par une bourrasque... Le vent est presque un intrus aux Eaux-Bonnes; aussi, lorsque par hasard il s'y aventure, ce qui lui arrive deux ou trois fois par saison, ne connaissant pas les lieux, il se heurte aux volets, brise les vitres, retrousse les passants, puis se sauve derrière quelque nuage qui crève sur la ville aux éclats de la foudre.

[1] « En cet endroit se joint au gave de Saillen un autre ruisseau du même nom qui descend du côté de Sumport et arrouse cette haute montagne d'Ossau à *trois têtes* que l'on nomme le pic du Midi et *le pic de tres Serous*, c'est-à-dire des trois sœurs, d'autant qu'il y a trois pointes dont les deux sont tournées du côté du Béarn et la troisième du côté d'Arragon. » MARCA, *Histoire du Béarn*, T. 4, p. 253.

[2] J'ai déjà publié cette excursion dans le Bulletin de la Soc. Ramond.

Malgré ce fâcheux augure, nous montons en voiture à 2 h. 45', et deux heures après, nous arrivons à Gabas par une tourmente affreuse. Il fait encore nuit; le cocher met des traverses de bois sous les roues, pour que le vent ne nous entraîne pas, et il conduit les chevaux à l'écurie. J'étais là depuis un instant, attendant en silence qu'Augustin vînt me parler, lorsque je vois une ombre glisser le long du mur; elle s'approche... on palpe la portière, puis une main se pose sur le rebord, et une tête noire coiffée d'un mouchoir se penche curieusement dans l'intérieur.

J'appuie le canon de mon revolver sur cette face indiscrète. Au contact de l'acier, l'espagnol (car c'en est un) se sauve en jetant un cri.

Augustin arrive et déclare que l'ascension est impossible... Il fait des éclairs : si l'orage éclate, la pluie calmera peut-être la tempête... Il faut attendre !... Nous montons dans une chambre : sur la cheminée est une véritable glace de Venise, magnifique dans ses moulures de cuivre doré, avec son cadre noir [1].

Quel temps !... Le vent ébranle la porte et siffle par le trou de la serrure; les vitres grincent dans leurs châssis et l'enseigne de fer-blanc sur son gond. Si encore on était tranquille au-dessous de nous... Mais des Espagnols se disputent, les mules agitent leurs grelots et l'on commence à se lever dans les chambres voisines.

Il n'y a pas moyen d'y tenir; nous nous décidons à partir... Me montrant les nuages qui courent comme des furieux au-dessus de nos têtes, Augustin persiste à soutenir que nous ne pouvons pas tenter l'ascension; mais il ajoute que, la mon-

[1] A l'hôtel des Pyrénées, dont Baylou est le propriétaire.

tagne servant de paravent jusqu'au fond de Magnabatch [1], il sera peut-être possible d'arriver au pied des cheminées.

— Eh bien ! allons toujours au pied des cheminées....

Une demi-heure après, nous étions à Biousoumète. Au lieu de faire le tour par le nouveau chemin du moulin, nous montons droit à la Serre de Biousartigue. Ce passage est mauvais, au moment où l'on arrive à la crête, dont les schistes sont réduits en poussière par les troupeaux et par les bûcherons qui y traînent leurs arbres. Si l'on n'a pas de chevaux vigoureux et un guide hardi pour se tenir à l'endroit difficile afin de les appuyer avec le fouet, il est plus prudent de descendre.

Les hêtres de la forêt de Mondeils sont couverts de mousses échevelées [2]. Voilà les Calongues de Magnabatch ; et le ruisseau du Bigné qui se précipite dans la Sagette-Braque.

Magnabatch est une prairie de trois kilomètres, encaissée à l'Est par les pics Lavigne (2,007^m), Chérue (2,207^m), Saoubiste (2,135^m) et Pombie (2,209^m) ; à l'Ouest par les contreforts de Mondeils (1,286^m—1,798^m), et enfin, fermée au Sud par les cols de Pombie et de Suzon ; ce dernier montant jusqu'à la première cheminée. Nous la traversons au milieu d'un chaos de roches rouges où se cachent les cabanes de Laglaire, déjà abandonnées par les pasteurs.

On ne peut arriver à cheval jusqu'au col, il faut franchir à pied les schistes qui le composent : ils contiennent quelques lames de mica et des grains de quartz. La direction de leurs couches est d'autant plus remarquable, qu'elle prouve les bouleversements subis par les terrains supérieurs à l'époque des

[1] J'écris comme l'on prononce ; mais la véritable ortographe est : Magnabaig, grand vallon.

[2] *Usnea barbata. Fr. var. ceratina, Ach. — Alectoria sarmentosa, Ach.*

soulèvements : Au lieu de s'appuyer au pic du Midi, ils ont plongé par dessous. Les extrémités méridionales de Bious et de Peyregette présentent les mêmes phénomènes.

Nous déjeunons, couchés entre les roches de la première cheminée, et sans pouvoir nous redresser, même pour boire. Le vent tourne avec le soleil; s'il continue à se briser sur le S O, notre ligne d'ascension étant à l'Est, je vais essayer de monter.

Le pic d'Ossau, ou de Tres Serous, est loin d'être un des plus élevés de la chaîne, même dans les Pyrénées françaises, puisqu'il n'a que 2,885 mètres. Mais aucun n'a un passé aussi historique et n'attire plus invinciblement l'œil du spectateur par sa position et ses formes. La première ascension connue, est celle de François de Candale, proche parent du roi de Navarre, en 1552. Malgré les barres de fer [1] qu'on a scellées dans les endroits difficiles (ce qui lui ôte d'autant plus de prestige qu'il a passé longtemps pour inaccessible), le colosse n'en conserve pas moins sa majestueuse grandeur. Vu en raccourci, il revêt des aspects incompréhensibles : sa couleur glauque lui donne un reflet diabolique.

Au moment de le gravir, je me rappelle ces paroles du poète Américain : [2]

« Nous n'avons pas d'ailes, nous ne pouvons pas prendre » notre vol ; mais nous avons des pieds pour escalader et » monter par petits degrés, peu à peu, de plus haut en plus » haut... les puissantes pyramides de pierre, qui, comme » un coin fendent l'espace au-dessus du désert.... »

[1] On lit sur une des pierres de la première cheminée l'inscription suivante à laquelle je conserve son style : CRAMPONS SONT MIS 186 (*chiffre illisible*) M. DAURIBEAU, PRÉFET, LARRABURE, MAIRE.

[2] L'Echelle de St-Augustin, par Wadworsth Longfellow.

La meute de Lanusse nous a suivis jusqu'ici : César, enfant de la montagne, s'arrête prudemment à la première barre de fer ; Pompon, petit terrier gros comme le poing, a sauté sur la seconde et ne sait plus en descendre ; nous l'y retrouverons moitié mort de froid, à notre retour.

Le pic est assez perpendiculaire pour qu'on puisse le considérer comme une échelle métrique ; c'est pourquoi j'ai jugé intéressant de nommer les fleurs dans l'ordre et à l'altitude où je les ai rencontrées.

9 h. 45'. Première cheminée : 2,200^{m} environ. [1]

Au moment d'en sortir, nous entendons, au midi, des détonations sourdes, comme le bruit des lavanges dans les glaciers : ce sont d'énormes blocs de rochers, pesant plus de 10,000 kilogr., que la tourmente a fait glisser et que nous retrouverons dans quelques jours sur les neiges du sud. Deux Tétras Ptarmigans, la queue dressée en l'air et les ailes pendantes comme les petites poules Bentham, courent sur les pierres et contrastent avec les bouleversements de la nature.

La seconde cheminée regarde le nord ; elle est plus longue et plus difficile que celle que nous quittons. C'est au milieu, dans un endroit où la roche se renverse sur nous, qu'apparaît la première *Renoncule glaciale.* Ecrasée dans un étau de porphyre, son calice violacé se penche vers la lumière qu'elle

[1] *Primula viscosa* (Will.). — *Linaria alpina* (Dc.) J'en ai rencontré de roses, il y a un instant, dans les schistes du Col de Suzon. — *Cerastium alpinum* (L.). — *Alcehmilla alpina* (L.). — *Viola biflora* (L.). — *Gentiana alpina* (Will.). — *Vaccinium uliginosum* (L.). — *Potentilla opaca* (L.). *Saxifraga muscoides* (Wulf.). — *Euphrasia Soyeri* (Timb.). *Anemone Hepatica* (L.) *Phyteuma hemisphœricum* (L.). — *Gentiana Burseri* (Lap.). *Potentilla nivalis* (Lap.). — *Trifolium alpinum* (L.).

ne regarde jamais en face ; elle a toujours l'air malade et grelotte sous ses carpels garnis de fourrure. [1]

Avant d'entrer dans la troisième cheminée qui mérite à peine ce nom, il faut appuyer un instant au nord. Si l'on manquait ce passage, le pic serait inaccessible ; tandis que, pour venir jusqu'ici, il n'est pas impossible de prendre plus au N E, par les crêtes de Mondeils. [2]

Nous arrivons au Portillon à 11 h. 15'. Beaucoup de pics ont un *portillon* : c'est une petite porte, un endroit par lequel il faut nécessairement passer. Les guides et les chasseurs y amoncellent ordinairement des débris, afin de le reconnaître dans l'obscurité ou en temps de brouillard. Celui-ci (2,540^m environ) est remarquable par une grande pierre droite, un peu inclinée au midi, et qui ressemble à une pierre milliaire.

[1] *Ranunculus glacialis*, L. — *Artemisia mutellina*, Will. — *Theseum alpinum*, L. — *Cardamine resedifolia*, L. — *Sisymbrium pinnatifidum*, Dc. — *Silene acaulis*, L. — *Arabis alpina*, L. — *Leucanthemum alpinum*, Lam. — *Primula viscosa*, Will. — *Carex nigra*, All. — *Viola biflora*, L. — *Luzula spicata*, Dc. — *Armeria alpina*, Willd. — *Juncus trifidus*, L. — *Gentiana acaulis*, L., var. *alpina*, Will. — *Rhododendron ferrugineum*, L. — *Potentilla nivalis*, Lap. — *Arenaria grandiflora*, All. — *Oreochloa distica*, Link. — *Poa laxa*, Hœnck. — *Saxifraga aspera*, L., v. B. *bryoides*, L. — *Thymus serpillum*, L., var. γ. *confertus*. — *Saxifraga exarata*, Will. — *Festuca varia*, Hœnck. var. γ. *eskia* G. G. — *Saxifraga groenlendica*, L. — *Carex pyrenaica*, Wahl. — *Phyteuma hemysphœricum*, L. — *Silene rupestris*, L. — *Vaccinium uliginosum*, L. — *Erigeron uniflorus*, L. — *Oxyria digyna*, Campd. — *Juniperus alpina*, Clus. — *Antenaria dioica*, Gœrtn. — *Alchemilla alpina*, L. — *Potentilla nivalis*, Lap. — *Sempervivum arachnoideum*, L. — *Leontodon pyrenaicus*, Gouan. — *Sedum sphericum*, Lap. — *Sedum brevifolium*, Dc. — *Sedum annuum*, L. — *Draba tomentosa*, Wahl.

[2] *Sideritis hyssopifolia*, L. — *Ranunculus glacialis*, L. — *Androsace pubescens* DC. var. γ. *hirtella*, Dufour. — *Draba aizoides* L. v. A. *genuina*. *Primula integrifolia*; L. — *Lycopodium alpinum* L. — *Campanula stolonifera*, Miég.

C'est là qu'Augustin a gagné sa médaille, en sauvant la vie à M. le Bon de R... au moment où il allait disparaître dans les abîmes du sud.

Nous n'avons plus l'abri des cheminées, et à chaque instant, il faut se jeter à plat-ventre et s'accrocher à tout ce qui tombe sous la main pour laisser passer les rafales. La roche, en débris aussi menus que les cailloux d'une route, recouvre un terreau noir [1], mais sans végétation : les fleurs n'aiment pas la mobilité qui règne sur ces pentes presque toujours couvertes de neige.

Voici le trou où MM. Davy de Boisroger, Aumont-Thiéville et MM. les abbés Bonnet et Morel, sous la conduite d'Orteig guide des Eaux-Bonnes, ont passé la nuit du 20 au 21 juin 1864, pour voir lever le soleil. Les neiges éternelles dorment dans ce réduit de dix pas de large, entouré de murailles bronzées par les siècles. Deux obélisques de porphyre encadrent l'ouverture au nord ; c'était une chambre à coucher digne des hardis voyageurs qui, entrés dans la première cheminée à 8 h. 1/2 *du soir*, au moment où la lune venait d'éclairer la montagne, étaient au sommet du pic à 11 h. 1/2. Le froid et la pluie les forcèrent ensuite à redescendre ici.

Nous apercevons les trois pointes invisibles de Pau ; une aiguille plus basse perce le sud [2].

Les deux dernières fleurs que je rencontre, sont : le *Poa alpina* (L.) et le *Silene acaulis* (L.).

[1] Fondu au chalumeau, ce terreau présente une surface luisante comme du verre.

[2] *Phyteuma hemisphœricum*, L. — *Soldanella alpina*, L. — *Leontopodium alpinum*, Cass. — *Saxifraga groenlendica*, L. — *Armeria alpina*, Willd. — *Thymus serpyllum*, L. — *Veronica alpina*, L. — *Ranunculus glacialis*, L. — *Cardamine alpina*, Willd. — *Cerastium alpinum*, L. — *Leucanthemum alpinum*, Lam.

Je ne doute pas qu'un autre explorateur soit plus heureux que moi, surtout par un temps moins défavorable.

Le grand pic est presque coupé en deux par une crevasse dont la raillère monte à une hauteur effrayante au midi, et tombe perpendiculairement au nord. De l'autre côté, un étroit sentier qui semble presque taillé dans le roc, mène au haut du pic. C'est le seul passage qu'on pourrait appeler dangereux, parce qu'il est suspendu au-dessus d'un abîme de sept à huit cents mètres. Je n'essaierais pas de le franchir aujourd'hui, si nous n'étions abrités du vent par la bosse qui, de Pau, empêche de voir le véritable sommet.

De loin, on croirait que ces grandes silhouettes sont fixes et immuables dans leur structure.... C'est une erreur, surtout pour les montagnes granitiques, dont les plans et la disposition des cristaux accélèrent la destruction. L'œil n'y rencontre que ruines et dislocations. Subissant les températures les plus extrêmes, sans transition, frappés par la foudre qui fore des puits et creuse des sillons d'un blanc cendré, il semble que ces sommets soient maudits.

Certainement, lorsque ces vieilles vertèbres du monde sont sorties des entrailles de la terre pour soulever les Pyrénées, elles avaient le double de la hauteur qui nous frappe maintenant. Un des pieds du pic, au S E, préservé de l'enfouissement des raillères par sa position particulière, pourrait servir d'échelle pour cuber les débris qui manquent à la masse et reconstituer ce colosse. La base de son cône, dont la forme est elliptique, n'a que deux kilomètres de diamètre, et l'imagination est confondue, quand on voit que la zone dans laquelle il a fait bondir ses ruines, en a plus de seize de circonférence; ajoutez à cela ce que les glaciers ont charrié dans la vallée d'Ossau et jusque sur le versant nord des coteaux de Sévignac !.. La raillère du midi, au versant de Broussette, à elle seule, mesure quatre kilomètres de long sur mille à douze cents mètres de large. Et Biousartigue ?.. et Peyregette ?..

Parvenus au sommet à 11 h. 40' et couchés dans une des fentes de ce chaos, nous nous laissons bercer par la tempête. Elle se heurte aux aiguilles de granite et les fait vibrer comme des lames d'acier. Tout lui sert d'instrument, jusqu'au goulot de nos flacons, où nous puisons la chaleur qui s'enfuit. Ces harmonies sauvages emportent nos pensées au-dessus des nuages trop rapides pour recéler la foudre, mais qui nous dérobent une partie des cieux, surtout du côté de l'Orient, où nos yeux cherchent en vain le Vignemale et le Mont-Perdu. Au sud et à l'ouest, l'horizon est sans limite ; l'œil s'y perd depuis les montagnes baignées par l'Ebre jusqu'aux flots de l'Océan.

Augustin a pu aller, en rampant, chercher la bouteille où sont renfermées ses archives. Il revient les mains en sang. Mes filles se hâtent de copier les notes suivantes, pendant que la neige commence à tomber :

Georges Sclumberger (Haut-Rhin). 1868. 2 septembre.

Jules Tourné — Paul Boudiron. 14 septembre 1868.

J. d'Ayers
Hs. Seffery
E. C. Stirling
J. C. Stirling
J. Shachan
C. H. J. Hart

} Irin ; coll. Cambribge, England. 6 septembre 1869.

Mary et Mellie Spring avec leur oncle H. Deny, américains.

Augustin Lanusse, 1er guide, et Larret, de Cauterets. — 28 juin 1869.

Il n'y a pas de registre ici comme au pic de Néthou : les

visiteurs inscrivent leurs noms sur des ardoises que les guides réunissent en pile, ou sur des feuilles de papier qu'ils glissent dans une bouteille ; et il suffit d'une tourmente comme celle d'aujourd'hui pour tout emporter. Voici quelques-unes des ascensions les plus connues : outre le Duc de Candale dont j'ai déjà parlé, et qui, d'ailleurs, n'avait pas pu parvenir au sommet, on cite Cayet lecteur d'Henry IV ; MM. Delfau en 1796; le Mis d'Angosse et Augerot en 1802 — Venat, Davillette, Fourcade Gié, Lacoste, en 1818 — le naturaliste Pecoul en 1823 — le Baron de Laussat en 1829 — de Rippert en 1833 — Gaston Sacaze en 1840 — le Duc de Montpensier en 1843, etc. Je ne parle pas du Cte Russell-Killough : quel est le pic des Pyrénées qui lui soit inconnu ?..

Midi 1/4. Il est impossible de résister au froid plus longtemps; nous descendons.

Une surprise assez désagréable nous attend au bas du pic. (2 h.) Les chevaux se sont sauvés, et la neige qui a augmenté se change bientôt en pluie. Nous revenons à pied jusqu'à Gabas, laissant Augustin et Jean avec les selles sur le dos.

COURSE D'ORTEIG, GUIDE AUX EAUX-BONNES.

Eaux-Bonnes 22 juillet 1872.

Excursion de 18 h. 33.

La course d'Orteig au pic du Ger et au pic du Midi avec retour à Pau, a été l'événement de l'année dernière. Je n'entrerai dans aucun détail de paris, etc. Je veux seulement rendre compte des distances telles que je les apprécie en montagne ; celles de plaine sont marquées en kilomètres de Gabas à Pau.

Itinéraire annoncé : EAUX-BONNES (726m), PIC DU GER (2613m), PIC DU MIDI (2885m), PAU (207m).

Départ de la rue de la Cascade aux Eaux-Bonnes, 2 h. 15 du matin.

Ascension du pic du Ger par la Coume d'Aas, à vol d'oiseau 5 kil., en marche........................ 8 kil.

Inscription du nom et de la date à la peinture à l'huile sur la dalle à gauche en arrivant au salon.

Du pic du Ger au pic du Midi par la fontaine d'Aucupat, le poste des izards sur la deuxième cime d'Arcizette (2390m), Souzouéou (1410m), là scierie de Laporte, la cabane du pic de Lurien et Saoubiste (2135m), à vol d'oiseau 11 kil. 200 m, en marche........... 19 kil.

Inscription du nom et de la date à la peinture à l'huile sur la cime.

Du pic du Midi à Gabas par la Sagette Braque, à vol d'oiseau 6 kil., en marche.................... 8 kil.

Arrivée à Gabas 3 h. 5.

Arrivée à la place Royale de Pau par la rampe du Moulin et les lacets de Gassion 8 h. 48.............. 52 kil.

Total.................. 87 kil.

dont 35 en montagne avec les ascensions du Ger, d'Arcizette, d'une partie de Lurien, de Saoubiste, du pic du Midi ; et 52 kilomètres en plaine, parcourus en 18 h. 33m.

TOUR DU PIC DU MIDI

Par las Grabettes.

Eaux-Bonnes, 15 septembre.

Excursion de 18 h. 1/2 : dont 4 en voiture et 1 h. 1/2 à cheval.

Guides : Lanusse père, Jean Soustrade et Poulou.

Départ des Eaux-Bonnes en voiture, à 3 h., avec le Mis, la M[ise] d'A. et mes enfants.

Arrivés à Gabas (5 h.), nous montons tous à cheval jusqu'au fond de Bious. J'ai pris un troisième guide à l'auberge de Baylou : Poulou de Laruns, excellent et vigoureux garçon que nous avons eu le regret de perdre depuis.

Après avoir quitté les chevaux à 9 h. près de la Batch de Houère, le plus ravissant morceau qu'on puisse mettre dans son album [1]. Nous montons au S E. par las Grabettes, à travers une forêt de Pinus uncinata hachés, tordus, bossus et à moitié ensevelis sous les roches calcaires que leur ont lancés les cimes voisines.

Nous déjeunons à la fontaine de las Grabettes [2], où les premiers rayons du soleil, passant par-dessus les murailles de l'Est, viennent égayer notre repas. (9 h. 1/2). Remontant alors à l'Orient par les ravins schisteux [3], nous tournons subi-

[1] Sur les bords du ravin : *Dianthus* remarquable, entre l'*Aragonensis* et le *Monspessulanus*, que M. Timbal-Lagrave étudie dans ce moment.

[2] Las Grabettes est d'Arudy.

[3] Nous y trouvons des fragments de *Crinoïde*, *Cardiola interrupta*, Brod. — *Spirigerina reticularis*, Schl. — *Orthis*, *polipier*, *Calamites*, et une lame de serpentine qui sort, piquée dans les schistes, de 50 cent. hors de terre ; je suis obligé de la casser pour pouvoir l'emporter.

tement au Nord pour entrer dans Peyreget dont le pic s'élève à l'Est (2473 m). Le petit pic du Midi qui nous fait face, dresse son aiguille dans un firmament si pur, qu'elle se confond avec celle du grand, au point de paraître de même hauteur et sur le même plan (11 h. 1/2). Nos yeux fatigués de chercher des cristaux dans l'obscurité des schistes, sont éblouis à ce spectacle. Le porphyre du géant d'Ossau semble sortir de la fournaise, tandis qu'une prairie couverte de troupeaux, vaches et moutons, descend aux bords de trois petits lacs presque comblés par des roches noires, rouges ou vertes.

Le plus grand des lacs de Peyreget a 200m de tour; le côté Nord est en porphyre; les schistes sont amoncelés au Sud Le second, de 35m de circonférence, entouré de gazons, est tout boueux; pendant que le troisième avec lequel il communique, et dont il n'est séparé que par deux ou trois cailloux, est tellement transparent que nous mettons le pied dans l'eau, croyant le poser sur les pierres du fond.

Les contreforts du pic descendent sur nous, en se divisant en deux branches qui vont s'appuyer à Peyreget. Il faut les passer dans des éboulements considérables et sous un soleil qui foudroit. Durant la traversée de cette zône torride, Poulou, pour tromper la soif qui nous dévore, raconte quelques unes des excursions qu'il a faites. Il prétend avoir accompagné des Anglais au pic, et ajoute cette singularité : que l'un d'eux, après avoir écrit sur un morceau de papier, l'a lancé dans les airs. Au même instant, un de mes enfants aperçoit un billet sous ses pieds : Voici ce qu'il contient :

Sept. 8th 1869.

Pierre Poulou ascended the Pic du midi d'Ossau with us

today : We left Gabas at 6 à. m. and were at the summit al 10 à m. descending on the spanish side. He is a good guide strong and carreful. The expedition is one much to be recommanded.

Geo. LINTON.
G.-B. MARKE.

Lanusse qui est passé un peu plus haut, nous fait des signes télégraphiques ; il a vu huit isards et il cherche à les rabattre sur nous. Ceux qui ont des armes courent à la passe, les autres se couchent dans les pierres. Mais c'est en vain, Jean n'a pu les empêcher de monter au pic.

La descente au quartier de Pombie est facile ; trois petits lacs dorment à nos pieds. Le premier, qui a 100^{m} de tour (8°), est alimenté par une très-bonne source (6°). Quelques pas avant d'y arriver [1], nous remarquons une roche que l'on voudrait pouvoir transporter dans un musée : c'est un toit de porphyre feuilleté, sorte de calotte pleine, de 4^{m} de haut sur autant de diamètre. Les feuillets concentriques, se recouvrant les uns les autres comme les volants d'une robe, ont environ 8 cent. d'épaisseur.

En approchant de la grande raillère, les pierres étincellent de cristaux qui sont tombés des hauteurs ; il y en a de toutes grandeurs et d'une transparence parfaite [2].

Le grand pic qui, de Bious Artigue, a l'air d'un chapeau de gendarme, la petite pointe figurant le plumet, est éventré ici par deux raillères qui le fendent presque d'un bout à l'autre.

[1] *Androsace carnea*, L.

[2] Larriu, minéralogiste des Eaux-Bonnes, m'a vendu un prisme de Pombie qui a 17 cent. de circonférence.

Il dresse sa tête brune au milieu, appuyant les bras sur deux pointes beaucoup plus basses, l'une noire, l'autre rouge et verte.[1] Ces raillères sont un monde, elles ont le son du laitier[2], les blocs en sont énormes et grossissent à mesure qu'ils s'éloignent du point de départ; nous avons de la peine à les franchir avec l'un de nous qui est souffrant, et qui éprouve tous les accidents qui n'affectent ordinairement qu'à des hauteurs de 4,000 m. Membre de la Société géologique, et amoureux des montagnes s'il en fut, il nous partage entre le plaisir et le regret de l'avoir avec nous.

Les provisions de mélisse et de trapistine s'épuisent inutilement au pied de la glacière du pic[3], et je pense avec effroi que nous n'avons traversé que la moitié de la raillère; qu'il en reste encore 400^{m} à franchir, et qu'il faudra presque porter notre pauvre malade au col de Pombie, pendant un grand kilomètre de pente rapide, sur des éboulis schisteux et des touffes de festuka. Les femmes sont incompréhensibles! Il y en a qui n'ont jamais fait d'autres excursions que celles de leurs bébés et qui, dans la montagne, courent comme des gazelles, laissant aux rochers les débris de leurs vêtements; vrais signaux de bouée flottant sur les écueils. Je crois que nous marchons de toutes nos forces et elles de tout leur cœur.

Enfin, nous voilà au *col* de Pombie (4 h. 35), d'autres disent le *rein*, et cette dernière expression peint mieux la disposition

[1] Las tres horrores.

[2] Quoiqu'on n'ait jamais signalé de traces de volcan dans les Pyrénées, nous y ramassons des ardoises de *Phonolite* très-sonores.

[3] Cette glacière est au pied S E. du pic, dans le quartier de Pombie qui appartient à Laruns.

des lieux. Ce rein descend de la première cheminée du pic, et vient relier Pombie en faisant le gros dos au milieu. Le col de Suzon est à l'Ouest de la proéminence, le col de Pombie à l'Est. Tout le nord est envahi par une mer de vapeurs argentées où surnagent seuls le Ger et Cézy. A vol d'oiseau, Magnabatch, que nous traversons, a 3 kilomètres de long. Au moment d'arriver à la Sagette braque, je prends les devants avec mon fusil. Je traverse le ruisseau, derrière le rocher du Bigné où Loustau a fait coup double sur Mme Gaspard et son fils : deux ours renommés dans le pays [1]. Pendant que j'ai l'oreille au guet, une masse tombe à l'eau; j'accours au bruit..... Lanusse a glissé avec ses espadrilles et s'est étendu tout de son long au milieu du ruisseau. — « Ah! la belle truite », s'écrie-t-il, en se secouant comme un barbet.

Cette Sagette braque est impraticable pour les chevaux, et les hommes ont bien de la peine à s'y tenir; mais elle n'a qu'un kilomètre, et par Bious Artigue il y en a quatre; nous ne saurions hésiter; toute la question est d'en sortir avant la nuit. Je marche cent pas en avant. De gros nuages blancs montent à l'assaut du ravin, roulant les uns sur les autres sans pouvoir pénétrer la forêt. Ils l'enveloppent seulement d'un voile immense au travers duquel les rayons du soleil couchant répandent une lueur rose comme le reflet d'un incendie. Les sapins sont gigantesques et collés si perpendiculairement au rocher que je suis toujours aux pieds des uns et dans la cime des autres. J'attends la colonne qui n'en finit pas d'arriver. Bientôt la teinte rosée de tout à l'heure devient rouge comme du sang, puis, comme si on eût tiré

[1] Voir le récit de cette chasse dans le *Guide de Pau aux Eaux-Bonnes*, p. 250.

un rideau, tout disparaît; l'obscurité est complète. Poulou qui travaille dans ces forêts, est le seul qui puisse nous en tirer à cette heure; il passe à la tête.

Il nous faut être les uns sur les autres, sans se faire un cas de conscience de mettre les pieds sur la tête de son voisin; s'arrêtant seulement pour chercher un meilleur passage, lorsque celui qui est devant disparaît dans quelque trou tapissé de scolopendres ou de fougères dont les feuilles velues vous entortillent le cou, et vous palpent la face avec un mouvement d'araignée. Pour sortir de là, on étreint des crapauds et des salamandres dorées, si bien que, dans ce monde poilu et gluant, on ne sait si l'on est tombé dans un nid de mille-pattes ou dans les bras d'un ours. Malheur à celui qui s'attarde d'un pas, il ne sait plus où il va. Quelle descente!..... et tandis que nous voudrions dévorer l'espace, Lanusse nous crie halte à chaque instant!

Notre pauvre malade n'en peut plus; balotté, disloqué par ses deux porteurs qui ne savent pas se tenir eux-mêmes, il faut nous arrêter pour lui donner quelques minutes de repos.....

Nous avons passé là dix minutes que je n'oublierai jamais, suspendus au-dessus d'un précipice invisible où nous entendons à peine le gave de Magnabatch se perdre dans les crevasses du Bigné; l'inconnu de ces abîmes augmentant encore les angoisses du présent. Puis, lorsque parvenus enfin à cette route de Gabas tant désirée, nous nous comptons pour nous féliciter et rendre grâce à Dieu, je tombe sur un ours, qui, n'y voyant pas plus que nous, et ahuri de se trouver en si bonne société, se jette dans le gave sans y regarder, et roule au fond en culbutant dans les cailloux.

J'aurais bien pu lui envoyer une balle au jugé..... Mais, qui sait ce qui serait arrivé?..... j'avoue que j'étais saturé d'émotions.

Il est 7 h. 1/4; nous avons mis une heure et demie pour descendre un kilomètre. A 10 h. nous sommes aux Eaux-Bonnes.

Le lendemain, chacun se sentait prêt à recommencer; tout était oublié, sauf le plaisir goûté avec des amis, la reconnaissance envers la Providence, et le devoir de remercier nos guides qui nous ont témoigné dans cette circonstance plus que je ne saurais dire.

TOUR DU PIC DU MIDI

par la Sagette Braque de Magnabatch.

Eaux-Bonnes, 23 juillet.

Excursion de 20 h. 1/2, dont 4 en voiture.

Départ des Eaux-Bonnes 3 h. 1/4 avec M. de R. [1], mes enfants et Jean Soustrade; nous prenons Poulou à Gabas.

Le Riou sec ou glissoire de la Vigne est à 750 m. de Gabas sur la route de Biousartigue. Lorsqu'on traque l'ours, ce gros rocher que vous voyez à gauche de la route, est le poste lui-même. Titon, mon pauvre vieux guide, chassant un jour avec des camarades, et croyant que la place ne serait pas bonne, avait donné son fusil à un autre. Enveloppé dans

[1] Membre de la Société géologique.

une descente de lit que Baylou lui avait prêté pour le garantir du froid, il s'était platoniquement adossé à cette roche, regardant les chasseurs qui attendaient, de l'autre côté du gave, dans les bois de Biscao et à la Costa de l'aube ; les meilleurs postes de la contrée.

Ne sachant que faire de son temps, Titon s'endormit ; et naturellement il rêvait d'ours. Il en descendait un de la Vigne ;.. il arrivait sur lui ;... les pierrailles commençaient à pleuvoir de tous côtés.... Dans ce moment Titon se sent frapper dans le dos ? C'était une vraie pierre !... Il ouvre les yeux, et voit un vrai ours à dix pas de lui.... Il se met d'abord à lui parler pour l'empêcher de passer ; mais Martin qui ne se souciait pas de remonter, avançait toujours ; si bien que Titon, à bout d'éloquence, lui jette son tapis sur la tête, en criant si fort qu'il avoue lui-même en avoir été égosillé pendant huit jours.

Le pont de Magnabatch, ou de la Sagette Braq..., est à un quart d'heure de Gabas. Un instant après, nous prenons à gauche pour revoir, en plein jour, cette fameuse Sagette qui nous a fait passer un si mauvais moment l'autre soir ; nous la montons en 40 minutes. Au moment d'arriver au sommet, Jean m'appelle à voix basse en se jetant à terre.... Instinctivement, chacun en fait autant. Il me montre du doigt l'autre côté du ravin où j'aperçois un isard paissant contre un rocher. Il n'y avait pas plus de cent mètres ; mais nous étions encore dans l'ombre de la montagne ; un rayon de soleil, passant au milieu des vapeurs du gave, nous éblouissait, et je crus à une distance beaucoup plus considérable. Je mets des cartouches à balles, et sachant combien l'on perd de bêtes blessées en plein corps, je tire dans la tête, à un mètre au-dessus pour compenser la baisse ; c'était trop ! Ma balle fait sauter la pierre dans les oreilles de l'isard qui butte dans l'herbe; il nous semble qu'il va tomber dans le précipice, et tandis que nous courons étourdiment pour le voir, je redouble trop tard au travers des branches.

Le premier mamelon de Mondeils : le Mondeillon (1798^{m}) semble être en schistes à couches horizontales; la direction de la chaine est du Nord au Sud. Les roches paraissent basaltiques, perpendiculairement d'abord, puis avec inclinaison au Nord à mesure qu'elles approchent du pic... c'est une erreur; tout est Eurite ou Granite porphyroïde. Ce qui donne cette apparence basaltique: c'est que la roche n'est pas en masse, elle est feuilletée comme des schistes; l'eau a coulé dans les rainures en donnant ces teintes rouges et sombres qui trompent l'œil. Les blocs qui encombrent Magnabatch, qu'ils soient roses, rouges ou noirs, sont tous porphyriques; cassez-les, et sous une première couche décomposée, qui atteint jusqu'à cinq ou six centimètres d'épaisseur, vous retrouverez toujours un porphyre à base de feldspath compacte, coloré en vert-clair par des parties très-fines d'amphybole. [1]

En étudiant un de ces blocs qui a roulé dans la prairie, loin de tout buisson, je vois une vipère: elle a 60 centimètres de long, ce qui est énorme pour ce reptile. C'est la quatrième que nous trouvons depuis ce matin. Nous déjeunons à une source qui descend de Chérue (2207^{m}) et dont l'eau est très-bonne. [2]

Il y avait déjà un instant que nous avions franchi l'escala

[1] Essai sur la constitution géognostique des Pyrénées par V. de Charpentier, 1823, p. 157.

[2] La première portion de la prairie appartient à Bielle et à Bilhères.

de Magnabatch [1], quand Jean aperçoit, à l'est, un isard couché dans une grotte. Nous pouvons prendre nos mesures pour celui-ci, il est au moins à 500 m. et ce n'est qu'à la lorgnette qu'on peut le voir distinctement. Poulou connaît l'endroit et assure qu'on peut le tirer à bout portant. A ces mots : on s'imagine ce qui se passe?...

J'ai horreur des femmes qui singent les hommes, on les tient à juste titre pour ridicules. Nous n'avons pas besoin de lionnes pour apprendre à nos lionceaux les vertus des amazones; nous préférons à nos foyers des anges qui les cachent sous leurs ailes. Mais dans ces rudes plaisirs des montagnes, il faut savoir un peu de tout; l'homme y tient bien quelquefois l'aiguille, pourquoi la femme n'y saurait-elle pas tirer un coup de fusil ? Je cède donc aux instances, et je me couche sur un rocher la lorgnette à la main.

Il faut faire un circuit de 1,500 m. pour ne pas effrayer l'isard. La montagne descend comme un toit jusqu'à un banc de rocher qui monte, au Sud, par couches cassées régulièrement en dents de scie. Les assises inférieures sont fortement en retrait sous la corniche, et c'est là que l'animal est couché.

Enfin, j'aperçois mes deux voiles bleus à l'horizon; ils descendent la montagne avec précaution. Poulou place ses tireurs; à l'aide de sa ceinture, il en pose un sur une des dents de scie, à 25 m. du but. Rien ne bouge!... Puis il se glisse à plat ventre jusqu'au dessus de l'animal. Sans le banc de pierres, il lui ferait sauter la cervelle avec mon revolver; mais

[1] Herborisation de l'Escala : *Armeria alpina*, Willd. — *Oxitropis pyrenaica*, G. G. — *Valeriana globulariæfolia*, Ram. — *Aconitum lycoctonum*, L. — *Saxifraga muscoides*, Wulf. — *Sax, oppositifolia*, L. — *Primula viscosa*, Wil., — *etc.* Cet Escala est en marbre gris avec fosssiles indéterminables, excepté les Encrines moliniformis.

il a laissé rouler quelque cailloux ; l'isard bondit et se dirige vers mes enfants. Malheureusement, il passe tellement sous la corniche qu'elles ne l'aperçoivent qu'entre chaque dent, et c'est une difficulté de plus ajoutée, à celle de tirer à pic entre ses pieds. Cependant je vois la flamme du Faucheux ; l'isard s'affaisse en se retournant ; essuie un second coup de feu, et.... en voilà bien d'une autre !... Il a rencontré un camarade, et ils viennent droit sur M. de R. et moi qui sommes sans armes. [1]

Nous passons le col de Suzon pour aller étudier la base du pic, à la glacière du S E.

Cette glacière est formée des avalanches qui tombent du pic par les grandes aiguilles ; il existe des réservoirs au sommet, et il en coule constamment un filet d'eau qui devient un torrent pendant les orages. Dans ce moment, on peut s'y promener sous une voûte de 30 m. de long, de 12 de large, dont l'épaisseur n'excède pas 10 centimètres, et qui cependant ne se laisse pas percer par les pierres. La première assise du pic plongeant dans ces neiges, est rouge ; on la prendrait pour du granite ; mais à la cassure on retrouve le porphyre vert. Au-dessus, et séparant les secondes assises de porphyre, est étendu un coussin noir de schistes en poudingue, contenant des porphyres altérés. D'autres bancs de porphyre à surface rouge s'appuient sur ces schistes, en inclinant de l'Ouest à l'Est.

J'essaie de remonter le plus haut possible dans les grandes raillères du Sud ; on croirait au premier abord qu'il est très-facile de gagner par là le sommet du pic ; mais il faut y

[1] Nous prenons les épidoptères *Palæno*, *Phicomone*, *Manto* et le *Pierris Daplidice*.

renoncer; nous descendons 15 mètres pour un que nous gravissons. Le calcaire est plus hospitalier, il se tasse mieux; mais cet affreux porphyre, lorsqu'il est émietté [1], vous engloutit jusqu'au genou et vous roule sans façon avec un bruit de tessons de bouteilles. J'ai de la peine à en arracher mes enfants qui y remplissent leurs poches de cristaux dont les géodes ont jusqu'à 32 centimètres de long sur 12 de large. Si cette ascension était plus facile, nous irions acculer quinze isards qui sont dans le couloir sans issue qui est à droite du grand pic : ils se poursuivent sur la neige, se cornent et sautent les uns par dessus les autres. Lorsqu'on peut les surprendre dans ce cul-de-sac; ils sont obligés de revenir sur vous; mais c'est un rude labeur que d'y monter, et il est déjà cinq heures.

Le col s'ouvre au S S E. pour gagner Peyreget; mais nous tombons dans des rochers inextricables, et préférons revenir à l'Ouest prendre le vrai sentier. A partir du lac, un routin N O., passant près d'une bonne fontaine, descend rapidement à l'extrémité de Bious. Nous trouvons sur ses bords des schistes carbonifères avec empreintes de Calamites et d'autres plantes.

Je venais de mettre une balle dans mon fusil pour tirer des vautours, lorsque je crois voir deux hermines près d'un rocher... J'en coupe une en deux, et pendant que je cours pour la ramasser, sa camarade la prend dans sa gueule, l'emporte à son trou, puis me barrant le passage, crache sur moi comme les chats, et jette des cris si aigus que j'en ai pitié. Je dois avouer d'ailleurs, que ces petits animaux étaient simplement des Belettes. A l'entrée de la nuit, cette erreur est

[1] Le *Rumex alpinus* couvre la raillère de ses fleurs, et lui donne une couleur rose.

pardonnable; car, en été, l'Hermine quitte sa blanche fourrure pour en prendre une semblable à celle de la Belette; cependant elle est plus grande, plus grosse, et le bout de sa queue est noir. Cet animal est rare et peu estimé dans les Pyrénées.

Arrivée à Gabas 8 h. 1/2.

Retour aux Eaux-Bonnes, en voiture, 11 h. 1/4.

TOUR DU PIC DU MIDI

Par Mondeils.

Excursion de 20 heures, dont 4 en voiture.

Guides; Jean Soustrade et Poulou.

Départ des Eaux-Bonnes en voiture 3 h., arrivée à Gabas 5 h.

On rencontre le Granite en place depuis les Eaux-Chaudes jusqu'à Gabas. A partir de là, l'influence du pic du Midi commence à se faire sentir : ce gros bloc erratique qui est au bord de l'eau entre la scierie et le pont, est un pétrosilex porphyroïde enchassé dans un granite. Autour, et en remontant le gave, les porphyres granitoïdes avec amphybole et mica, porphyres avec grains d'épidote et de calcaires, les pétrosilex avec grains d'amphibole, etc., annoncent le passage du granite au porphyre.

Les blocs erratiques de Grauwack permien de Peyrot (2,251^{m}) commencent dès le pont de Magnabatch. Sur le point d'arriver au moulin de Biousartigue, par le nouveau chemin, et avant de sortir du couvert, vous verrez briller une roche d'*Eurite porphyroïde avec mica*, quelques pas après la dernière cascade dont le sommet est couvert des grandes feuilles de l'*allium victoralis, L.* Cette roche continue en place jusqu'à l'entrée de Bious, c'est elle qui constitue le plus exactement la transition : réunissant le mica du granite à la pâte de l'eurite.

Mais n'allons pas jusque là ; gravissons la *Serre de Bious-artigue* pour gagner directement les bois de Mondeils par le pont de schlitte et la cabane de Loustau : mauvaise barraque en planches à laquelle on a fait les honneurs de la carte d'état-major. Aux abords de la prairie de Biousartigue, les chants des petites Charbonnières, des Pinsons, des Pouillots et des Siffleurs rappellent la vie ; mais à mesure que nous entrons dans la forêt, tout devient sauvage ; le silence n'est plus troublé que par le cri étrange du Pic noir et le bruit des roches qui tombent de vétusté. Le Pic noir, *Picus martius*, *Linn.*, qui habite jusqu'en Sibérie, est un des plus jolis oiseaux des Pyrénées : à l'exception du bec d'un blanc bleuâtre avec la pointe noire, des yeux d'un blanc jaunâtre et de la tête qui, chez le mâle est d'autant plus rouge qu'il est plus vieux ; tout le reste du corps est d'un noir profond. Il a les mêmes habitudes que les autres pics, et pond, comme presque tous ceux de son espèce, des œufs d'un blanc lustré, dans un creux d'arbre. Les Pics de la plaine, Pic vert ou Epeiche, ne sont pas faciles à tirer parce qu'ils mettent toujours le tronc de l'arbre où ils sont perchés, entr'eux et le chasseur, tournant quand vous tournez, s'arrêtant quand vous vous arrêtez. Le Pic noir a les mêmes habitudes, et comme dans la montagne on ne peut pas faire le tour de l'arbre sans perdre l'oiseau de vue ; préoccupé que vous êtes de conserver votre équilibre dans les difficultés du terrain ; il est très-rare de pouvoir en tuer.

Le premier mamelon de Mondeils, le *Mondellon*, est escarpé ; il dessine nettement le fossé qui forme la première enceinte du pic, enceinte qui se relève immédiatement et dont le revers est seul visible de Biousartigue. Le bas est un chaos inextricable et grandiose ; tanières d'ours et trous de renard, au travers desquels poussent des rhododendrons de 1m 66 de haut. Parmi les trains d'Ours, le plus beau mesure 31c du talon aux griffes. Suivant l'usage de la montagne qui est de donner un nom à ces grands ravisseurs de troupeaux, nous l'appelons Bismark.

De jeunes sapins écorchés d'une façon particulière à laquelle un chasseur ne se trompe pas, nous révèlent le voisinage des chevreuils dont je connaissais déjà la présence dans cette forêt, ainsi que dans la vallée d'Aspe. Leur train est d'ailleurs tout différent de celui de l'isard ; sec et tranchant, tandis que l'autre est mou et comme épaté.

En mesurant une patte d'ours, je fais une bien autre découverte : celle du *Cychrus spinicollis*, *Dufour :* l'insecte le plus rare des Pyrénées, trouvé par Dufour dans le Guadarrama, décrit par Graells directeur du musée de Madrid. M. Schlumberger qui a exploré les Pyrénées pendant 25 ans, n'en a recueilli que neuf, principalement sur la promenade horizontale. Un instant après, un de mes enfants rencontre la femelle du même carabe, ce qui nous procure le couple en quelques minutes [1].

[1] Outre le Cychrus, nous avons trouvé dans Mondeils : *Ancylochyra rustica*, *Oreina* var. charmante du *Cacalia*, *Lycus minutus*, *Barinotus*, *Amara patricia*, *Cryptocephalus aureolus*, *Pterostichus Xatartii*, etc.

A 8 h. 45, nous arrivons pour déjeuner au plateau de Mondeils où un peintre voudrait passer sa vie. Les sapins et les pins auraient fini par recouvrir la peau caleuse du pic s'il ne les avait assommés à coups de roches; leurs tronçons mutilés pendent dans les crevasses du sud. Sur le premier plan se dresse l'affut de Berger le chasseur; un obélisque de 10ᵐ qui, par l'Est, ressemble à un oiseau de proie au milieu de grands pins qui ne connaissent d'autres bucherons que la foudre ou les siècles; enfin, sous nos pieds, surgit une source (7°) écrasée par une portion de la montagne et dont le cours peut servir de guide depuis Biousartigue jusqu'ici. Tout autour, l'herbe est plantureuse et les fleurs sont couvertes de papillons ou d'insectes [1]. Parmi des lépidoptères de la plaine tels que les Argynnes *Aglaja*, nous en prenons de beaucoup plus rares : *Argynnis Pales* qui est des Alpes et de la Laponie, *Lycœna Orbitulus*, var. *Pyrenaica*, *Odesia Chœrophyllaria*, et le *Parnassius Mnémosyne*.

Si je ne m'étais pas assuré du contraire, je croirais que le second mamelon de Mondeils est composé de prismes basaltiques, tant les pluies, en coulant sur le porphyre feuilleté y ont tracé des raies perpendiculaires que le fer a colorées en brun ou en rouge.

Nous continuons à monter dans le fossé le long des chainons de Mondeils. Nous voyons parfaitement Pau d'où l'on pourrait suivre notre excursion. Un berger de Bielle, avec son trou-

[1] *Saxifraga stellaris*, L. — *Primula viscosa*, Will. — *Myrrhis odorata*, Scop. — *Vaccinium uliginosum*, L. — *Veronica ponæ*, Gouan. — *Cardamine latifolia*, Wahl. — *Epilobium montanum*, L. — *Epilobium spicatum*, Lam. — *Erica vulgaris*, L. — *Gentiana Burseri*, Lap. — *Fusluca spadicea*, L. — *Aronicum scorpioides*; DC. — *Solidago virga aurea*, L. —*Sorbus Chamæmespilus*, Crautz.

peau qui a le *piétin*, occupe ici une cabane, sorte de lazaret où l'on n'envoie que les bêtes malades ; ces lieux déserts étant comme au bout du monde[1]. De Biousartigue on ne se doute pas de cette immense douve qui sépare le pic des crêtes qui sont devant lui, ce n'est que du haut de Peyrot (2,251^{m}) qu'on les soupçonne.

Nous entrons enfin sur le ventre du pic par une porte de quelques mètres de large, entre de hautes murailles dont celle de gauche est reliée à la masse par une tourelle composée de plaques de porphyre, de la grandeur d'une brique, et en ayant la couleur. Ces plaques sont à plat, inclinant tantôt dans un sens tantôt dans un autre. Puis commencent de grands obélisques, des tronçons de colonne rouillées qui forment une avenue effondrée sur Bious. Les grandes couches du pic descendent perpendiculairement dans les neiges du Nord. Au-dessous d'une bosse énorme qui fait saillie sur nous, des bandes d'un jaune d'or brillent à l'abri du soleil, dans le retrait même de la roche. Cette couleur est produite par le lichen *Lecidea Geographica*, *Schar*.

Enfin, l'espèce de glacière qui occupe le fond de ce bassin nous révèle les mêmes phénomènes qu'au S E. : la base qui plonge au milieu est en porphyre vert à surface rouge ; mais le coussin de schistes, avec nodules de porphyres altérés, au lieu d'être couché horizontalement entre les bancs, est vertical avec lignes de plissement. Ainsi : au Nord comme au S E., dans l'abaissement du sol où on peut le mieux étudier la base du pic, vous trouvez les schistes pincés dans le porphyre, non par juxta-position, mais par une sorte de

[1] *Veratrum album*, L., de 2^{m} de haut. — *Saxifraga exarata*, Will. — *Sax. groenlendica*, L. — Lépidoptères : *Gorgone*, *Manto*.

métamorphisme, puisque le schiste contient des cailloux ou des grains d'amphibole.

La Martre dont la fourrure est la plus recherchée des Pyrénées, est venue chasser ici les Tétras Ptarmigans ; nous voyons ses traces sur la neige. Je ne crois pas qu'elle ait des prétentions sur le Trichodrome échelette et le Martinet à ventre blanc, *Cypselus Alpinus*, Tem. ; ils couchent trop haut sur les rochers pour qu'elle puisse les surprendre pendant leur sommeil. Ce sont cependant les seuls oiseaux qu'on voit à ces hauteurs : le premier caché dans les pierres ou sur les roches basses à la recherche des insectes et des araignées; le second fendant les nues. Je ne l'ai encore vu qu'ici où il vit isolé, et non en bandes criardes comme le Martinet de muraille, *Cypselus murarius*, Tem. Ils ont tous les deux le même vol rapide et flamboyant : on dirait un marteau de couvreur qu'on a lancé dans les airs. Le Martinet à ventre blanc a le dos d'un brun qui forme une large bande sur la poitrine et s'étend le long des flancs, sur l'abdomen et sur les couvertures inférieures de la queue. Sa principale distinction est dans la gorge et le milieu du ventre qui sont d'un blanc pur, si bien qu'au vol même, il est impossible de le confondre avec celui de muraille dont la gorge est d'un blanc cendré et tout le reste du corps d'un brun couleur de suie. Enfin, les pieds de l'un sont couverts de plumes brunes tandis que le martinet de nos villes n'a de petites plumes que sur les tarses. Le montagnard est d'ailleurs beaucoup plus gros, la différence de longueur est d'environ deux ou trois centimètres. Je n'ai pas trouvé son nid qui est dans des trous de rochers innaccessibles. Ses œufs sont d'un blanc d'ivoire. Il habite aussi les Alpes ; mais plus particulièrement Malte et Gibraltar.

Le Martinet de muraille est commun partout. Je l'ai vu prendre à Venise d'une manière assez ingénieuse. Les enfants découpent un trou rond de la grandeur d'une pièce de cinq francs dans un morceau de papier blanc. Ils mettent ce papier dans le fond de leur casquette et la lancent assez haut. La casquette redescend ; mais le papier retenu dans l'air par sa surface et son peu de poids, attire les martinets qui le prennent probablement pour quelque papillon ou une plume. Ils se précipitent tous pour la saisir, et il est rare que, dans le nombre, il n'y en ait pas un qui passe la tête dans le trou. Ainsi coiffé, il ne peut plus agiter les ailes et tombe au milieu de la bande joyeuse. Il est encore plus facile de monter en haut d'un édifice et d'en laisser tomber les morceaux de papier. Son nid est composé de quelques brins d'herbe, de ficelles, de morceaux d'étoffe collés ensemble avec une bave gommeuse semblable à celle que secrètent les hirondelles de la Chine. Ses œufs sont également d'un blanc pur.

Les martinets ne perchent pas sur les arbres, leurs quatre doigts sont tous dirigés en avant, et armés d'ongles, acérés comme des griffes, qui vous entrent dans les chairs quand on les tient vivants dans la main.

J'évalue la hauteur à laquelle nous sommes à 2,200^{m} environ, et cependant nous rencontrons en grandes quantités les *Ranunculus glacialis, L.* [1] et *Saxifraga Groenlendica, L.* Ils ont dû tomber là avec les assises supérieures et s'y acclimater grâce à la fraîcheur du Nord. En m'approchant de la base des murailles du pic, perpendiculaires de ce côté, je trouve une pierre, à contexture fibreuse, qui me semble être

[1] Beaucoup de ces renoncules sont broutées par les isards.

un polypier ou un morceau de bois pétrifié ?... L'état dans lequel est cet objet laisse l'observateur dans une une grande incertitude. M. Des Cloizeaux a eu l'obligeance de le présenter à l'examen de ses savants collègues.

MM. Decaisne et Brongniart, déclarent qu'ils n'y ont pas découvert de phosphate ; que ce n'est pas un débris osseux et qu'on ne peut y voir non plus un fragment végétal. Enfin, M. Albert Gaudry écrit : « M. Fischer pense « comme moi que ce doit être un polypier *Syrrastréen* « *méandriniforme.* Si cette opinion était exacte, il faudrait « sans doute en conclure que cette pièce vient d'un terrain « secondaire et non pas d'un terrain primaire. »

Pour moi qui suis sur les lieux, le doute n'est pas possible : à moins que quelqu'un n'ait apporté ce fossile ici, il n'a pu venir que du pic dont les débris ont seuls formé les raillères que nous traversons. Or, les braconniers prétendent : qu'excepté eux et nous, personne ne vient dans ces lieux perdus ; les pasteurs eux-mêmes n'y passent jamais. D'un autre côté, il ne m'appartient pas de trancher une question aussi grave que celle des terrains ; mais après avoir déjà établi qu'il existait des schistes au Nord comme à l'Est, je vais prouver qu'on les retrouve à l'Ouest et dans différentes hauteurs. Je n'ai pas d'ailleurs la prétention de l'avoir observé le premier : Palassou qui n'osa pas accomplir l'ascension du pic ; à son époque c'était une grande entreprise ; et qui avait cru d'abord que la cîme était calcaire, reconnait son erreur [1], et après avoir étudié avec un soin minutieux tous les contours que nous suivons, il termine en disant : « il est certain que

[1] Observations faites au pic du Midi. Palassou. Chez Vignancour, 1815, p. 63.

le granit en masse mêlé de porphyre, le granit feuilleté et le schiste argileux constituent la masse entière du pic [1]. »

Nous gravissons la base de la petite aiguille dont les lames verticales présentent le plat à l'Ouest ; nous n'avons pas encore vu de ruines aussi magnifiques.

Il n'y a guère d'éboulements nouveaux ; ces dalles de porphyre ont du voir les Titans, les siècles qui les ont bronzées sont assez vieux pour cela. Elles sont sonores comme des sépulcres, et l'oxide de fer a répandu un feu rougeâtre sur les lichens qui les enveloppent [2].

Il existe trois postes d'isards au pied du petit pic, à l'angle S O.; ils sont tous arrangés en tourelle de manière à ce que les chasseurs puissent se mettre d'un côté ou de l'autre; les isards arrivant de gauche ou de droite, suivant la direction imprimée par les traqueurs.

Nous traversons le flanc S O. du petit pic, sur une ligne assez dangereuse; si l'on faisait un faux pas, on n'aurait rien pour se retenir. Le dessus est hérissé d'une foule d'aiguilles et de bancs interrompus ; mais ici, la surface est lisse. Des suintements ferrugineux coulent au travers d'une arène de porphyres en décomposition, mêlés à des schistes, à des pétrosilex, et même à des calcaires. Les schistes sont de trois couleurs différentes et très-tranchées. Les voici dans l'ordre où on les rencontre, allant du N O. au S O.

1° Schiste talqueux jaunâtre avec petits nodules, facilement fusible en émail blanc, décrépitant, avec globules décrépi-

[1] Observations etc., p. 76.

[2] *Lecidea contigua*, Fr. var. *Flavicunda*, Ach. — L. *Geographica*, Schœr. — L. *Morio*, Sch. — *Lecanora cinerea*, Hyl.

tant encore plus fortement et fondant plus difficilement en émail blanc également.

2° Schiste talqueux violet, enduit de chlorite très-difficilement fusible.

3° Schiste talqueux vert, plissé, contourné, et imitant la malachite par sa couleur comme par ses dessins. Le pic est trop perpendiculairement au-dessus de nous pour que nous puissions voir jusqu'où ils montent.

J'aperçois des *Asterocarpus sesamoïdes*, *Gay.* et un buisson de roses pâles que je ne puis atteindre. Enfin je signale à l'attention des géologues des blocs de poudingue qui ont le même aspect extérieur que celui de Palassou.

Mais la pluie nous gagne et la nuit l'accompagne ; nous redescendons dans Bious par Peyregette et allons dîner, dans l'obscurité, à la remarquable fontaine qui est au commencement de la prairie.

Arrivée à Gabas 8 h. 1/2, et aux Eaux-Bonnes à 11 h.

GRANDE RAILLÈRE DU PIC DU MIDI.

Eaux-Bonnes, 22 août.

Excursion de 20 h. 1/2 donc 4 en voiture.

Guides Jean Soustrade et Camy, de Gabas.

Après avoir vainement attendu que la pluie cesse, nous partons de Gabas à 6 h., et montons lestement la Sagette Braque pour sortir des nuages le plus tôt possible.

Les ours du Mondeillon[1] ont dévoré une brebis cette nuit ; ses restes sont là au milieu de notre chemin, la tête pend dans le ruisseau du Bigné. Les superstitieux y verraient peut-être un pronostic ?... Mais ne disons pas de mal des ours... ils ont labouré la rive droite du gave pour chercher des *Bunium alpinum, W. Kitt*, dont ils sont si friands, et je ne dédaigne pas de glaner après eux, afin d'augmenter notre déjeuner que nous allons manger à la source la plus froide de cette contrée. Elle est au-dessus de l'escala, dans la seconde partie de Magnabatch, à 50 m. au sud d'une table de porphyre remarquable par ses dimensions : 45 m. de circonférence sur 5 m. de haut.

L'orage qui nous poursuit depuis ce matin éclate enfin au col de Suzon, et ses grelons nous éparpillent dans toutes les directions. A peine est-il fini qu'il en arrive un autre d'Espagne. Pour s'en garantir, mes enfants construisent une cabane entre deux rochers ; les bâtons forment la charpente et les imperméables la couverture. Malheureusement l'étoffe fait poche, tout s'effondre et nous voilà transpercés pour le reste de l'excursion.

C'est la journée aux orages, et je crois que nous les devons surtout au voisinage du pic. Après un instant d'éclaircie, l'Est pousse sur nous des nuées épaisses qui sentent la suie. C'est un sauve-qui-peut général, et nous sommes heureux de nous réfugier sous un bloc de 8 m. d'épaisseur, sorte de dolmen naturel. Comme il pourrait servir à d'autres, j'en prends l'orientation exacte : Sud du pic, à 100 m. de la grande avalanche, au pied du col de Suzon.

Qui n'a pas vu d'orage dans la montagne n'a rien vu.

[1] Ils y ont une tanière.

Le pic, rouge d'airain tout à l'heure, est blanc d'écume à présent, et les cascatelles qui se précipitent sur les flancs, nous éclaboussent à 100 m. de son pied, avec un bruit de pierrailles que la tourmente grossit ou emporte à son gré. La foudre roule au milieu de ses aiguilles et le sol bondit sous nos pieds. Comme on se sent bien dans la main de Dieu en ces moments-là.

Enfin ce n'est qu'à 4 h. que nous pouvons sortir de notre retraite.

La raillère que je suis venu étudier doit être divisée en deux parties : une de date récente, qui prend naissance presqu'au sommet du pic, tournant à l'Est après être descendue au Sud, et une plus ancienne qui commence à 500 m. du pied du pic, et continue l'autre toujours à l'Est. La première est relativement unie, les plus petites pierres sont restées au commencement, les plus grosses ont roulé à l'extrémité. La seconde dessine des ondulations, des vagues concentriques qui augmentent à mesure qu'elles s'éloignent, et finissent par des tranchées circulaires de 20 à 24 m. de profondeur sur 66 à 99 m. de largeur, formées de blocs énormes recouvrant des catacombes insondables [1]. La couleur séculaire de ces rochers proclame leur antiquité. La végétation y est presque nulle; on ne rencontre que quelques grêles arbrisseaux [2] et un nombre infime de plantes [3] ; les lichens seuls sont abondants quoiqu'en espèces peu variées. [4]

[1] M. de Rippert y a vu un Linx.

[2] *Vaccinium uliginosum*, L. — *Prunus padus*, L. — *Rhododendron ferrugineum*, L. — *Arctostaphylos officinalis*, Wim.

[3] *Senecio Tourneforti*, var., *angustifolia*, Lap. — *Solidago virga aurea*, L., et quelques *Gentiana Burseri*, Lap.

[4] *Lecidea geographica*, Schær. — *L. atro-alba*, Flot. — *Mubilicaria hirsuta*, DC.

A l'époque actuelle, le pic n'envoie pas ses débris à plus de 500 m. de son pied ; la couleur des blocs et leurs cassures fraîches l'attestent, et cependant il les lance de 900 à 1,000 m. de haut. Comment a-t-il donc pu les projeter jadis jusqu'à 4 kil. sur la pente relativement très-peu inclinée qui se dirige à l'Est, vers le gave de Broussette ?

Seraient-ce les glaciers qui les auraient chariés?... Je l'avais pensé d'abord; mais il n'y a pas trace de boues glacières, et les ondulations qui seraient alors des moraines, auraient une bien plus grande distance entre elles. D'un autre côté, les neiges, en fondant, n'ont pu rouler des masses qui ont jusqu'à 30 pieds de long ; toutefois, on ne saurait nier l'influence qu'elles ont dû exercer au moins sur les premiers sillons, au moment des débacles du printemps qui sont considérables dans ce vaste bassin compris entre Suzon, le pic Pombie, Peyregette et Moustardé. Mais que l'on admette l'une ou l'autre de ces hypothèses, les matériaux n'en sont pas moins là, et c'est en les étudiant, que j'ai été amené à dire p. 171 que le pic du Midi d'Ossau a dû avoir *le double de la hauteur qui nous frappe aujourd'hui?* La quantité des débris, la place qu'ils occupent sur le sol et leur grosseur qui croît avec la distance, sont autant de témoins qui sembleraient l'attester ?...

Si je ne voulais pas rester dans mon rôle d'instrument enregistreur, le seul qui me convienne, je me demanderais : si le Granite porphyroïde en masse qui jonche la raillère la plus moderne, tandis que la plus ancienne n'est généralement composée que des mêmes roches feuilletées ou en bancs, n'indiquerait pas deux âges différents dans la formation du pic, qui paraît être un noyau en masse enveloppé par le feuilleté ?..

Mais si cette raillère est intéressante, il faut avouer qu'elle est horriblement fatigante, sous un soleil brûlant qui, tout en séchant nos vêtements, nous fait craindre un nouvel orage. Prenant le flanc Nord du vallon qui descend sur Broussette, nous gagnons les bois de Saoubiste par des pentes de gazon [1] tellement glissantes que nous tombons à chaque instant.

Enfin, nous nous couchons autour d'une source délicieuse, au milieu d'un labyrinthe de haies tondues par les brebis qui en ont fait de coquettes charmilles, et les guides commencent à déboucler les sacs pour dîner, quand une obscurité d'un bleu indigo [2] nous envahit, quoiqu'il ne soit que 6 h. 1/2. C'est encore un orage qui vient d'Espagne par la vallée de Broussette; il engloutit tout dans ses ombres ; on ne voit pas à 100 m. devant soi. Je laisse Jean et Camy remballer les provisions, et serrant nos ceintures pour nous remplir l'estomac, nous roulons plutôt que nous descendons sur le chaos de la Québa (7 kil. 1/2 de Gabas). Ces orages ras terre ont quelque chose de sinistre: On dirait la fin du monde. A peine avais-je poussé mes enfants sous la première roche venue, que la foudre éclate à dix pieds sur nos têtes, et me montre, à la lueur des éclairs, trois espagnols accroupis près de nous ; leur présence, autant que les gouttières qui se déclarent de tous côtés, nous décident à affronter la pluie.

Un pont tremblant est jeté sur le gave de Broussette ; il faut le franchir à tâtons, mais nous sommes sur la route d'Es-

[1] *Dianthus Benearnensis*, Loret. — *Carlina acanthifolia*, All. — *Carl. acaulis*, L.

[2] Je n'ai jamais vu ce phénomène dans la plaine ; il est fréquent dans la montagne.

pagne maintenant ; elle est unie comme une allée de jardin ; il ne s'agit plus que de jouer des jambes. Chacun s'en acquitte si bien, que les Espagnols qui suivent de loin perdent du terrain. Nous commencions à ne plus les voir aux détours de la route, lorsque l'un d'eux se met à courir et finit par nous rattraper. Ennuyé de cette insistance, je lui demande brusquement ce qu'il veut, en portant la main à mon fusil ?...

— « Señor carabinier, » me répond-il, en mauvais français, et ôtant respectueusement un immense sombrero qui lui sert de parapluie autant que de coiffure ; « je veux avoir l'honneur de vous saluer » !

Puis se tournant vers mes enfants et les guides, il répète vingt fois la même phrase avec force saluts ; traitant tout le monde de carabinier ; aussi bien mes filles que mon fils. C'est en vain que je veux lui faire remettre son sombrero ; d'autant mieux qu'il est en manches de chemise et qu'il pleut à verse ; il nous accompagne ainsi, chapeau bas, pendant 7 kil., jusqu'à Gabas où nous arrivons à 8 h. 3/4.

A 11 h. nous étions aux Eaux-Bonnes.

Ce même jour, dans la vallée d'Aspe, un neveu de Lamazou le chasseur était mis en pièces par un ours blessé.

PETIT PIC DU MIDI D'OSSAU.

(2,784^{m}.)

Eaux-Bonnes, 14 août.

Excursion de 20 h. dont 4 en voiture.

Guides Jean Biraben garde à Laruns[1] et Jean Soustrade.

Départ des Eaux-Bonnes 3 h., Arrivée à Gabas 5 h.

Ceux qui m'accusent quelquefois d'imprudence, ne savent pas de combien d'études et de précautions je fais précéder une excursion nouvelle. On n'est pas plus libre de se rompre le cou par plaisir que de se casser la tête par désespoir. Chacun a des devoirs envers son pays et sa famille qui l'empêchent de disposer de lui-même, à plus forte raison des autres ; il y a seulement des positions plus ou moins indépendantes. Eh bien, quoique je ne pense pas que l'ascension du petit pic du Midi, de la pointe Ouest ou Capéran, soit beaucoup plus difficile que certains passages dont on ne parle pas; je déclare que je ne l'ai pas encore faite : *elle est à l'étude.* Mais j'en sais assez pour donner, dans le courant de cette excursion, tous les renseignements nécessaires à ceux qui voudraient la tenter.

M. Genreau ingénieur des mines adésiré faire le tour du pic de Midi avec nous ; je suis heureux de profiter de ses observations

[1] On l'appelle également Jean Dolte ou Echolte. Malgré son âge, je le recommande spécialement, surtout pour la chasse aux Tétras Auerhans et Ptarmigans, Perdrix grises de montagne, etc.

et de ses conseils avant de quitter ces lieux dont je ne sais pas m'arracher. M. H. de Vilmorin, le célèbre horticulteur, nous accompagne également.

Partis de Gabas à 5 h. 1/2, nous sommes au plateau de Mondeils à 8 h. [1]. Pendant le déjeuner, nous voyons arriver deux jeunes touristes des Eaux-Bonnes : MM. M. et C. Ils voulaient monter au pic avec Orteig qui y conduit aujourd'hui plusieurs personnes ; mais n'étant pas partis de Gabas en même temps que lui, ils se sont égarés en suivant nos traces au lieu de passer par Magnabatch. Je leur indique le moyen de rejoindre leurs compagnons en franchissant le petit col entre Mondeils et le pic ; on peut même atteindre la troisième cheminée en appuyant à l'Ouest. C'est à regret que je les vois partir sans guide ; mais à cet âge on ne doute de rien.

Un quart d'heure après, nous entendons un bruit de pierrailles, et presqu'en même temps un grand mâle d'isard apparait à travers des massifs de pins, venant à fond de train sur moi. Au moment où je l'ajuste, il plonge dans un ravin et n'en ressort que cent mètres plus loin. Ce tir, en courant à travers les précipices et de haut en bas, n'est pas facile ; je tiens trop peu compte de la distance, et ma balle lui tombe entre les jambes. En plaine, le plomb se perd, et on a toujours la consolation de supposer qu'il en est resté quelques grains dans la peau du gibier ; dans la montagne, les rochers sont des marqueurs incorruptibles.

Nous nous dédommageons sur quelques Rouges-queues et

[1] Voir l'excursion du tour du pic du Midi par Mondeils, p. 187.

un *Pic de la néou* [1], joli nom de montagne que les chasseurs donnent au Trichodrome Echelette.

Il faut un peu de feu sacré pour combattre la soif qui nous dévore sur ces roches brûlantes, et la perte d'un flacon de chartreuse nous réduisant à la neige seule, quelques-uns vont jusqu'à coller leurs lèvres sur les suintements Ouest du petit pic.

Berger a vu tomber les débris verdâtres qui encombrent le bas de Peyreget, ce jour-là il a cru que le pic tout-entier s'effondrait sur lui.

Nous arrivons bientôt au col de Peyreget sur Pombie ; c'est là que doivent passer ceux qui veulent faire l'ascension de la petite aiguille (2,784^{m}).

Jean Biraben y est monté en 1857 ou 58 avec M. Smith et Berger fils. Un autre touriste les accompagnait ; mais il tomba malade au poste d'isard que vous apercevez dans la coupure de la crête, en haut d'une pente de gazon, et on l'y laissa jusqu'au retour sous la garde de Titon.

Huit jours après, Biraben a refait cette ascension avec une personne de Lyon dont il ne se rappelle pas le nom.

Du poste d'isards, on gagne la grande raillère à droite. 300^{m} plus haut, il faut se glisser à gauche dans une fente de rocher où se trouve un petit mur fait par les chasseurs. A partir de là, on franchit, à travers les aiguilles, une traversée très-difficile de 15^{m}. Puis cinquante pas de zigzags conduisent au pied d'une cheminée qui est aussi longue que la seconde du grand pic, mais bien plus difficile. Dix ou douze mètres après, on est au sommet de l'aiguille ; c'est-à-dire une surface de cinq pas de large, où il y a de jolies

[1] Pic de la neige.

pierres, dit Biraben. Je suppose que ces jolies pierres sont des cristaux ou, peut-être simplement, des plaques de porphyre granitoïde qui, sur les cimes, sont toutes rouges.

Après notre dîner, au premier lac de Pombie, [1] je descendais pour rejoindre nos compagnons passés en avant, lorsque je les vois couchés sur les pierres, faisant des signaux télégraphiques avec leurs bras;... Ils ont aperçu huit isards qui montent la grande raillère en broutant dans l'ombre du grand pic qui nous couvre nous-mêmes. Il sont bien loin, et le temps qui vient de s'assombrir tout d'un coup ne permet guère d'apprécier la distance. Cependant, par acquit de conscience, je mets la hausse à 800 m. et leur envoie une balle, qu'on peut à juste titre appeler perdue. Ils disparaissent dans la tranchée de droite, sorte de cul-de-sac où un chasseur espagnol, emporté un jour par l'ardeur de la chasse, s'est tellement engagé qu'il ne pouvait plus avancer ni reculer. Il aurait péri dans ces déserts si la Providence n'eut voulu que des touristes montassent sur le pic précisément dans ce moment. On entendit ses cris, les guides attachèrent leurs ceintures les unes au bout des autres et le tirèrent de là plus mort que vif.

Nous voyons Orteig qui descend du pic avec plusieurs personnes ; il va arriver au portillon. Nous doublons le pas pour le rejoindre au col de Suzon, et en effet, nous sommes en même temps que lui à la fontaine. Ceux qui l'accompagnent sont nombreux ; mais je ne prends pas le temps de les compter, nous avons derrière notre dos un orage qui vient d'Espagne et il en monte un autre par la Sagette Braque, (6 h.).

[1] *Androsace carnea*, L.

Nous descendons grand train, au milieu d'une demie obscurité; tout le monde nous suit....

Au moment de sauter le ruisseau du Bigné, je me retourne pour avertir les personnes qui sont étrangères à notre bande qu'elles se trompent de chemin, et qu'elles doivent remonter à cheval pour descendre avec leurs guides par les Callongues et Biousartigue ; mais en même temps, un coup de tonnerre éclate si près de nous qu'il me semble que l'eau en a jailli.... sans me répondre un mot, tous se précipitent sur nos pas.

Je ne crains rien pour nous qui connaissons maintenant cette affreuse descente; mais ceux qui suivent ne savent pas à quoi ils s'exposent.... Enfin à la grâce de Dieu ; ce n'est pas l'heure des discours. Chacun est averti de ce qu'il doit faire : suivre de près, et tâcher de ne pas faire rouler les pierres sur ceux qui vont les guider.

Je passe en avant avec mes enfants, puis viennent nos compagnons d'excursion. Ce n'est pas sans de vives préoccupations que j'aperçois derrière eux ces sept ou huit ombres trébuchant sous les sapins à la lueur des éclairs. En glissant sur le dos dans un passage difficile, ma lorgnette sort de son étui et bondit à 300 pieds dans le précipice. C'est un avertissement.... Pendant près d'une heure, et au milieu de la plus profonde obscurité, on n'entend que ces mots répétés à la file : garde à vous !... trou !... gauche !... droite....

Enfin, nous mettons le pied sur la route de Gabas, et M. de Vilmorin, se faisant l'interprète de ce que chacun éprouve, remercie la Providence de nous avoir protégés dans ce mauvais pas.

Cependant, il en manque un à l'appel ; Biraben ne répond

pas à nos cris ni au sifflet de Jean, et je commençais à être vivement inquiet, lorsqu'enfin, au moment où nous quittions Gabas, il arrive exténué de chaleur et de fatigue.

Retour aux Eaux-Bonnes 11 heures.

LACS D'AYOUS, COL DES MOINES.
(1812m.)—(2081m.) (2204m.)

Eaux-Bonnes, 23 septembre.

Excursion de 19 h. 45 m. dont 4 h. 1/4 en voiture.

Guides Jean Soustrade et Poulou.

Départ des Eaux-Bonnes : 2 h. 25 m.

O nuit o belle nuit!.. si belle que le cocher en est dans l'extase comme nous et met plus de deux heures pour arriver à Gabas.

Nous partons immédiatement quoiqu'il ne fasse pas encore jour. Une gelée précoce rend nos imperméables insuffisants pour nous garantir du froid qui est assez vif; les mouchoirs viennent à leur aide en guise de cache-nez.

Un objet lumineux, malgré la pénombre qui enveloppe encore la montagne, nous intrigue beaucoup depuis un instant. Il est apparu dans Biousoumette et, comme une étoile filante, s'est évanoui à l'entrée de la nouvelle route de la Mouline de Biousartigue. Nous doublons le pas, et au sortir du couvert, nous sommes assez attrapés de retrouver notre étoile des mages dans le fond luisant d'une casserolle que des chasseurs portent sur le dos pour préparer leurs repas. Je reconnais M. T. propriétaire aux Eaux-Bonnes, Blaise de Laruns et quelques autres. Ils vont à Bious ; nous prenons le petit pont à droite pour monter aux Collongues d'Ayous [1], par des pentes un peu raides [2]. A 7 h. 25 nous débouchons sur le plateau. Voilà les cabanes des pasteurs, l'affut de Lousteau, un gros rocher rouge comme du sang d'où il a tué plusieurs ours. Le *Dianthus benearnensis,* quoique foulé aux pieds par les troupeaux, est en fleur. Les ours ont labouré les *Binium alpinum* jusqu'à la porte des Cujalats.

Lac Romassot. (1812m.) Après deux montées successives [3] au N O., Poulou me montre le lac Romassot, le premier des lacs d'Ayous. A la lueur de l'aube, il est si calme, si limpide que je ne l'aperçois pas immédiatement, les rochers du bord et leur image se confondent dans son miroir.

Ceux qui trouvent les aspects du pic du Midi trop sévères, verront ici tout couleur de rose. Le pic d'Ayous (2312m) dresse au Nord ses tours romaines et leurs créneaux de briques pourpres ; à l'Ouest, Lorry (2241m) déploie son éventail de grès roses satinés de jade ; les blocs qui ont roulé au bord du lac sont émaillés de pierres vertes et rouges ; c'est un paysage de Vatteau. Pour compléter l'illusion, je crois voir, sur un rocher, un berger avec son chapeau enrubané, la houlette à la main, tandis que sa bergerette est couchée à ses pieds filant la blanche toison de ses brebis.... Mais non !... C'est le fils de Blaise en uniforme de marin, qui pendant quelques jours de congé est venu pêcher la truite. L'un de ses

[1] Callongues, Cols longs, grandes clairières.

[2] Sur un sapin renversé : *Hydnum erinaceus.* — *Astrantia major*, L. — *Aconitum lycoctonum*, L. — *Ranunculus aconitifolius*, L. — *Crepis lampsanoïdes*, Frœl.

[3] *Angelica pyrenaica*, Spreng.

frères, en manche de chemise, raccommode des filets sur l'herbe.

On lit sur un rocher, au bord de l'eau, l'inscription suivante : « *Peuplé par Blaise avec 27 truites le 27 octobre* « *1860, assisté de Philippe Ducoussot et Pierre Laroque.* »

Le lac a 800 m. de tour ; au S E. il vient mourir sur la rive où l'on voit les sangsues et les têtards se jouer au travers des *Potamogeton gramineus, L.*. Jean appelle les Blaise pour avoir des truites, et leur dire d'en porter à leur père que nous voyons installé avec ses camarades dans un coin de Bious. Leur feu est allumé, et nous apercevons même la fameuse casserole briller au milieu des flammes.

Les filets avec lesquels on prend les truites [1] sont des trois-mailles de 12 à 15 pieds de long; on les tend sur les bords. Il y en a là trente qui séchent sur l'herbe, et en tenant compte des plus mauvaises chances, nous espérons néanmoins avoir une friture abondante. Mais les pêcheurs arrivent les mains vides ; cette lune, que nous avons saluée et chantée sur la route des Eaux-Bonnes, a permis au poisson d'éviter les piéges qu'on lui tendait.

M. Dufrénoy attribue les grés rouges d'Ayous au terrain de transition bien qu'il les ait d'abord rapportés au grés bigarré. M. Bourjot, en l'absence de fossiles, trouve cette question difficile à résoudre ; il croit avoir affaire au vieux grés rouge des anglais, *old red landstone*. M. Coquand, et M. Genreau par-

[1] A la fin de septembre, la truite se prend au ver pendant le jour et le soir à la mouche. Elles sont difficiles à tenter ; car, quoiqu'elles ne fraient pas encore, elles commencent à se rassembler, à se poursuivre, et sont indifférentes aux appâts.

tage son avis, les croit Permiens ; car, dit-il, [1] tant qu'on a considéré comme dévonien les calcaires à *Amplexus* qui supportent les grés, il pouvait paraître naturel de les rapporter au grés anglais; mais dès l'instant que les calcaires deviennent du carbonifère évidemment les grés ne peuvent plus être Dévoniens et leur place est alors celle du Permien. Il ajoute [2] : « que la position des grés des environs du pic d'Ossau et leur parfait parallelisme, pour ne pas dire leur subordination aux calcaires carbonifères à Amplexus, l'affermissent dans l'idée qu'ils appartiennent à la formation Permienne et non point au *Buntersansdstein ;* que dans tous les cas, il est bien établi que les calcaires saccharoïdes de la vallée d'Ossau sont supérieurs au Dévonien fossilifère, inférieurs aux grés rouges qu'il enrégistre comme Permiens, et qu'il est par conséquent impossible de les rapporter au terrain Liasique. »

Lac du milieu. — 9 h. 50 m. — Nous montons au second lac ou *lac du milieu* par le Nord, au travers d'une cascade tourmentée [3], serpentant à l'Est sur des schistes noirs. (10 h. 12 m.) Il a environ 500 m. de tour ; le Midi est couvert de roseaux remplis de *Gordius.* Ces petits animaux filiformes, très-alongés, cylindriques, terminés antérieurement par une bouche en forme de petite fente et en arrière par un autre orifice presqu'imperceptible, connus également sous le nom de *Dragoneaux*, sont difficiles à déterminer. Linnée les réunit aux vers de Médine dans un genre qu'il place parmi les vers intestinaux ; Lamarck, Bosc etc. en font un genre de leur classe des *Annélides ;* Muller les appelle *Filaires* ; Zeder les nomme *Capitulaires.* On les trouve dans le

[1] Page 213.
[2] Page 87.
[3] *Saxifraga intricata*, Lap.

talon des nègres, dans la cavité abdominale du *Simia capucina*, dans la cavité abdominale des corneilles, dans la même cavité de l'hirondelle rustique, dans la larve du *Tinea padella* etc. C'est pourquoi Rudolphi a imaginé le mot d'*Entozoaire* : animal d'intérieur. Les pasteurs sont beaucoup plus simples dans leurs explications, ils prétendent que ce sont des crins de cheval *en train de se changer en serpents*.

LAC GENTAOÜ. — Nous arrivons au troisième lac : *Gentaoü*, (10 h. 1/2), dont le fond est en sable rouge. Quoique le pic du Midi en soit à 4 kil. à vol d'oiseau, il se reflète tout entier dans ses eaux, et nous pouvons étudier les détails du sommet qui sont juste sous nos pieds. Comme ensemble et couleur, c'est un des plus jolis tableaux que l'on puisse imaginer. Les plaques rocheuses qui descendent dans l'eau sont rouges, encadrées dans un ciment bleu formant un pavé à angles arrondis. J'y trouve un très-joli cristal de quartz chlorité. Gentaoü à 650 m. de circonférence et est le dernier des lacs d'Ayous. C'est Blaise qui l'a empoissonné, ainsi que les deux premiers, avec des truites saumonées.

LAC BARSAOÜ (2081^{m}). Deux petits étangs, insignifiants comme grandeur, nous séparent du lac Barsaoü qui est à un kilomètre plus au Sud. Un morne s'élève au bord de l'eau, mes enfants y dressent une tente (Midi) avec les bâtons et les imperméables pendant que les guides préparent le goûter. Ce lac me paraît presqu'aussi grand que celui d'Artouste ; sa forme tourmentée en rend l'évaluation difficile. Un fond de grés rouges, encadré d'arène de même couleur avec des grains verts et bleus, prête à ses ondes des reflets qui défient le pinceau ; les roches de feu qui sortent la tête hors de ses ondes en augmentent encore la transparence. Les lointains sont glacés de violet, et se noient dans les éboulements du pic Hourquette (2383m), à l'Ouest. Le pic de Castéraou (2198m) montre son dos rond près du lac, à l'Est, laissant voir sur sa gauche le pic du Midi qui domine tout, et les pics d'Espagne dans une inflexion à droite. Je ne comprends pas que les touristes négligent de visiter ces lacs ; l'excursion est plus facile que celle d'Artouste et les sites sont bien plus gracieux. On pourrait aller à cheval au col des Moines, revenir au col de Casteraoü, monter à pied aux lacs et redescendre à Bious où les chevaux attendraient.

La prairie de Bious, à elle seule, avec les aspects insolites du pic du Midi, vaut une excursion ; mais les sites n'en sont guère connus, et les guides des Eaux-Bonnes trouvent que c'est une forte course pour leurs chevaux [1].

Nous partons à 2 1/4 par le col de Casteraoü où cinq isards nous font faire au Nord un crochet inutile ; puis prenant en biais dans des schistes coticulés, chlorités, des grés rouges curieusement clivés à angles droits, et même de petites parties de houille, nousarrivons à 3 h. 1/4 au col des Moines (2 kil.), en traversant des schistes micacés avec empreintes végétales.

Le passage (2205m) est marqué par une borne d'un mètre de haut sur 40 centimètres de face, orientée aux quatre points cardinaux. Au Nord, elle porte le n° 309 ; à l'Ouest, un écusson royal avec les armes d'Espagne ; au Sud encore le n° 309 et à l'Est les armes impériales de France. Les écussons armoiriés sont en marbre blanc grossier, fort endommagé par les intempéries, et surtout par le séjour prolongé dans les neiges.

Vous trouverez l'*Adonis pgrenaica*, *DC.* sur lec pentes

[1] Bious (6 kil. 500m de Gabas), a 1 kil. de long.

schisteuses de l'Est, c'est une plante qui n'aime guère le soleil. Du col, la vue est peu étendue; il faut monter à Labatte de Secours vers le Nord (15m). Je dessine toute la chaîne d'Espagne et une partie de celle de France, au-dessus de la vallée d'Aspe qui se perd dans les vapeurs. Mais le soleil est derrière les montagnes et on n'aperçoit qu'imparfaitement les sommets les plus élevés, sans détails intermédiaires ni plans. Dans l'abaissement du Sud, au delà d'Urdos, la route de Camfranc et les lignes bleues d'Espagne disparaissent au milieu des brumes. Sous nos pieds, le petit lac marécageux des Moines a l'air d'une grenouillère. Les plaines de France se détachent nettement au Nord. A l'E N E. le pic du Midi qui n'a plus qu'une tête, un morceau d'Arrious (2.825m) et de Palas (2.976m), Balaïtous (3.145m), Soques (2.713m), les montagnes de Madame la Ctesse de Ségure (2.644m)[1], peut-être un coin du Vignemale (3.390m) et le colosse du Bondellos (2.900m), qui couvrent une partie du S E., paraissent étincelants de lumière. Le glacier de ce dernier est fendu du haut en bas, il commence à prendre une couleur verdâtre dans l'abaissement du milieu et devient tout-à-fait bleu dans le fond à droite où se réunissent les crevasses. Le sommet du pic à l'air d'un toit; le côté S O. porte l'empreinte de longues strates de différents gris tombant de l'Est au Sud. Enfin, tout près de nous à l'Est, nos yeux sont surpris d'admirer une vue d'Orient, minaret ou forteresse démantelée avec des murs blancs, en ruines, qui se jettent les uns sur les autres, et couvrent le mamelon de débris blanchâtres qu'on prendrait pour un ossuaire.

[1] Mme la Ctte de Ségure possède une partie de ces montagnes.

Départ à 4 h. 40. Vingt minutes après, nous prenons un croquis du petit lac Castéraoũ [1], entouré au sud par une pelouse et au nord par les raillères du pic qui plonge jusque dans l'eau ses assises de marbre gris. Poulou retourne aux lacs d'Ayous chercher un des sacs tandis que nous descendons à Bious. Pour notre début, nous dégringolons dans un passage à se casser le cou, sur des marbres striés comme si on y avait passé le rateau pendant des siècles ; il sert de routin aux brebis pour gagner la Cabatche deous Houerque et est poli comme une glace. Les cujalats, déjà abandonnés, sont envahis par les épinards et les orties qui nous montent jusqu'au genou : ces épinards sont excellents, et j'emporte un bouquet d'orties dont un énorme *Cuscuta Europœa, L.* a fait un thyrse [2]. Nous passons en courant devant les Bergers de las Grabettes, qui construisent un mannequin agitant au-dessus du Cujala des oripeaux de toutes les couleurs pour effrayer les ours qui leur ont mangé trois brebis la nuit dernière. Je n'ai pas le temps d'écouter leurs doléances; nous attendons encore notre diner, et ventre affamé n'a pas plus d'oreilles dans la montagne qu'ailleurs.

Enfin à 6 h. 1/4, le couvert est mis sur la dernière roche de Bious; le froid est si vif qu'il faut s'envelopper dans les imperméables, et que nous grelotons malgré l'exercice violent que nous venons de prendre. Cette roche est à signaler; car elle couvre une des meilleures et des plus abondantes sources de la montagne. Lorsque vous entrez dans Bioũs en arrivant de Gabas, traversez le gave d'Ayous sur le pont de

[2] Il a environ 300m de tour.

[1] Les capitules de cette Cuscute ont 2 centimètres 1/2 de diamètre.

planche qui est à l'entrée de la prairie; la source est à 50 pas au Sud[1].

Nous nous levons de table à 6 h. 40. Malgré la nuit et les six kilomètres qui séparent Bious de Gabas; une heure 17 après je faisais atteler la voiture qui entrait aux Eaux-Bonnes à 10 heures.

PIC PEYROT.[2] CHASSE AUX IZARDS (2,252m).

Eaux-Bonnes 2 septembre.

Excursion de 17 h. dont 4 en voiture.

Guides Jean Soustrade, et Laborde de Gabas.

Départ des Eaux-Bonnes 3 h. 35; de Gabas 5 h. 35 par la route de Biousartigue.

On peut encore voir les traces d'une avalanche qui, se précipitant des versants d'Aule, a tout rasé sur son passage, est venue s'abattre dans le gave, et, par la seule percussion de la colonne d'air, a couché et brisé les hêtres de la Côte de Biousoumette.

Entre cette petite prairie et le nouveau chemin qui est taillé au-dessus du gave pour arriver au moulin de la scierie,

[1] Sur le bord de la prairie du côté des Callongues d'Ayous, vous trouverez dans les marais le *Swertia perennis*, L., le *Trollius Europœus*, L. et le *Sphagnum acutifolium*, Ehrh.

[2] Il est indiqué dans la carte d'état-major sous le nom de Pic Peyrot ou d'Estibéré; mais dans la montagne ce dernier nom n'est guère connu.

on a trouvé, dans un cromlech, un fer de lance dont la pointe est cassée. La douille, qui est à 8 pans, a 25^{mm} de diamètre à l'entrée, et 11^{mm} à l'extrémité joignant la lance ; le bois entrait de 6 cent. à l'intérieur et était retenu au fer par un clou ou une visse ; la longueur totale de la douille est de 7 cent. La lance commence par un onglet de 5^{mm} et acquiert immédiatement sa plus grande largeur qui est de 22^{mm} ; la côte du milieu joignant la douille à 13^{mm} d'épaisseur ; sa longueur actuelle est de 11 cent. , et devait être d'au moins 13 cent. ce qui donnerait à l'arme entière une longueur de 20 cent. Elle est tout à fait différente des types Gaulois qui étaient ordinairement en bronze, et même des types Romains dont la forme générale était la feuille de saule ou le losange. Trop légère pour être une lance d'homme d'armes, trop lourde pour une javeline ; on ne saurait y voir qu'un fer de lance légère, d'origine orientale, appelée *Assagaie*, et qui remonterait alors à l'époque de l'invasion des Maures d'Espagne vers le VIIIe siècle. Sa présence dans un monument antérieur à la domination Romaine ne peut rien prouver pour la date, et n'est probablement que l'effet du hazard. C'est du reste l'opinion de M. du Gravier capitaine au 18e de ligne, et auteur d'une remarquable étude historique sur les armes et armures depuis l'établissement des Franks jusqu'à l'avènement de Louis XIV.

Laissant la sagette d'Aule sur la droite, et, plus loin, le moulin de la scierie de Biousartigue sur la gauche, nous prenons en plein Ouest le sentier des montagnes d'As[1] (4 kilm. de Gabas). Le bois, hêtres et sapins, est entrecoupé

[1] As-de-Bielle.

de clairières où je dois signaler une très-abondante station d'*Apollon, var. pyrenaicus*[1]. Au moment de sortir du bois d'As, je suis tellement tenté par un groupe de rochers tapissés de muguets et de framboisiers au milieu desquels le petit gave tombe en bouillonnant, que j'envoie les guides y installer le déjeuner. Pendant que je fais l'herborisation de notre salle à manger[2], quatre isards passent, à portée, dans les taillis de Peyrot ; mais les fusils sont restés sur la rive avec les cartouchières, et avant que chacun ait pu sauter sur ses armes, ils ont disparu dans le fourré. Il faut les réserver pour le dessert.

Comme ils ont passé de gauche à droite, notre grand conseil proclame que les auspices sont favorables, et que la journée sera consacrée à la chasse.

L'Isard[3], *Antilope rupicapra*, Lin., est le même animal que le Chamois des Alpes. Ce nom d'Isard est peut être une corruption du mot béarnais *Sarri* comme celui d'Antilope que lui a donné Pallas est une corruption d'Antholops[4]. Les anciens auteurs y voient une allusion à la beauté des yeux de l'animal. L'Isard a derrière chaque oreille une petite poche contournée en spirale que l'on trouve toujours vide, ce qui avait fait croire aux anciens[5] que les Antholops, et les chèvres

[1] *Lilium martagon*, L. — *Lactuca Plumieri*, G.-G. — *Dianthus benedrnensis*, Loret.

[2] *Prunus padus*, L. — *Convallaria majalis*, L. — *Rubus saxatilis*, L. — *Rosa alpina*, L., *var d. vestita*, G.-G. — *Lathyrus montanus*, G.-G. — *Allium victorialis*, L. — *Swertia perennis*, L. — *Primula farinosa*, L. — *Sorbus chamæmespilus*, Crautz. — *Lonicera nigra*, L. — *Geranium sanguineum*, L. — *Angelica montana*, Gaud. — *Thalictrum aquilegifolium*, L. — *Erigeron uniflorus*, L.

[3] Gaston-Phœbus l'appelle *Bouc Ysarus*, Cuvier écrit *Ysard*.

[4] Eusthatius auteur du temps de Constantin l'appelait Antholops.

[5] Empédocle.

avec lesquelles ils ont tant d'analogie, respiraient par les oreilles. Les femelles portent cinq mois à partir de novembre, et ont des cornes un peu plus petites que celles du mâle. Ces cornes sont recourbées comme un hameçon et Gaston Phœbus prétend [1] que lorsque les Isards veulent se gratter par derrière, ils se les enfoncent quelquefois si avant dans le corps qu'ils ne peuvent les retirer et « ainsi tombent et se rompent le col moult souvent ». Il ajoute : que ces animaux ont le sang chaud et que leur viande donne la fièvre.

A certaines époques, l'isard est aussi fou et aussi désagréable que le chevreuil dans son intérieur. Les femelles ne savent où se cacher pendant la gestation ; elles mettent bas dès la fin de mars et continuent jusqu'en juillet. Le mâle, désespéré de cet ostracisme, en perd la tête jusqu'à donner dans les pièges les plus grossiers. Il suffit quelquefois de disposer d'une certaine façon la crosse d'un fusil derrière un vieux sac de peau, pour l'amener à se faire tirer à bout portant. Il se croise assez facilement avec la chèvre domestique. Les produits que j'ai pu observer tenaient beaucoup plus du père que de la mère. Les cornes courtes, rondes et recourbées à angle rapide, montaient en s'écartant un peu ; la tête, la couleur générale étaient celles de l'isard ; le poil court ; excepté une longue crinière qui, partant du cou, venait, en se partageant également jusqu'à l'arrière train, retomber sur les cuisses qu'elle recouvrait comme d'un vêtement. Le pis n'avait rien de la chèvre et ressemblait tout à fait à celui de la bête sauvage. Ces animaux, quoique fidèles au troupeau domestique, conservent leur amour de l'indépendance et s'en-

[1] Myroir de Phœbus, des déduicts de la chasce aux bêtes sauvaiges.

fuient sur les endroits escarpés à l'approche d'un étranger. Pour avoir de jeunes isards, il faut que les pasteurs surveillent les bandes où ils remarquent des mères sur le point de mettre bas; elles déposent leur petit n'importe où; si on les manque le premier ou le second jour de leur naissance, il est impossible de les attrapper après, à moins de circonstances particulières. Ainsi, devant la scierie de Biousartigue, on vient d'en prendre un de trois mois; mais cela a tenu à ce qu'après avoir été chassé longtemps par les chiens, des bergers se sont rencontrés sur son passage, l'ont séparé de sa mère et acculé dans le ruisseau où il est resté comme paralysé après l'avoir traversé plusieurs fois. Quand on l'en a retiré, il ne pouvait plus plier les jarrets.

Notre repas fini, nous visitons les cabanes vides des bergers d'As qui sont descendus précisément ce matin de la montagne [1]. Elles sont disséminées dans un chaos de rochers dont l'un, piqué debout au milieu de la prairie et plat comme une ardoise, a 80 pieds de haut. Nous prenons au Midi pour gravir le pic Peyrot à travers les genévriers et les bruyéres. Ces arbustes sont applatis sur les poudings permiens à moitié réduits en poussière, et les schistes talqueux colorés par l'oxide de fer ou la chlorite dont les couches se soulèvent comme des feuilles de papier. Nous dépensons une force prodigieuse pour ne pas glisser sur ces pentes. Enfin, nous arrivons au *pla*. Il me semble être dans les brandes du Poitou; voilà une fondrière, des asphodèles et des arbres rabougris [2]; mais ce qui change la

[1] *Malva nicæensis*, All.

[2] *Pinus uncinata*, Ram.

comparaison, c'est un isard en sentinelle à 150^{m} sur un rocher.....

Nous disparaissons aussitôt dans la bruyère ; toutefois, il nous a parfaitement vus ; il frappe du pied en faisant entendre une espèce de sifflement, et ses camarades, au lieu de s'enfuir[1] accourent autour de lui pour juger du danger. Ils sont quatre groupés sur une pointe ; nos bêtes de tout à l'heure ; Quel joli coup de carabine !.....

Pendant que je charge, accroupi dans l'herbe, un coup de fusil trop pressé me passe par dessus la tête. Que le bon Dieu le bénisse !... C'était hors de portée pour tirer sans hausse. Il faut recommencer une nouvelle battue.

Le pic Peyrot est composé de plusieurs étages, celui où nous sommes n'est pas le premier et il y en a d'autres au-dessus. Assis au col où les isards ont disparu, nous tenons conseil ; le pic du Midi a son chapeau, l'atmosphère nous étouffe[2]. Je cherchais un passage pour descendre à une immense terrasse qui est sous nos pieds, lorsque j'aperçois, à cent pas de là, Jean à moitié couché dans un trou, agitant son béret pour nous appeler. Nous accourons..... Il a vu deux isards qui sont si bien au pied de la muraille de 300 pieds qui nous supporte, qu'on aurait peut-être quelque chance de les assommer en faisant rouler une roche sur eux ; mais nous avons mieux que cela : je me couche dans la crevasse, Jean me tient par les pieds, et les autres, à genoux, un pas

[1] Si on ne bouge pas, ils restent longtemps à vous regarder. Les autres animaux se cachent, lui se met en évidence ; ils cherchent le vent pour vous sentir, l'Antilope des rochers franchit les cimes pour vous apercevoir.

[2] Lorsque le pic du Midi est entouré de *cumulus* pendant un beau jour, c'est signe d'orage, et quoique les pics d'alentour soient à découvert, on peut être certain qu'ils ressentent avec intensité les influences de l'électricité.

en arrière, s'apprêtent à faire feu; car c'est une chance inconcevable.... de quelque côté que les isards veuillent se sauver, ils ont environ 500^{m} à parcourir complètement à découvert.

A mon coup, j'en roule un; mais il se relève et subit sans sourciller une décharge générale. Nous avons le temps de recharger pendant qu'ils piquent au sud... seconde fusillade tout à fait innocente, la mousquetterie ne pouvant plus porter, à moins de calculs dont mes jeunes troupes sont incapables. Moi-même, je perds mon temps en combinaisons; car si les armes de précision sont parfaites, c'est à la condition de tirer posté à une distance connue; or ici, dans ces tirs de haut en bas, sur un animal fuyant à toute vitesse, on ne sait jamais où l'on en est. Enfin, découragé, je passe la carabine à mon zouave qui en grillait d'envie; il met la hausse à 500^{m} et, stupéfaction universelle!... il jette une des deux bêtes par terre.

Il s'agit maintenant de descendre la chercher; mais s'il suffit souvent d'un coup de fusil pour faire crever un nuage, l'on peut juger que nos nombreuses détonations ont mis l'atmosphère en révolution. Le pic du Midi a enfoncé son bonnet de travers et nous mitraille de grelons gros comme des noisettes. Nous cherchons un refuge, et sommes heureux de trouver assez loin de là, à l'Ouest, de grandes dalles comme suspendues dans les airs, et entre lesquelles nous nous glissons. Jean et Laborde se couchent dans le fond; ils ont l'air de deux enfants dans la gueule d'un crocodille. Enveloppés dans nos imperméables, nous restons sur le bord, recueillant la grêle dans nos tasses pour prendre un café à la glace.

Un éclair déchire le voile qui cache le pic du Midi; le

vent s'élève du Nord et balaie des tourbillons de pluie. Dans ce moment, une grande ombre passe sur nos têtes, nous avons de la peine à en croire nos yeux; c'est un ballon emporté par la tempête.... La petite nacelle paraît vide; la bourrasque la précipite sur le pic d'Ossau, elle va s'y briser quand tout-à-coup l'aréostat s'arrête, tourbillonne un instant, puis, repris par de nouveaux courants, grimpe le long des flancs et disparaît du côté de l'Espagne.

Pour tromper l'attente, nous plumons les rouge-queues et les accenteurs des Alpes que nous avons tués en montant. Laborde allume du feu avec des racines de pins, embroche une partie du rôti dans la baguette en fer de la carabine, puis fricasse le reste dans la gamelle avec du Cariñena et des tranches de saucisson à l'ail. Pendant que nous dégustons ces reliefs d'ortolan, deux isards, probablement le reste de notre bande, montent en broutant, entre nous et le pic Tul (2,022^{m}) : petit pic de peu d'importance qui est sur la carte d'état-major; mais dont les plans du cadastre ne parlent pas, et dont les pasteurs ignorent le nom. C'est encore Jean qui les a découverts le premier. Les rayons du soleil, traversant la pluie, font briller leur dos comme du métal. Nous les attendons longtemps, couchés sur la roche, le haut du corps dans le vide afin de tirer en bas, les guides nous tiennent par les pieds. Avec cette brume et ce soleil, il est impossible de calculer la distance, nous envoyons quelques balles au hazard pour leur faire prendre un parti..... En effet ils reviennent à Peyrot par les rampes du Nord.

Nous quittons notre retraite pour les suivre sur le flanc escarpé du pic, dans des sables roses que la pluie rend solides. Arrivés au col qui rejoint les montagnes d'As, nous

nous séparons. Laborde et mon fils vont rabattre par le Nord, Jean reste en réserve près des bagages, et je vais avec mes autres enfants, gagner le sommet du pic, par les éboulements où je trouve un Tétras Ptarmigan. La cîme, coupée en deux, se compose, à l'Ouest, de trois tours de grés rose rayées transversalement et presque régulièrement par de grandes bandes de jade vert, les deux plus grosses sont reliées par des neiges qui descendent sur les gazons jusqu'à un petit étang bleu où scintillent des cristaux. L'autre cîme, à l'Est, est une muraille, verticale au Nord, délabrée au Sud, et lézardée partout, qui s'élève à 200m au-dessus des bruyères et des pins. Les deux isards y sont, perchés sur une des aiguilles.

Pendant que mes enfants attirent leur attention, je me glisse dans les crevasses du Sud, à travers des schistes verts et violets tellement feuilletés qu'ils s'envolent en soufflant dessus. Le ciel est jaune sombre..., le tonnerre gronde et trouble seul un silence effrayant...

Je crains de détacher la foudre, au milieu des éclairs qui sillonnent la montagne sous mes pieds et sur ma tête. Pénétré de fluide électrique, je me sens singulièrement impressionné..... Il semblerait que des abeilles bourdonnent dans le canon de mon fusil ; je ne m'entends pas marcher et mon cœur bat à m'étourdir[1].... Cependant, je redescends les ruines de l'Est par des voies qui n'ont jamais été fréquentées que par les papillons, espérant à chaque instant fusiller mes isards par les meurtrières qui fendent la roche de distance en distance. Un Pinus uncinata, droit comme un mât ce qui

[1] Ces phénomènes sont ordinaires dans les orages des sommets.

ne leur est pas ordinaire, a poussé au-dessus de la gueule d'un puits dont je ne vois pas le fond ; ils doivent être derrière..... mais j'ai compté sans Jean : il a voulu venir à notre aide et n'apercevant pas mes enfants qui lui faisaient signe de se cacher, il a fait partir les isards. Dieu sait où ils sont dans ce moment?... L'orage a avancé la nuit, et Laborde, qui craint de nous voir pris par l'obscurité, sonne la retraite de tous ses poumons dans les profondeurs d'Ayous. Il faut encore que je retourne chercher mes enfants au sommet du pic, puis nous descendons, poussés par la pluie, comme si nous avions des bottes de sept lieues.

Quant à notre isard dont cet enchaînement d'aventures nous a éloigné, nous sommes obligés de l'abandonner pour cette nuit à la bonne foi des bergers..... Ils l'ont ramassé avec soin le lendemain matin et..... vendu aux Eaux-Chaudes à Mme Baudot.

Gabas 8 h. Eaux-Bonnes 10 h.

LAC D'AULE, SESQUES.

Eaux-Bonnes, 27 septembre

Excursion de 18 h. 1/2, dont 3 h. 35 en voiture.

Guides Jean Soustrade et Poulou.

Départ des Eaux-Bonnes 2 h. 30, arrivée à Gabas 4 h. 35. A 5 h. 38 nous passons sur le pont de Biousoumette pour gravir la Sagette d'Aule. C'est près d'ici, d'après le récit de Palassou, que l'infortuné abbé Darippe, curé d'Ogenne, a péri dans les neiges en 1793.

Les premiers frimats de l'année glacent déjà les contours du pic du midi aux rayons du soleil levant.

La Sagette remonte à 400 pieds de haut la rive gauche du torrent qui ronge le pied de Las Bequettes d'Aule. Vous y verrez deux postes d'ours à dessiner. Le premier : groupe de rochers d'où sort un grand hêtre branchu ; le second : massif de beaux sapins dont l'un, courbé, peut servir de siége. Tous les deux sont suspendus au-dessus du précipice, et cependant, c'est derrière leur tronc qu'il faut se tenir en équilibre pour jouer à cache cache avec le sauvage camarade.

à 7 h. 25, j'arrive aux cabanes, pendant que les troupeaux en descendent. L'un d'eux m'intéresse particulièrement : j'ai donné un bélier Southdown à son propriétaire, à la condition expresse d'essayer le croisement avec la race du pays qui n'est pas plus rustique qu'une autre; mais surpasse en laideur tous les types connus.

Si le bon Dieu a créé une bête de reproduction et de boucherie, c'est à coup sûr la brebis. Eh bien, ici, on en fait une bête à lait, et on vend ses agneaux à 15 jours, tandis qu'en France nous ne suffisons pas à l'approvisionnement de la viande. J'espérais que l'exemple de la précocité du Southdown, qui, à un an est bon à tuer, tandis qu'ici, un mouton ne va pas à la boucherie avant quatre ans, ouvrirait les yeux des pasteurs sur leurs propres intérêts ? J'avais compté sans la routine, les préjugés et les soins inintelligents. Mon bélier n'était qu'un surnuméraire ; on avait conservé les vieux grognards du troupeau, et l'on faisait cercle pour les voir lutter ensemble.

Cependant les produits que je vois là sont remarquables, les métis se distinguent déjà du reste du troupeau par la largeur des reins, et la vigueur dans le cou qui ne laisse pas tomber la tête vers la terre.

Nous passons les secondes cabanes au milieu de sources abondantes. Le col d'Eous, surmonté d'un piton à notre droite, est un poste d'isard.

Suivant le ravin creusé par les eaux du lac, nous montons sans fin en vue de l'aiguille effilée d'Aule (2,382^{m}) au nord [1], puis nous la laissons sur notre droite, pour franchir un raidillon de schistes mouvants où un ours qui pèse plus que moi a passé cette nuit; je marque bien moins profond que lui [2]. Il avait probablement des affaires urgentes; ses sauts ont 2^{m} 40 de large.

8 h. 45. Je ne sais pourquoi j'ai placé sur le lac d'Aule des capitaux aussi considérables de plaisir..... Je ne rentre pas dans mes frais..... C'est un étang au milieu d'un pré. On y pêche à la ligne comme dans un parc; mais un parc sans rocailles ni arbrisseaux, entouré de gazons mamelonnés en grosses écailles, crevés, fanés, qu'on dirait levés par la charrue. Pour boire de l'eau fraiche, il faut aller la mendier à une source qui descend du col d'As de Bielle, à l'ouest. Le col d'Aspe est au N N O.

Où se mettre à l'abri du vent violent qui nous aveugle? Il n'y a ni roche ni arbre. Il faut deux personnes à côté de moi pour que je puisse dessiner un très-beau panorama, depuis le

[1] Il y a deux pics d'Aule sur la carte d'état-major : celui-ci, au Nord, et un autre (Auliou 2,410^{m}) au S O.

[2] *Viscaria alpina*, Fries Lindl. — *Orobanche scabiosæ* sur un *Cardus carlinoides*, Gouan. — *Plantago alpina*, L. var. *incana*, Rum. — *Saxifraga muscoides*, Wulf. — *Sax. stellaris*, L. — *Sax. intricata*, Lap.

pic du midi, Bondollos, Balaïtous, jusqu'à l'Estibère. Enfin, pour déjeuner, nous éventrons un pâté qui ferait le bonheur d'un pêcheur à l'asticot; il faut le jeter aux truites.

Je sais cependant que le lac a des plaisirs cachés dont je n'ai pas eu le temps de jouir. M. B. vient souvent dresser sa tente dans les cabanes des bergers. Il amène ses chiens, fait porter ses lignes et passe ici des journées de Robinson-Crusoé.

Deux petites pièces d'eau communiquent avec le lac par un passage caillouté et marécajeux de quelques mètres. Les loutres viennent quelquefois pêcher les truites d'Aule qui ont une réputation très-établie.

Départ du lac 10 h. 45. Col d'Aspe 11 h. 50 [1]. Nous pouvons dessiner le pic d'Anie (2,504 ^{m}) avec tous ses détails [2].

Nous suivons des crêtes schisteuses assez dangereuses; car elles tombent en poussière et sont parsemées de plaques de neige si dures que nous ne pouvons même pas en casser les bords. Gaziès (2,418 ^{m}) est sous nos pieds à l'Est.

Pendant que nous sommes à cheval sur un passage aussi raide que celui du Ger, une quinzaine de vautours griffons passent en se suivant à quelque distance. Ils ne volent pas en tournoyant suivant leur habitude, quelque bête morte les attire au sud; la bande trace un sillon droit dans le ciel. J'en blesse un avec des chevrotines; il baisse, se relève, et va péniblement se poser sur las Serous (2,371 ^{m}). Un second a le même sort et disparaît dans les anfractuosités du sud. Je n'avais pas eu le temps de recharger qu'un troisième vient planer sur nos têtes, je glisse vite une cartouche à balle et je le tire presque

[1] *Viscaria alpina*, Fris Lindl. — *Veronica saxitilis*, Jacq. — *Leucanthemum alpinum*, Lam. — *Saxifraga oppositifolia*, L. — *Potentilla nivalis*, Lap.

[2] Malgré l'époque avancée les Phicomone et les Paléno sont communs.

à la renverse, faisant ce qu'on appelle le coup du roi. Ma balle le foudroie, ses ailes se plient au corps et il tombe avec une vitesse de 150 pieds. Placés sur une étroite crête où nous ne pouvons bouger, je crois qu'il nous aurait assommés si une légère inclinaison ne l'eut jeté dans les abîmes de l'ouest. Jean et Poulou vont le chercher; mais ils ne peuvent le trouver dans les replis de terrain et les précipices qui sont autour de nous; ils reviennent prendre la lorgnette et perdent trois quarts d'heure inutilement[1].

Nous suivons depuis quelque temps la chaîne qui sépare la vallée d'Aspe de la vallée d'Ossau; elle court assez régulièrement du Nord au Sud; dans ce moment, elle se casse à angle droit sur la jonction de Las Serous avec l'aiguille du Capéran de Sesques, jusqu'à un pic auquel la carte d'état-major ne donne pas de nom; qui, dans la vallée d'Aspe, s'appelle M. Mondos (2.512^{m}) en opposition à une autre sommité voisine, Mme Lespétouse[2], et qui est le Scarput (2,512). Cette cassure est remarquable à l'Est par l'aiguille du Capéran, autrement dit Salient de Sesques (2.408^{m}), et à l'ouest par un dyke blanc d'un mètre ou deux de large qui descend dans la vallée d'Aspe et remonte sur nous au col de Peyraougue. Son orientation est Nord 27° 44^{m}18[3], et correspond au soulèvement du mont Viso. J'ai beaucoup de peine à en casser avec le marteau. C'est un Eurite passant au pétrosilex. Le bas qui traverse le coin de la

[1] *Artemisia mutellina*, Will. — *Cerastium alpinum*, DC. — *Antennaria carpatica*, Bl. et Fling. — *Reseda glauca*, L. — *Solidago virga aurea*, L. — *Scabiosa pubescens*, Jord.

[2] Les pics et les cols ont des noms différents à mesure qu'on change de vallée. En Ossau, on ignore complétement les noms de M. Mondos et de Mme Lespétouse.

[3] Bulletin de la Société Ramond. Baysselance.

vallée d'Aspe est vert et tout à fait un pétrosilex[1]. Ici, sa surface est d'un blanc laiteux décomposé qui pénètre jusqu'à un centimètre et est coloré par des lichens[2]. On y trouve des cristaux de quartz, des pyrites et un peu de mica. Au chalumeau on obtient un verre blanchâtre.

Il nous semble être très-près du Capéran de Sesques qui a une forme si extraordinaire qu'elle frappe même de Pau. J'envoie Poulou se mettre au pied pour le mesurer. Il y va grand train et cependant, il met vingt minutes pour arriver; je l'aperçois à peine : l'obélisque a au moins 50 m de haut. Nous traversons à notre tour le chaos de Quartzites[3] qui nous en sépare. Les roches ont la cassure, la couleur et le son du verre. Le Capéran est également en quartzite; à deux mètres de lui, ce sont des schistes qui se dirigent à l'Ouest, en un tel état de décomposition qu'on dirait une feuille de papier gris; il suffit de les toucher pour qu'ils tombent en poussière. L'aiguille du Capéran se précipite dans Sesques par une cheminée si étroite que Poulou n'ose pas nous y risquer[4]. Nous sommes réduits à traverser un affreux passage de dalles schisteuses[5] relevées sur un angle de 70 à 80°. A moins d'être pieds nus, il est plus prudent de descendre jusqu'à la fontaine qui est à la base

[1] Il donne un verre noirâtre au chalumeau.

[2] *Lecanora fuscata*, Schrad. — *L. glaucoma*, Ach. — *L. polytropa*, Ehrh. — *Lecidea saxatilis ad thallum*, *Lecanoræ parasitica*, Schœr. — *Lecidea geographica*, Sch. — *L. platycarpa*, Ehrh. — *L. glaucoma*, Ach. — *L. morio*, Schœr. — *Umbilicaria cylindrica*, var. *tornata*, Ach. — *Placodium elegans*, DC.

[3] Ces blocs de quartzites sont tombés de las Serous.

[4] *Artemisia mutellina*, Will. — *Saxifraga exarata*, Will. — *S. Groenlendica*, L. — *Valeriana globulariæfolia*, Ram. — *Androsace pubescens*, DC. — *Sisymbrium pinnatifidum*, DC. — *Leucanthemum alpinum*, Lam.

[5] *Aconitum Nappellus*, L.

du dyke, pour remonter à M. Mondos ; ce qui allongerait de 3/4 d'heure. Le dyke fend du haut en bas les schistes dont je viens de parler, nous l'enjambons, et gagnons presqu'aussitôt le col de Sesques [1] par une grimpée rapide dans les festukas, au-dessus du ruisseau de Tsaout qui coule dans la vallée d'Aspe [2].

3 h. 1/2. Ce col est à donner le vertige ; ensevelis jusqu'aux genoux dans la poussière des schistes, nous tombons plus que nous ne glissons, entraînant tout à 10 mètres autour de nous. Si le lac d'Aule m'a trompé dans mon attente, Sesques à qui je n'ai rien demandé me dédommage largement. Les calschistes flamboyants de las Arrouyettes de Sesques [3], au Nord, dessinent de grandes rosaces rouges et vertes bordées de cristaux de quartz sur des fonds cendrés ou des plaques de neige. Un chasseur nous fait des signes et descend en courant. Il a peut-être mis sur pied quelque bande d'isards ; je me hâte à sa rencontre en me dirigeant au nord. J'arrive sur l'arête d'une énorme crevasse au fond de laquelle coule la source qui sera plus tard le gave de Sesques. Une grande croute noire, zébrée et contournée, s'est détachée de las Arrouyettes et s'appuie au fond du ravin, dont les strates remontent rapidement de l'Ouest à l'Est. Le chasseur les traverse ; il a son fusil en bandoulière, sonde avec son bâton, puis saute de couches en couches, en glissant et faisant rouler les plaques d'ardoises et les débris dans le précipice dont je n'aperçois pas le fond. Il est effrayant

[1] Dans la vallée d'Aspe on l'appelle col de Peyrotte.

[2] *Sedum atratum*, L. — *Cerastium alpinum*, L. *var. hirsutum*, G.-G. *Arenaria purpurascens*, Ram. — *Aconitum Napellus*, L.

[3] C'est ainsi que les pasteurs désignent le contrefort de Sesques. La carte d'état-major l'appelle le pic de l'Escarpuru.

à voir... Depuis un instant je ne sais ce qu'il est devenu, et je retourne vers mes enfants lorsqu'il apparaît au milieu de nous. C'est un grand gaillard à figure large et pâle, les cheveux noirs comme du jais. Il est allé vendre un isard aux Eaux-Chaudes, et il en poursuivait une bande qui est venue par ici.

Nous savons où ils sont, mais en dignes confrères de St-Hubert, nous nous gardons bien de lui en dire un mot. Le capéran de Sesques forme la tête d'une raillère à pic couverte encore de neige, et bordée à l'Est par un gros rocher en terrasse où l'on ne peut arriver que par une cheminée droite. Il est couronné d'herbe où broutent cinq isards nous tournant le dos, à 500 m. Il n'y a pas de sympathie entre les Ossalois et les Aspois; nous attendons que le braconnier ait disparu par le col de Sesques pour étudier la question..... Le résultat de nos réflexions est que la journée est trop avancée pour essayer une traque.

Il y a trois postes à garder : la gauche du Casaous [1], la raillère qui le longe et descend presque perpendiculairement du Capéran, et, le meilleur de tous, la glissoire par laquelle les isards passent ordinairement pour gagner le pic de Sesques. Je m'en approche doucement, et je leur envoie une balle de Lefaucheux, à toute volée ; je n'avais pas de carabine ce jour-là..... S'ils se décidaient à descendre, je pourrais les tirer à 100 m. Après mon coup de feu, ils restent encore un instant immobiles, puis le bruit de la détonation leur arrive et les cinq têtes se retournent à la fois. Après un instant d'indécision, ils font le tour du plateau en courant et arrivent à la glissoire..... je crois qu'ils vont la descendre ; mais l'un d'eux s'arrête...... ils se

[1] On appelle ainsi les plaques de gazon qui servent de pâturages aux isards sur les sommets.

bousculent un instant puis remontent se cacher dans un coin, à droite, où je les vois tous en paquet... Quelle tentation !... Mais le soleil se couche et nous avons une énorme descente à faire dans une montagne où nous venons pour la première fois. Cependant avant de partir, Jean leur envoie encore quelques coups de sifflet qui ne les déterminent pas à bouger [1].

Il y a un kilomètre de neiges dans le fond de Sesques, et elles sont si dures qu'on les prendrait pour un glacier. Fendues au milieu, on peut y circuler dans un large couloir terminé par un pont de cristal de 7 mètres de haut.

Il fait déjà assez froid pour que nous résistions au plaisir de prendre le café à la glace ; nous gagnons rapidement le bois qui ferme la gorge. On ne voit plus à se diriger sous les arbres. Les moutons du pla de Sesques (6 h.) sont déjà au cujalat, et nous n'avons pas dîné. D'ailleurs, les fontaines sont taries et ce n'est qu'à mi-côte de la descente, Sagette horriblement raide et presque difficile à cette heure, que nous en trouvons une abondante. Chacun boit un coup et reprend sa course, un morceau de pain sec à la main pour ne pas perdre de temps à chercher les provisions dans les sacs.

Il est 7 heures quand nous tombons dans le chemin de Schlitte, que l'on appelle Rafson dans la partie française des Vosges, et Schwellenweg dans la région allemande.

Ces chemins que les schlitteurs construisent pour l'exploitation des forêts, demandent une certaine habileté de nivellement. Ils ont environ 1 m. 50 cent. de large et sont composés

[1] Ce coup de sifflet est un appel qui s'entend à de grandes distances. Il se produit en introduisant le petit doigt recourbé dans la bouche, et l'appuyant sur la langue disposée d'une certaine façon. Descendant de l'octave aigu à la basse, il se termine par une tierce mineure d'un effet singulier.

de traverses de hêtre ou de sapin, distantes les unes des autres de 40 c. et retenues par des crochets de bois fichés assez profondément en terre; mais sortant la partie recourbée de 10 à 20 c. Les arbres abattus et ébranchés, placés sur un traîneau en tête, et un autre en queue, sont traînés par un cheval ou deux; chaque convoi est accompagné de trois hommes : un charretier, un graisseur qui frotte les traverses avec du lard quand elles ne coulent pas assez, et un timonier qui, la hache enfoncée dans l'arrière de la pièce, la retient ou la dirige.

A force de fixer ces barres de bois, les yeux sortent de la tête, et la tête penchée en avant nous brise les épaules. C'est un travail d'écureuil qui finit par endormir. Mais la forêt s'épaissit et on n'aperçoit même plus les crochets. Nous avons recours alors aux vers luisants : j'en couvre le béret de Poulou qui est en tête et qui connaît le chemin. Ce moyen réussit à merveille pendant un instant; mais bientôt notre locomotive déraille à un tournant inattendu, et le train roule de tous côtés : celui-ci dans le ravin, celui-là contre un tronc d'arbre, heurtant les boîtes à herboriser avec un bruit de caisson d'artillerie en déroute. Poulou furieux secoue son béret et rend la liberté aux vers luisants; cette bonne action ne lui porte pas bonheur...,. Il n'a pas fait cent mètres qu'il pique une tête dans je ne sais quoi..... « C'est bon signe », dit-il, en se relevant.

Comment bon signe ?..... Est-ce qu'il serait de force à citer le mot de Scipion l'Africain et de Guillaume le Conquérant ?... — « Oui, reprend-il, « je suis tombé sur un traîneau, et comme

» on ne les laisse qu'au bout du chemin, cela prouve que nous » sommes arrivés. » [1].

En effet, nous apercevons les lanternes de la voiture qui nous attend sur la route. 7 h. 30.

A 9 h. nous étions aux Eaux-Bonnes.

SESQUES (2,605^{m}), GAZIÈS (2,418^{m}).

Eaux-Bonnes, 4 août.

Excursions de 17 h. 1/2 dont 3 en voiture.

Guides : Jean Soustrade et Camy.

Départ des Eaux-Bonnes 3 h. 1/2.

La première scierie que l'on rencontre à 1 kil. des Eaux-Chaudes s'appelle l'Infernet; la seconde porte le nom de Miegabat, le pont que l'on traverse ensuite (2 kil. 200^{m} des Eaux-Chaudes) est celui de Bitet (732^{m}). Nous y arrivons à 5 h. et prenons le chemin de Schlitte de la dernière excursion; montant à l'ouest entre les bois de Sesques (1,724^{m}) au Sud, et ceux de Bouerzy dont le pic, au Nord, a 1760^{m}.

Nous arrivons bientôt au pont de la cascade de Sesques. Cette cascade est assez vantée; mais peu connue; il n'y a qu'un endroit fort étroit, à mi-côte, d'où on peut la voir toute entière. Elle hésite en descendant de marche en marche pour

[1] Coïncidence singulière..... c'est à quelques pas de là que le malheureux est tombé mort en allant à la chasse. Je l'ai vivement regretté; ancien militaire, poli, toujours de bonne humeur, connaissant très-bien la montagne, il était infatigable. Jamais je ne lui ai vu de bâton, même dans les excursions les plus pénibles, il portait seulement à la main une petite baguette, souvenir du corps de garde sans doute ?...

chercher une issue, jusqu'au moment où elle prend son élan et tombe d'une assez grande hauteur sur un plan incliné. La Sagette de Sesques commence aussitôt après le pont. La fontaine, où nous avons dîné par cœur dans notre précédente excursion, est la première que l'on rencontre en montant ; elle n'est pas aussi estimée qu'une seconde également sur le bord du sentier, et celle-ci à son tour ne vaut pas la troisième du sommet, qui porte particulièrement le nom de fontaine de la Sagette de Sesques. Malheureusement ces deux dernières tarissent quelquefois. Nous choisissons naturellement la meilleure pour déjeuner (6 h. 3/4.) Je la signale comme une station très-remarquable d'Apollons. Ils passent incessamment sur nos têtes et c'est à coup de bâton et de béret que nous les prenons sans bouger de place.

Le trou de Bitet, où s'est passé le drame que j'ai raconté dans le guide de Pau aux Eaux-Bonnes [1], est en face de nous, au N E. au-dessous de la Costarade.

Au moment d'arriver au Pla de Sesques, pendant que vous vous disloquez les pieds dans les pavés de granit, regardez, dans le monticule à gauche, ces buissons de hêtres rabougris ; Cordet d'Assouste, y étant à l'affut, a tué un ours qui passait où vous êtes, à trois heures de l'après-midi. Il y a un joli dessin à faire ici, en prenant le groupe de rochers qui entoure les cabanes pour premier plan. Nous arrivons au dernier cujalat, [2] à 9 h. 1/4, après avoir examiné, en traversant le bois, de curieux schistes calcaires [3] corrodés par les pluies de montagne.

Autour de la cabane, les *Aconitum Napellus*, sont mangés

[1] P. 212.

[2] *Potentilla nivalis*, *Lap.* — *Viola biflora*, *L.*

[3] *Primula viscosa*, *Will.* — *Aconitum lycoctonum*, *L.*

par les brebis qui n'en paraissent pas plus incommodées que lorsqu'elles broutent l'arnica. Une source glacée surgit à 20m de là.

Au moment d'arriver aux neiges, un de mes enfants ramasse la plus belle géode de cristal que nous ayons rencontrée jusqu'ici. Elle a 22 cent. de long sur 7 de large et est colorée en vert par une couche d'amiante très-fine qui recouvre d'un duvet soyeux les portions de la roche restées à nu. Lorsque cette incorporation se fait d'une manière très-intime, il en résulte une pierre qui, taillée en cabochon, manifeste un chatoiment prononcé et qu'on appelle Œil-de-chat. Ce fragment, à base d'Eurite, vient de l'Ombret de Sesques, les débris épars sur le sol en indiquent la direction. Quoique les plus belles pointes aient été brisées en tombant, il y en a encore qui ont jusqu'à 12 cent. de circonférence.

Sesques est un cirque de 3 kil. de long sur 1500m de large. dominé, à l'est et au sud par la chaîne escarpée de las Serous (2371m)[1], au plein sud par l'aiguille du Capéran (2,403m), au S O. par le Scarput que la carte d'état-major appelle Scarpuru et que l'on nomme M. Mondos dans la vallée d'Aspe (2.512m), et au N O. par l'ombret de Sesques (d'autres disent arrouyettes[2]) qui n'est que le contrefort du pic de Sesques (2,605m).

Dans le fond sud, s'élève une terrasse extrêmement inclinée, de 700m de profondeur sur 1 kil. de large, où on ne peut monter

[1] Las Serous, les sœurs, dont plusieurs pointes se ressemblent et ont à peu près la même hauteur.

[2] Ces deux noms sont donnés par les pasteurs. Il est très-difficile de se reconnaître au milieu de ces diverses dénonciations. Je suis passé souvent à Sesques, interrogeant tous ceux que je rencontrais, et c'est à la majorité d'affirmations, quelquefois fort divisées, que j'ai adopté les désignations que j'indique.

que par un seul passage très-étroit, dessiné dans la roche par un filet d'eau (plein sud) dont la source est au sommet; puis viennent les débris des schistes où nous sommes descendus l'autre jour.

La masse générale de Sesques est composée de Calschistes accouplant les couleurs les plus vives aux demi-teintes les plus délicates. Au nord et au sud, il y a eu des pointements de pétro-silex et d'Eurite. Je remarque, dans certaines Phyllades d'un joli vert d'eau, des Dendrites que l'on prendrait au premier abord pour des polypiers. D'autres Phyllades renferment des nodules qui affectent tellement la forme fossille que je les ai fait déterminer?..... C'est une pyrite qui occupe l'intérieur, et donne lieu à cette formation généralement teintée en violet par le voisinage du fer. Dans les schistes argileux du haut, sous le Caperan, j'ai trouvé de véritables fossiles impossibles à déterminer.

Si j'avais le temps, je gravirais la raillère du Capéran; son exposition et sa composition géologique me font croire que j'y trouverais l'*Adonis pyrenaica* une des plantes les plus rares de ces contrées. Mais les nuages sont descendus, et voilà un berger qui prétend que nous allons nous perdre.

En effet, malgré mes observations, Camy pointe au midi au lieu du S O., et vient se butter contre une muraille où nous manquons d'être assommés par les pierres qu'envoient des isards invisibles. Jean assure bien qu'il saura, malgré l'obscurité, retrouver notre contrepied, quoique les schistes mouvants où l'on enfonce jusqu'au genou ne conservent pas plus nos traces que si nous marchions dans l'eau?..... Je connais son secret qui consiste à observer les pierrailles: celles que le pied a remuées sont en effet plus humides que les autres; mais la pluie qui commence à tomber leur donne à toutes la même couleur. Que faire?... On ne voit pas son voisin; à dix pas les cris sont amortis par le brouillard et nous tournons sur nous-mêmes en nous égarant davantage.

Je commence à croire qu'il faudra coucher là, quand, tout-à-coup, je pense à ma boussole...... Sûr de notre direction alors, je force Camy à revenir au S O. Les crêtes commencent à se découvrir. Nous croyons distinguer une vache... un cheval... puis un ours qui tient je ne sais quel animal entre ses pattes... Ombres fantastiques animées par la brume!

Distraits par ces mirages, nous manquons le col de Salient de Sesques [1], et je vais me jeter sur celui du Scarput [2] qui est beaucoup plus rapide, et qui porte le nom de Mondos dans la vallée d'Aspe où nous descendons en suivant le dyke pour remonter immédiatement au col de Peyraougue, à l'Est (3 h. 1/4). Camy qui nous y a devancés, m'apprend qu'il a perdu mon imperméable; c'est une assez fâcheuse surprise par ce temps de pluie.

Le col de Peyraougue est le passage de la vallée d'Aspe et de Sesques, dans Gaziès qui forme un cirque parallèle à celui que nous venons de quitter. Notre chemin, pour y descendre, est d'appuyer E NE. le long des crêtes de las Serous, puis, après quelques ressauts, d'accentuer à l'E SE.; mais je l'ignorais alors. Les nuages ont tout envahi. Camy, perdu de nouveau. nous mène à droite, à gauche, monte, descend, revient sur ses pas et incline enfin tellement au Sud qu'il nous conduit dans des précipices dont nous ne pouvons plus sortir.

[1] Le col de Salient de Sesques s'appelle col de Peyrotte dans la vallée d'Aspe.

[2] J'ai déjà dit que le Scarput était connu dans la vallée d'Aspe sous le nom de M. Mondos.

Heureusement, Jean, parti à la découverte, a entendu la cloche d'une vache et est parvenu à rejoindre les bergers qui nous font descendre, par des pentes escarpées et de grandes bandes de neige, au pla de Gaziès. Mes enfants ont leurs imperméables ; mais nos cils, nos cheveux sont poudrés de brouillard, et mes vêtements de toile sont imbibés d'eau.

Je ne parle pas de cette descente dans Gaziès puisque je n'y vois rien. Nous y reviendrons dans la prochaine excursion.

A 7 h. 1/2 nous arrivons à la voiture qui attend sur la route de Gabas.

Retour aux Eaux-Bonnes, 9 h.

GAZIÈS, LAS SEROUS, SESQUES.

(2418m) 2371m) (2605m)

Eaux-Bonnes, 11 août.

Excursion de 19 h. dont 3 en voiture.

Guide : Jean Soustrade.

Sans me priver du secours des guides des Eaux-Chaudes et de Gabas, j'emmène toujours Soustrade avec moi : je voudrais que quelle que soit l'excursion que l'on désire faire en partant des Eaux-Bonnes, on soit toujours certain d'y trouver sous sa main un guide qui connaisse le pays. Or, il est très-rare, de rencontrer un Ossalois capable de diriger sur les deux rives du Gave qui descend d'Anéou à Laruns. J'ai taché de former Soustrade, il en profitera en même temps que les touristes.

Départ des Eaux-Bonnes en voiture, 2 h. 1/4 ; le Mis des C. nous accompagne. A 3 h. 50 m. nous mettons pied à terre en arrivant au gave de Gaziès, (Ouest) 3 kil. 500 m. des Eaux-Chaudes. Il ne fait pas encore jour, nous montons au hazard, à moitié endormis, si bien que le Mis des C., entendant le gave rouler dans le bas, me demande si c'est la voiture qui nous suit?...

200 m. après, je passe sur la rive gauche dans le bois de Glouta. On commence à pouvoir se diriger ; nous prenons les Apollons endormis sur les fleurs. Que d'observations il y aurait à faire sur ce sujet dont l'attrait s'impose involontairement à celui qui s'occupe des sciences naturelles !...

L'existence des plantes et celles des insectes ne sont pas des phénomènes isolés qui prouvent seulement la grâce et l'harmonie que Dieu a distribuées dans la création. Les Lépidoptères et les Coléoptères qui naissent sur les plantes, ont, à leur tour, une action nécessaire sur elles. Si les uns reçoivent la nourriture, ils donnent souvent aux autres la fécondation qui est plus que la vie, puisqu'elle est comme une émanation des droits du créateur.

La transplantation ou l'incompatibilité de climat peut séparer les agents et causer la stérilité, ainsi que cela a lieu en Angleterre où la rareté du sphinx *Convolvuli* explique pourquoi le *Convolvulus sepium* n'y produit pas de fruits. Ce fait a été l'objet de nombreuses observations. [1]

Les Coléoptères carnassiers, les *Carabus*, le *Calosoma sycophanta* par exemple qui, à lui seul, peut détruire toute une légion de chenilles voyageuses, *ont des élitres luisantes. Ceux qui ont la mission de transporter le pollen fécondant des fleurs*

[1] M. Buchanan White, dans le Journal *of botany*. Janvier 1873, pp. 11-13.

sont, au contraire, revêtus d'élitres pollues, de sorte qu'ils ne peuvent toucher à un calice sans être enfarinés. Les papillons que nous voyons couverts de pollen vont le déposer intinctivement sur les femelles dont ils sucent le nectar. Mais, si la plupart des plantes reçoivent de toutes mains, quelques-unes ont des affections individuelles, ou mettent à leurs faveurs des conditions particulières. Il en est même qui punissent de mort les audacieux qui ont voulu s'enivrer de leurs parfums. Lorsque l'*Aristolochia Sipho* [1] tapisse de ses lianes les balcons de nos demeures, on peut voir les petits criminels, abeilles ou sphinx, suspendus par leurs trompes à ses potences veloutées.

Certaine orchidée du Sud de l'Afrique [2] cache son nectar sous des masses polliniques tellement considérables que le premier insecte qui s'y présente est arrêté par la poussière qui s'attache à son abdomen, et obligé d'aller porter son fardeau sur une autre fleur, pendant qu'un camarade plus heureux profite de l'obstacle disparu pour mettre le pollen dont il est chargé en contact avec le stigmate.

Au Cap, l'Acanthacée *Duvernoia adhatodoïdes* dont la fécondation doit être croisée, ne peut la recevoir que d'un gros hyménoptère du genre *Xylocopa* ; et ce qu'il y a de singulier : c'est qu'il n'y a que pour lui qu'elle secrète son nectar. [3] Mais revenons à Gaziès. Après une assez rude montée dans le bois de Glouta, en face du rocher granitique de Palassou dont les débris couvrent les environs, nous traversons

[1] Il en est de même pour les *Apocynum androsæmifolium.*

[2] La Kagaberg. M. Mansel Weale, vol. XIII, n° 65, pp. 42-45 (1871).

[3] Mme Barber, *the journal of the linnean society*, vol, XI, n° 56, pp. 469-472 (1871).

le gave pour entrer dans celui d'Ariucaou dont les sapins serrés les [illegible] les autres cachent le firmament; j'en mesure un à hauteur d'homme, il a 5 m. 10 de circonférence. Un de ses camarades, beaucoup plus petit, vient d'être abattu à côté de lui; il marque 112 ans. Une couche moyenne de 1 millimètre approximativement, à l'âge de 100 à 120 ans, est reconnu pour caractère du meilleur bois de construction et correspond à une densité considérable et non extrême, réunis à une élasticité particulière. C'est donc dans les zones froides que l'on rencontre les meilleurs pins et épicéas pour la construction. Les arbres polaires ont une trop forte densité qui nuit à leur élasticité. Ceux de la zone tempérée, manquant au contraire de densité et d'élasticité, deviennent parfois même spongieux. [1]

Il n'y a personne dans la cabane des charbonniers dont l'ouverture est défendue par cinq bâtons posés simplement à côté les uns des autres: clôture morale que l'on respecte dans la montagne comme si c'était une porte de bronze. Nous débouchons presqu'immédiatement dans le plateau de Saousset: 6 h. 3/4. [2]

Assis dans la rosée sur nos imperméables, les pieds au-dessus du gave que le soleil n'éclaire pas encore, nous grelotons en cassant nos œufs durs. Un berger, poëtiquement couché dans un massif de rosiers, de rhododendrons et de grandes gentianes, [3] a l'air stupéfait de nous voir observer l'abstinence du vendredi.

[1] M. Békétoff, Mémoire de la Faculté des sciences naturelles de Cherbourg, 2e série, T. V.

[2] Saousset est de Gère-Bélesten.

[3] *Gentiana lutea*, L. — *G. Burseri*, *Lap.*

Nous avions presque fini, lorsqu'un fracas épouvantable se fait entendre en face, les rochers bondissent, les branches volent en mille morceaux et un immense sapin, sifflant dans l'air comme trente boulets de canon, vient rouler à quelques pas de nous. Chacun se sauve au petit plateau de Poeye par le grippé de Mouscaro, pendant que Jean s'exténue à crier aux bucherons de ralentir leur ardeur; l'herborisation de ces lieux est remarquable. [1] Je devrais presqu'y ajouter un champignon de neige qui a 96 m. de circonférence et repose sur un pied d'un mètre de diamètre. Au grand plateau de Gaziès, nous voyons un autre phénomène de ce genre : un gros rocher précipité des sommets d'Er ou d'Aule par quelqu'avalanche, a franchi les cabanes; depuis, la neige a fondu, et il reste au milieu du pla, perché sur un bourrelet qui s'est changé en glace.

Le petit lac d'Ounseïts ne figure pas sur la carte d'état-major; il est au Nord (1724^{m}), sur les contreforts du lac Serous (2371^{m}), N O.. Gaziès s'élève au S O. et Aule au Sud.

Notre déjeûner, interrompu un peu brusquement, n'a pas laissé de traces bien profondes dans nos estomacs ; nous montons à l'Ouest pour lui donner un successeur, laissant au S S O. des raillères dans lesquelles je soupçonne la présence de l'*Adonis pyrenaica*. Depuis quelque temps, je remarquais une

[1] *Lilium Martagon*, L. — *Lilium pyrenaicum*, Gouan. — *Eryngium Bourgati*, Gouan. — *Aconitum Napellus*, L. — *Aconitum lycoctorum*, L. — *Rosa alpina*, L. — *Rosa alpina*, L. *var. vestita*, G. G. — *Adenostyles albifrons*, Rchb. — *Arnica montana*, L. — *Lactuca Plumieri*, G. G. — *Geranium sylvaticum*, L. —*Thalictrum aquilegifolium*, L.—*Veratrum album*, L. — *Myosotis alpestris*, Schm. — *Rosa pyrenaica*, Gouan.—*Rosa pimpinellifolia*, D. — *Iris Xyphioides*, Ehrhs. — *Phyteuma spicatum*, S. — *Daphne Mezereum*, L. — *Digitalis purpurea*, L. — *Trifolium alpinum*, L.

disposition singulière de roches de toutes les couleurs, espèce de Griotte dont les pluies acidulées ont rongé le calcaire renfermé dans des phyllades. Ces schystes, modelant les formes de la montagne très-tourmentées dans cet endroit, ont un aspect qui attire invinciblement le dessinateur; il porte très-justement le nom de *Roche de la Conquête*. Pour y arriver, nous traversons de grandes bandes de neige couvertes de vaches et de veaux qui y sont couchés au soleil pour se garantir des mouches. Quelques bêtes du troupeau, craignant peut-tre d'attraper des rhumatismes, courent la plaine, la queue en l'air, beuglant, affolées et s'arrêtant seulement pour se frapper les reins avec leurs cornes, dans l'espoir de tuer les taons qui les poursuivent. Les pasteurs courent après : et tout rentre dans le calme aussitôt qu'ils les ont conduites sur les neiges ou à l'ombre des rochers.

Nous goutons à 300 m. de là, au pied du rocher de la Conquête, près d'une fontaine glacée qui inonde le sentier pour aller porter ses eaux au gave dont la source est un peu plus haut, au milieu d'un cirque en ruines. Après notre repas, nous entrons dans ce palais, entre deux colonnades de neige recouvertes de glaces éblouissantes, d'où sortent des assises rouges comme des porphyres d'Egypte. Un tapis de saxifrages [1] et d'Androsaces est étendu sous nos pieds, les anges ont peint notre plafond. [2]

La montée s'ouvre à l'Ouest dans les crevasses et les débris. Pendant que je veux en dessiner les découpures, les nuages me surprennent, et nous nous perdons un instant

[1] *Saxifraga ajugæfolia* L. — *Androsace carnea*, L. — *Veronica fruticulosa*, L. — *Potentilla nivalis*, — Lap.

[2] Coléoptères : *Cystela surfurea, Byrhus auromicans.*

jusqu'à ce que j'aie relevé l'Ouest à la boussole, pour atteindre le col de Peyraougue à la tête du Dyke (1 h. 40). Comme presque toujours, la vallée d'Aspe est sans nuage.

Nous retrouvons notre chasseur de l'autre jour : Casarangue du village d'Etsaut. Comment peut-il se tenir sur les plaques inclinées qu'il faut traverser à mi-côte pour arriver au Capéran ; ses souliers, avec des semelles de deux doigts d'épaisseur, sont de véritables sabots. Je ne sais s'il veut montrer son agilité ; mais il fait force glissades sans jamais tomber. Je lui prête mon revolver pour aller tirer des isards au Casaous. Pendant ce temps, nous montons à notre cher Capéran... Il a fait sa toilette pour nous recevoir ; les nuages viennent de le vernir, et des cristaux bruns scintillent dans la pourpre et l'or de ses lichens [1]. Mes enfants qui ne peuvent ouvrir leurs fenêtres sans l'apercevoir de Pau, lui parlent comme à une vieille connaissance. La roche en tête de lapin qui lui sert d'assise, semble dresser de plaisir ses deux grosses oreilles.

Casarangue revient bredouille. Il prétend que jamais isard n'est monté au Capéran ni sur la pyramide qui est à côté, et, en forme de péroraison, il ajoute : que nous ne sommes pas capables de passer sur les lames de schistes que nous avons franchies l'autre jour. Il est évident que les isards ne peuvent gravir les parois dont il parle ; elles sont complètement verticales ; quant à la seconde partie de son affirmation, nous lui prouvons dix minutes après qu'elle n'est pas exacte.

Je rentre dans le val d'Ossau par le col de Peyrotte (3 h. 1/2), pendant que le Mis des C. grimpe comme un chamois sur les

[1] *Umbilicaria cylindrica, var. Tornata*, Ach. — *Placodium elegans*, Dc. — *Lecidea morio*, Schœr.

flancs de M. Mondos pour nous rapporter des bouquets d'*Artermisia mutellina* et de *Géranium cinereum*.

Le temps me manque encore pour gravir à la recherche de l'Adonis pyrenaica dans la raillère du Capéran. Au retour, j'ai fait part de mes regrets à M. H. de Vilmorin qui a bien voulu aller, avec Jean, vérifier mes conjectures. C'est donc à son obligeance que je dois de pouvoir enseigner ce gisement. Partant de la source dont j'ai parlé, p. 237, vous devez monter 30 m. plus haut (Sud) [1] et gagner horizontalement la grande raillère du Capéran; l'*Adonis Pyrenaica* est à 100 m. au-dessus.

Nous descendons rapidement au Cujalat de Sesques : 5 h. 1/4; et à 7 h. 50 nous sommes à la route où la voiture attend.

Retour aux Eaux-Bonnes 9 h. 1/4.

LAC D'ISABE.

Eaux-Bonnes, 24 août.

Excursion de 19 h., dont 3 en voiture.

Guides Jean Soustrade et Poulou.

Départ des Eaux-Bonnes 3 h. 10'.

Arrivée au chemin de Schlitte de Bitet 4 h. 23'.

Nous prenons à pied le chemin de Sesques qu'il faut laisser à la cascade de Sesques 5 h 23', pour remonter le Gave d'Isabe par le N O., le pont de Raziès et les semis de sapins ; toute notre droite est de Bitet ; la gauche de Sesques.

[1] P. 236-237.

Avant d'arriver à la Pène Blanque : un gros rocher blanc qui apparait au travers des sapins ; nous passons devant la glissoire de Raziès où M. de Bray a tué un ours[1], sous ces sapins et ces hêtres, à 80^{m} sur votre gauche. Cette glissoire est ce que l'on appelle en termes de chasse : un endroit chanceux.

En 1871, Jean Biraben, garde de Laruns, faisant la tournée réglementaire, vint s'asseoir un instant à ce poste pour fumer une pipe. Cette importante fonction accomplie, il revenait à Laruns assez ennuyé de n'avoir rien rencontré. Chemin faisant, n'ayant personne à qui confier ses regrets, il reprit sa pipe, cette suprême consolatrice, et l'aurait bourrée s'il n'eut oublié son tabac..... probablement à la glissoire de Raziès..... En effet, s'étant décidé à y retourner, ses recherches furent couronnées de succès. En témoignage de reconnaissance, il charge son trépied et allume le feu sacré..... Dans ce moment une pierre se détache de je ne sais où et roule jusqu'à lui.

Dans la plaine, on ne sait pas ce que c'est qu'uue pierre qui roule. Tout au plus, connait-on à cet égard quelque proverbe désobligeant. Dans la montagne, c'est un bon génie qui vous prévient d'un danger, ou un messager que saint Hubert envoie à ses disciples pour leur révéler la présence d'un animal quelconque, depuis le roitelet jusqu'au Gypaëte, depuis le mulot ou la blanche hermine jusqu'à l'Ours. Cette fois, c'est un ours..... Il est est à soixante pas. Biraben avait une balle dans son fusil ; il le tua raide.

[1] Voir dans le Guide de Pau aux Eaux-Bonnes le récit de cette chasse, p. 254.

Au moment de passer le pont de la Sagette, je remarque dans le gave d'Isabe, de l'ophite, des quartzites et sur ces roches, les lichens *Lecidea atro-albella*, Nyl. *Lecidea saxatilis*. Laissant le gave derrière nous, je gravis la Sagette du Cujalat dominée par un morne couvert d'arbres gracieusement groupés. Poulou y retrouve son ancienne cabane lorsqu'il y travaillait comme bucheron et charbonnier.

Le terrain change, nous entrons dans les schistes où l'on distingue des empreintes de calamites. Le pla de Cujalat est rempli de troupeaux. On y a fait des semis de sapins qui ont très-bien réussi.

Bientôt, tournant au S O. nous entrons dans la Hausse de Cujalat, laissant au N O. le chemin d'Isèye. Puis, après une montée rapide dans la belle forêt d'Isabe, nous sortons brusquement d'un large chemin pour descendre déjeuner à quelques pas, près d'une fontaine cachée derrière les buissons.

(9 h.) Nous n'avons pas encore vu le soleil, la source de la Québotte est glacée, le site est glacial, et au bout d'un instant nous sommes tellement gelés que quelques uns battent la semelle pour se réchauffer. Le gros mamelon d'Isabe parait dans une éclaircie, le soleil l'inonde de lumière, et ses rayons courent sur les plissements schisteux où la chute du lac s'égare dans mille sinuosités.

Quelques pas plus haut le sentier s'élargit ; nous sommes au grand Cujalat de la Québotte, remarquable par ses beaux arbres, le nombre de ses cabanes et d'énormes blocs de quartzites bruns qui brillent comme de l'Aventurine. Les bergers sont de Goust, de Laruns et de Gèdre. Leurs moutons ne sont pas encore partis pour le paccage, à cause de la rosée; lorsqu'on les y mène de bonne heure, ils dorment dans la journée et ne mangent pas.

Le scintillement continuel des quartzites finit par fatiguer les yeux, et cette montée fort raide, dans des plaques de schistes [1], est interminable. Nous inclinons un peu à l'Ouest pour arriver au lac.

(11 h.) Il est magnifiquement encadré au N O. par le casque d'Isabe (2.121^{m}) [2], à l'Ouest par le pic du même nom (2.475^{m}), au Sud par Sesques (2.605^{m}) et à l'Est par le col d'Aussolaire. Ces hauteurs couvertes de neige, avec le ciel bleu par dessus tranchent vigoureusement sur la muraille de schistes disloqués qui entourent le lac. Leur sombre enceinte rayée par les filets d'argent de quatre cascades principales, se réfléchit dans ses eaux d'un bleu verdâtre. Ces cascades tombant de 200^{m} sur des raillères, glissent ensuite dans le lac qui a environ 1,200^{m} de tour, et, après avoir dormi dans ses ondes tranquilles, s'échappent sur les schistes du N E. Dans le fond s'ouvre une petite anse formée par les éboulements.

Le Pic d'Isabe descend, au Nord, jusque dans le pla de Cujalat, par des degrés coupés à arêtes vives et perpendiculaires. Ces marches sont en calcaire coloré en rouge feu par le fer qu'elles contiennent et par le *Placodium murorum*, Hoffm. Une proéminence schisteuse les interrompt, puis elles reprennent en une belle bande rose surmontée d'une muraille blanche avec des moëlons par dessus, comme une construction à pierres sèches qui, au moment de se souder au

[1] Empreintes de polypiers.

[2] Le morne que j'appelle ainsi, est en calcaire bleuâtre et a la forme d'un casque de chevalier, la visière regardant le sud.

casque, forme un petit col où apparait un berger avec son troupeau.

Le lac est entouré de bruyères [1] au Nord ; elles sont en fleurs et forment un tapis si épais qu'il supporte le poids de notre corps sans que nos pieds passent au travers.

(Midi 1/2.) Nous montons au col d'Ossaulaire par des pentes qui finissent par devenir presqu'impossibles. Mais en approchant du sommet les traces d'un troupeau d'isards nous font retrouver nos jambes. Le soleil n'a pas encore séché les pierres que les bêtes ont gratées pour faire un trou et se coucher. Malgré ces indices, il n'y a rien au col qu'une brebis cachée derrière un rocher, et qui bondissant de frayeur, a bien failli recevoir une décharge générale [2].

Ossaulaire est parsemé de schistes calcaires rouges et violets que les pluies ont percillés en détruisant le calcaire. Il suffit de les toucher pour les faire tomber en poussière. Des *Aconitum Napellus*, *L.* en fleur, montrent leurs têtes bleues au travers des buissons de *Juniperus* et de *Calluna vulgaris*, Salisb.

La descente dans Sesques, au milieu des schistes en décomposition qui ne peuvent nous supporter, est longue et difficile [3]; ce n'est pas sans peine que nous arrivons aux cabanes pour diner.

Pendant que les guides défont les sacs, nous tuons quelques Rouge-queues. Le Bec-fin Rouge-queue, *Sylvia Tithys*, Scopoli. aime la société de l'homme, entre dans les cabanes des pasteurs et pond ses œufs, d'un blanc pur, jusque dans l'inté-

[1] *Calluna vulgaris*, Salisb. — *Veratrum album*, L.

[2] Nous y trouvons l'*Adimonia monticola* qui tisse un fil comme l'araignée, et l'*Adimonia tenaceti* qui a la même propriété.

[3] Ces schistes sont entremêlés de poinçonements d'Eurite à grains très-fins.

rieur de leurs fromageries. Lorsque les troupeaux quittent les pâturages, il parait dépaysé ; accourt au devant de nous ; se pose sur les rochers arides ; entre dans les trous, et avec ce hochement de queue, ces ailes pendantes qui le rapprochent du rouge-gorge, il semble faire les honneurs de son canton.

En arrivant au pla de Sesques, je remarque plusieurs roches sculptées avec une régularité surprenante. Le schiste divisé en feuilles de 30 cent. d'épaisseur, a été comprimé de droite à gauche et de gauche à droite, obliquement d'abord puis verticalement; l'eau a détruit le calcaire et il nereste plus que les alvéoles.

Descendant par le chemin de Schlitte, nous sommes bientô à la route 7 kil. 1/2, où la voiture nous attend.

Retour aux Eaux-Bonnes 9 heures.

COL D'ISÉYE.

Eaux-Chaudes, 20 avril.

Excursion de 9 h. 1/2, dont 1 h. en voiture.

Guide, Bernard des Eaux-Chaudes.

Départ des Eaux-Chaudes 9 h. arrivée au chemin de Schlitte 9 h. 1/2.

Malgré la saison, les *Rhodocera Rhamni var. Cleopatra* ; Les *Vanesse Antiopa* et *Urticœ*, et différents *Argus* saluent déjà les premiers rayons du soleil.

A 1/4 d'heure de la grande route, nous visitons, sur le bord du chemin, la grotte à laquelle le Cte de Mailly a donné son nom. Forée par le gave qui l'a percée à jour, elle peut entrevoir le ciel à travers les branches de sapin. Je la trouve difficile à dessiner et préfère mettre dans mon album les sapins *Siamois* qui sont à deux pas de là ; ils forment un joli sujet et c'est une bizarrerie de la nature assez rare[1] chez ces arbres.

Cascade de Sesques 10 h. 1/2. Nous déjeunons à la source qui est un peu plus loin sur la gauche du chemin. Elle surgit de tous côtés, chacun s'asseoit sur un ilot. J'ai pour voisin un petit lézard gris ; je le caresse avec un brin d'herbe et il en éprouve un tel plaisir qu'il ferme les yeux de bonheur. D'autres voisins moins gràcieux, des crapauds ont déposé leurs œufs dans les flaques d'eau ; les uns sont en grappe, les autres forment des cordons d'une gomme transparente accrochés aux aspérités ou aux herbes comme une ficelle que l'on aurait tendue ; les œufs disposés en cordons sont noirs et placés sur deux rangs.

Le *Corydalis cava*, Schweigg, *var. fumaria bulbosa, L.* égaie presque seul le bord du sentier ; mais il est très-abondant.

En traversant le *bois noir de Bitet* je trouve le Bec-croisé commun ou des pins, *Loxia curvirostra*, Lin. oiseau singulier mais disgracieux, son bec croisé lui donnant l'air estropié. Sa mue est particulière ; à un certain âge, il se couvre d'un plumage qui ne ressemble pas plus à celui qu'il a quitté qu'à celui qu'il portera désormais. Il niche dans l'enfourchure des arbres et pond 4 ou 5 œufs d'un gris verdâtre dont le gros bout est marqué d'un cercle de taches, de raies et de points d'un rouge brun.

[1] Ces deux sapins soudés ensemble, sont à droite, sur le bord même du chemin.

Nous rencontrons aussi la Mésange huppée, *Parus cristatus*, Lin.; elle ressemble beaucoup à la Mésange Nonnette, *Parus palustris*, Lin. Elles ont, comme toutes les mésanges, l'habitude de dresser les plumes de la tête au moindre sentiment de gaité ou de colère; sont de la même taille et presque de la même couleur. Mais les plumes frontales et coronales de la première sont plus accuminées, plus longues que celles de la seconde et bordées de blanchâtre. La huppée a la gorge, le haut du cou, la raie transversale des tempes et le collier d'un noir profond, tandis que la Nonnette, avec une calotte du même noir engageant toute la tête et jusqu'à la nuque, porte la gorge noirâtre; le reste de son corps est d'un gris nuancé de brun. La huppée, plus oiseau de montagne que l'autre, est généralement roussâtre. Elle niche aussi bien dans les creux d'arbres que dans les vieux nids d'écureuil; ses œufs, assez nombreux, sont blancs, tachés au gros bout de gouttes de sang. La Nonnette descend jusque dans nos jardins et pond, dans le creux des arbres fruitiers, jusqu'à 12 œufs blancs tachés de rouge.

En montant la Sagette braque, il semble que la montagne s'écroule sur nous avec un bruit de tonnerre: ce sont des bucherons qui lancent un énorme sapin. Les uns sont perchés dans les branches voisines, les autres cachés sous les rochers, pendant que l'arbre se jette la tête en bas et s'enfonce si bien dans le sol qu'ils sont obligés de le couper une seconde fois. (1 h. 1/4.)

Nous trouvons la neige dans le pla de Cujalat. (1 h. 1/4). Laissant le chemin du lac d'Isabe au S O., nous continuons au N O. à travers des semis considérables de sapins, et nous arrivons (2 h. 1/4) à une haie sèche qui forme, sur le bord d'un bois de hêtre, la limite des deux vallées.

La ligne de démarcation d'Ossau et d'Aspe est naturelle; elle est marquée par le sommet des crêtes. Pourquoi ici, vient elle descendre à l'intérieur du versant Ossalois ?...

Voici ce que m'ont dit les guides ; et ils s'appuyaient du témoignage de Pallas Larrabe mort presque centenaire il y a quelques années à Laruns.

Les exercices d'adresse et d'agilité sont fort en honneur dans le Béarn ; les communes, et encore plus les vallées, ont leurs champions favoris à la peaume *(à bled)*, à la barre *(aouyette barre)* et à un saut particulier appelé *lous trés saouts.*

Depuis longtemps il existait une certaine animosité entre Aspe et Ossau à propos des délimitations qui étaient mal observées, et il en résulta le pari suivant :

Le plus fameux sauteur d'Aspe devait lutter contre le plus agile Ossalois ; chacun d'eux devait être l'Horace ou le Curiace de son pays, et joindre à la gloire du vainqueur une portion de territoire assez considérable. La vallée d'Ossau succomba dans ce nouveau tournois, et c'est pourquoi l'ont voit aujourd'hui les bornes de séparation des communes d'Accous et de Laruns au milieu de la caverne du pic Montagnot d'Iséye et dans la grotte de Charracou, au pied du pic d'Isabe qui porte ici le nom de Péne blanque.

Cependant, d'autres prétendent que cette histoire est un conte, et que cette portion de montagne, après avoir été entre les mains des habitants d'Accous à titre d'empain [1], leur a été définitivement acquise parce que Laruns n'a pas pu payer ses créanciers.

[1] Hypothèque.

Nous avons de la peine à nous tirer des neiges, elles sont crevassées, molles, et nous engloutissent jusqu'à la ceinture. Les ours ont mangé les feuilles du *Scilla verna*, Huds. dont le bois est rempli.

Au sortir de la forêt, je remarque la manière dont sont faites les bergeries de la vallée d'Aspe : ce sont de véritables constructions à chaux et à sable avec une toiture régulière en ardoise ; mais on mourrait de faim et de froid à la porte ; car elles sont fermées à clef ; je leur préfère les rustiques cabanes d'Ossau.

Nous nous établissons pour goûter autour d'une source abondante qui est au fond de la vallée et dont l'eau est délicieuse. On y voit déjà quelques fleurs[1] labourées par les ours.

En montant au col qui est encore à 2 kil. 1/2 de là, je trouve dans les plaques où la neige a fondu, l'*Erythronium dens canis*, L., le *Narcissus Pseudo-Narcissus*, L. et le *Daphne Mezereum*, L. qui nous embaume un quart d'heure avant de l'avoir aperçu ; il ne donne ses feuilles qu'après sa fleur. Ces plantes ont un aspect malheureux, les gazons ne sont pas encore poussés, il semble que la terre ait la lèpre et que les oiseaux à cadavres viennent la dépecer. Mes enfants tirent dans des vols innombrables d'espèces lugubres dont les noms seuls disloquent la machoire. J'ai déjà parlé des Pyrrhocorax Choquards, *Pyrrhocorax Pyrrhocorax*, Cuvier : ils sont réunis ici aux Pyrrhocorax Coracias, *Pyrrhocorax Graculus*, Tem. plus longs qu'eux de deux ou trois centimètres ; mais se ressemblant parfaitement pour le plu-

[1] *Soldanella alpina*, Lam. — *Gentiana alpina*, Will. — *Gentiana acaulis*, L. — *Gent. verna*, L. — *Veronica serpyllifolia*, L. — *Bunium alpinum*, W. Kilt.

mage d'un noir brillant ave des reflets d'un pourpré changeant en vert. La seule véritable différence est dans le bec qui, chez le Coracias, est rouge comme ses pieds, tandis qu'il est jaune chez le Choquard. Les œufs du Coracias, 3 ou 4, sont d'un blanc sale avec des taches brunes. Les habitudes de ces oiseaux et leur nourriture sont les mêmes. Ils ne quittent guère la montagne et vivent dans les trous des rochers ainsi que dans les puits naturels, *Poye.*

On voit parmi eux la Corneille noire, *Corvus corone*, Lin. commune aux Eaux-Bonnes, dans les prairies d'Aas ou les bois de Gourzy. Les abords de son nid, où elle pond cinq ou six œufs d'un vert bleuâtre moucheté de gris, sont souvent encombrés de carcasses de serpents et de crapauds.

La Corneille mantelée, *Corvus Cornix*, Lin., le Freux *Corvus Frugilegus*, Lin. et le Choucas, *Corvus monedula*, Lin. ne sont ici que de passage. Je suis étonné de ne pas rencontrer le Gros-bec Niverolle, *Fringilla nivalis*, Lin[1]. Je l'ai trouvé l'année dernière au lieu et au moment où je m'y attendais le moins. C'était en novembre, sur la côte de Biarritz. Il y en avait un vol d'une vingtaine qui sont restés quelques temps sur la plage des Basques, becquetant avec avidité les débris que la vague déposait sur le sable ; j'ai pu en tuer plusieurs. Son aspect général est celui d'un pinson ordinaire ; mais il est plus blanc et plus gros. C'est un oiseau que l'on ne rencontre ordinairement qu'à la montagne, près des neiges ou dans les forêts. Il a le bec jaune et les pieds noirs en hiver ; en été les pieds, à leur tour, sont bruns et le bec devient noir.

[1] C'est le Pinson des neiges de Buffon.

Le Pipit Spioncelle sort de dessous la neige où il se réfugie dans les trous qu'ont conservé les Rhododendrons au milieu de leurs branches.

Les animaux domestiques, chevaux, vaches, chiens, etc., se livrent à une gaîté folle lorsqu'on les sort en temps de neige; il semblerait en être de même pour les espèces sauvages? Voïci une salle de bal où nous trouvons réunis des trains de Martre, de Renard, de Lièvre, d'Isard et même d'Ours. Excepté ce dernier qui a conservé sa gravité, traçant, du Nord au Sud, des trous que nous apercevons à 200ᵐ; les autres se sont livrés aux danses les plus échevelées et aux gambades les plus extravagantes; le lièvre, surtout, a fait des bonds de douze pieds qui ont du égayer la société. La neige a photographié en groupe des individus qui, comme la Martre et le Renard, ne sont venus là que sur la piste des autres.

A côté, sont des nids de rongeurs placés à vingt ou trente pas les uns des autres, et communiquant ensemble par des chemins de ronde filant au niveau de la terre. Placés dans une prairie en pente assez rapide, garantis des fontes de neige qui inondent les alentours, par des rigoles naturelles d'assainissement; ces retraites n'ont rien à craindre de l'humidité. Les habitants y entrent par un seul trou placé sur le côté, et, chaudement abrités dans ces boules de 40 cent. de diamètre, en brins d'herbe artistement entre-lacés, ils peuvent, sous une voute de plusieurs pieds d'enveloppe glacée, défier les cinq ou six mois de séquestration que l'hiver leur impose dans ces régions. Je n'ai pas pu voir le propriétaire de ces demeures, il serait possible que ce fut l'*Arvicola nivalis*?

C'est une fatigue très-grande que de cheminer longtemps ainsi, les yeux constamment fixés sur des neiges qu'un soleil brûlant rend éblouissantes ; marchant dans les mêmes pas pour n'avoir pas à faire chacun notre trou ; y enfonçant jusqu'au genou, avec cette circonstance aggravante que le compas de l'un ne fait pas toujours la mesure du voisin. Et cependant, grâce à nos voiles, nous n'avons pas souffert de la reverbération.

La présence de l'astre du jour, n'est pas indispensable pour attrapper un coup de soleil.

Au commencement de Mai 1872, nous sommes entrés dans le cirque de Gavarnie, encore enseveli sous la neige, en passant par dessus une avalanche qui avait englouti le bois de Pinus uncinata entre la prade St-Jean et la cantine de Palasset; il gelait, le temps était couvert, il tombait du grésil, et cependant, nous avons perdu jusqu'à la peau de nos oreilles.

J'ai fait avec d'autres personnes une observation à ce sujet : c'est qu'il est moins fatigant pour les yeux de fixer constamment la neige à ses pieds que de regarder au loin. Il existe à la surface de ces plaines immaculées, une sorte de frémissement de l'air qu'il est difficile de supporter longtemps.

En approchant du col, nous entendons des ruisseaux invisibles, dont plusieurs d'entre nous vont involontairement mesurer la profondeur en y disparaissant jusqu'au cou.

Une muraille de 20 mètres bouche le col, le vent l'a creusée comme une vague prête à se replier sur nous. Je crois que nous pourrions facilement y tailler une porte ; mais si nous allions effondrer ce palais de glace, ce serait affreux d'être ensevelis sous ses ruines. Nous passons sur le bord en crevant la crête du côté du Nord (4 h. 1/2); son versant ouest est déjà tapissé de *Ranunculus alpestris*, L.

Après avoir marché quelques kilomètres dans les neiges

molles, on n'a qu'une chose à faire : se sauver promptement au logis. C'est ce que nous faisons.

Eaux-Chaudes, 6 h. 1/2.

GOUST.

Excursion d'une h. 1/2 en partant des Eaux-Chaudes.

Un guide n'est pas nécessaire.

Après avoir passé le pont d'enfer, prenez, à droite, le sentier qui monte à Goust. Les roches calcaires sont remplies de polypiers énormes, de rudistes et d'autres fossiles indéterminables.

Au moment d'arriver au plateau, remarquez, à deux pas du sentier, à droite, un bloc erratique de 4 m. de long sur une épaisseur de 3 m. 30, témoin séculaire des glaciers qui ont strié ces roches.

La carrière de schistes coticulés dont on fait des pierres à repasser est sur la gauche.

La longévité des habitants de Goust est proverbiale.

Visitez une des maisons du plateau ; elles ont un cachet particulier qui vous donnera l'idée de ces arches de Noë où les habitants passent quelquefois une partie de l'hiver sans bouger, plus par insouciance que par nécessité. Tout le monde vit ensemble, les hommes, les bestiaux et les poulets. Vous y trouverez peut-être le secret qu'on vient demander aux sources des Pyrénées : celui de tromper la mort ou de s'en faire oublier.

« Il y a dans les Pyrénées, dit un auteur qui écrivait au » commencement du 17e siècle, des hommes qui sont venus, » de la mémoire de nos pères, à 150 ans et en avait vu » un qui disait avoir été de l'an 1482, et est parvenu jusqu'au » règne du roi à présent régnant et n'est mort que depuis » quelques années : il se tenait à Goust village de 12 maisons » dans les montages au-dessus d'Aigues-Caudes sur Laruns, » bourg fameux dans le pays de Béarn. »[1]

C'est probablement de ce dernier dont parlait le docteur Cayet lorsqu'il citait un habitant de Goust mort en 1605 à l'âge de 123 ans.

Rien ne change ni ne peut changer à Goust, où l'espace manque à l'homme comme à la pensée ; le trop plein se déverse sur la plaine ; mais la plaine ne monte guère jusque-là.

COLS DE SIESTE ET DE RIOUTOR.

Eaux-Bonnes, 10 août.

Excursion de 17 heures.

Je prends pour guide Larriu minéralogiste et botaniste aux Eaux-Bonnes ; je le recommande pour la loyauté de ses échantillons, qualité précieuse daus un commerce où il est si facile de tromper l'acheteur sur les provenances. Il connaît les gîtes géologiques et vous conduira partout où vous voudrez.

Casabonne porte nos provisions.

Départ des Eaux-Bonnes à 5 h., heure des paresseux et que

[1] Chronologie septénaire de l'histoire de la paix entre les rois de France et d'Espagne, l'an 1604.

nous expierons dans un instant, quand le soleil va nous griller sur les rampes escarpées de Laruns.

Je descends par les raccourcis et Pont. Laissant ensuite Laruns sur la droite, je remonte l'Arriousé jusqu'à la croix, et m'engage au Nord dans un sentier qui tourne presqu'aussitôt à l'Ouest. Les pinsons et quelques oiseaux nous accompagnent jusqu'à 1000^{m} environ au milieu de riches prairies et de nombreuses granges; mais ils nous quittent bientôt pour nous laisser aux prises avec le soleil qui, dès 7 h. 30, me pousse vers une fontaine glacée pour y prendre le café.

La cascade de Céris est à nos pieds. J'aurais pu en faire le chapitre d'une excursion si, depuis les Eaux-Bonnes, on ne voyait constamment son fil d'argent coulant en biais. Prenez-le pour guide, à partir de la croix de Laruns où vous remontez le ruisseau jusqu'au milieu du bois qui cache le pied de la chute.

C'est une très-jolie course; mais il ne faut pas s'y laisser surprendre par la pluie comme cela nous est arrivé; car le passage dans le bois vaut alors un bain complet.

A 8 h. 10 m. nous traversons les granges de Lars ou Hias si nombreuses qu'on les prendrait pour un village, et Casabonne va dresser le couvert au pied d'une miniature de cascade sur la lisière du bois.

9 h. 1/4. Après déjeûner, je reviens un instant sur les flancs[1] de la montagne de Saintmont dominée par le rocher du même nom (1877), où se trouve de l'*Aragonite* blanche et d'autre coloriée par l'oxide de fer.

Sur le bord du sentier, des roches schisteuses, pareilles à celles que j'ai signalées entre Assoust et Béost, contiennent

[1] *Menziesia Dabeoci*, Dc.

des fossiles identiques. En traversant le bois de hêtres, nous nous arrêtons un instant sur le bord d'une cascade de 60 m., qui se précipite au milieu des fleurs. Bientôt, le ruisseau qui l'alimente sort du fourré, et je le remonte au travers des *Swertia perennis,* L. *Cirsium lanceolatum* Scop. pendant que mes enfants tirent des Corbeaux et des Autours. Ces derniers sont de passage ; mais le Corbeau noir, *Corvus corax*, Lin. vit dans la montagne. Cet énorme oiseau de 66 cent. de long, dont la Corneille auquel on prête souvent son nom ne saurait donner l'idée, est entièrement noir lustré de pourpre, son iris a deux cercles, gris et cendré brun. Il descend rarement dans la plaine et se tient dans les grandes forêts, ne dépassant guère la région sub-pyrénenne. Il habite également les hautes falaises de la France. J'en ai eu un vivant qu'on avait déniché au cap Gris-nez dans le Pas-de-Calais ; il était d'une voracité que rien n'assouvissait, et avalait même les pièces de grosse monnaie qu'on lui jetait. Ses œufs, de trois à six, sont d'un vert sale tâché et rayé de brun. Il va à la charogne comme le vautour ; mais mange aussi de petits animaux, des rongeurs, la couleuvre à collier, celle d'Esculape, la vipérine, la couleuvre flava viridis, la flava viridis var. Carbonarius l'orvet et la vipère qui sont les reptiles les plus communs de la montagne, auxquels il convient d'ajouter : les bactraciens qui y deviennent énormes. J'ai donné la taille d'un crapaud [1], il y a des *Rana temporaria*, Lin. qui ont jusqu'à 15 cent. de circonférence, 12 de long et 25 depuis la tête jusqu'au bout des pattes.

Nous arrivons à un petit plateau sur lequel un berger a dressé un monument épigraphique composé de deux pierres dont

[1] P. 128.

l'une est renversée. Elles ont 84 cent. sur 75. On y voit un portrait en pied de Napoléon, et de l'autre côté deux têtes coiffées du bonnet phrygien ; puis un nombre assez considérable de sentences et de proverbes dont voici le début : « Messieurs, voulez-vous prendre la peine de regarder ces » inscriptions généalogiques qui sont faites et dirigées par » moi Joseph Ichaute, d'Aidius, à la connaissance de ses » compagnons naturalistes, et à la complaisance de toute la » république chrétienne. Ecrit l'an 1846 à l'âge de 69 ans, » en gardant son troupeau de vaches dans ce pays, et remer» ciant la divine providence qui me protége sans gloire jusqu'à » ce jour. En vous saluant et vous désirant une parfaite » santé, union, humanité, fraternité....... etc., etc.

Ces pâturages sont de Laruns ; mais on les afferme souvent aux Aspois. Ils sont occupés dans ce moment par un pasteur d'Aidious, Breuil de Boué Lapatie, qui nous reçoit avec une hospitalité cordiale que je ne saurais oublier.

Nous trouvons dans le ravin qui monte au col, Est-Ouest, des fers oligistes enchassés dans l'ophite, de l'ophite avec cristaux d'amphibole, des pyrites de fer que l'on vend trop souvent pour des grenats, du fer carbonaté avec cuivre, des calcaires chromifères, etc.

Il est 1 h. 55 quand je suis au col de Sieste où les nuages nous ont précédés et couvrent presque toute la vallée d'Aspe. Cependant, on peut encore voir le pic du Midi, en montant sur une petite éminence. Ce passage est assez fréquenté pour communiquer d'une vallée à l'autre. J'ai, à 500^{m} de moi au nord, le pic Bareilles (1874^{m}), et, à égale distance au sud, le pic Lorry (1868^{m}) que je contourne par l'Est dans des bruyères[1] et de petits bois où l'on rencontre une perdrix grise que je dois signaler.

Temminck ne reconnaît qu'une seule espèce de perdrix grise, et lui ramène toutes les variétés :

Perdrix montana. Lath.

Tetrao montanus. Gmel.

Perdrix de montagne. Buffon.

Perdrix de passage.

Perdrix damascena. Lath.

Tetrao damascena. Gmel.

Petite perdrix. Buffon.

J'admets comme lui que les différences de plumage, même de taille, ne suffisent pas pour établir une nouvelle espèce. Les unes et les autres peuvent résulter accidentellement de couvées tardives, de climats opposés et de monstruosités qui sont presque habituelles à certaines familles.

Je me rappelle d'une quantité considérable d'oiseaux de passage qui, surpris par un saut de vent, avaient péri dans la mer. On en remplissait des sacs sur les bords de l'île de Ré, et parmi eux, il y avait des perdrix grises. Donc elles émigrent, et d'ailleurs nous connaissons tous la perdrix de passage ; elle est généralement plus petite que la sédentaire; mais cela peut tenir au genre de nourriture et ne suffit pas pour constituer une espèce nouvelle.

Dans les Pyrénées, c'est autre chose : il existe une perdrix grise qui n'émigre pas, qui habite au commencement de la région pyrénéenne, hors des forêts, un peu avant les neiges permanentes, dans les buissons de Juniperus, de Vaccinium, de rhodo-

[1] Coléoptères : *Dorcadium pyreneum*, *Crysomela fastuosa.* Botanique : *Vaccinium uliginosum*, L. — *Empetrum nigrum*, L. — *Lycopodium clavatum*, L.

dendron et d'Erica. Le plumage est fort différent de celui de la grise ordinaire, et ces nuances persistent. Je n'ai pas pu me procurer de leurs œufs; mais j'ai sous les yeux un individu tué dans les crêtes de Lestéré, à droite de la vallée d'Aspe; je le dois à l'obligeance de M. le Vte d'Aigneaux et je vais en donner la description comparativement à celle de la perdrix grise ordinaire.

On retrouve cette espèce, en compagnie, dans toute la chaine ouest de la vallée d'Ossáu; sur les contre-forts du Monné, les crêtes dominant les cabanes du Lys et les pentes gazonnées qui entourent les rochers de Peyrenère, à Cabiros, Viscos, etc. [1].

PERDRIX GRISE, *Perdrix cinerea*, Lath.	PERDRIX GRISE DE MONTAGNE.
Face, sourcils et gorge d'un roux clair;	Face, gorge et *sourcils* d'un roux clair, ces derniers *se prolongent de deux centimètres en arrière* et parallèlement entre eux; quelques plumes blondes entre le bec et les yeux; tête, fond noir, parsemée de plumes rousses et blanchâtres;
Cou poitrine et flancs cendrés avec des zigzags noirs;	Cou, poitrine et flancs, cendrés avec des zigzags comme la bécasse et des larmes blanchâtres qui vont en s'élargissant et suivant la direction de la baguette, déteintant en clair aux abords de la gorge et du ventre;

[1] Bulletin de la S^{té} Ramond, avril 1872. Chasse à Cauterets, par M. E.-S. Frossard fils, p. 69.

Sur les plumes des flancs, de grandes tâches d'un roux rougeâtre ;	Sur les plumes des flancs, des bandes transversales marron, encadrées d'écailles et de zigsags noirs sur fond fauve; chaque bande divisée par une étroite raie blanche qui court sur la baguette ;
Une large plaque marron et en forme de fer à cheval sur le haut du ventre ; Abdomen blanc ;	Une plaque blanchâtre rayée d'écailles allongées descendant en s'effaçant sur l'abdomen qui est gris sale avec des raies transversales ;
Dos, croupion et ailes d'un cendré brun avec des zigzags et des tâches noires ;	Dos et ailes d'un cendré très-brun, avec des bandes blanchâtres brunes et noires qui deviennent très-marrons sur les couvertures alaires ; une plume blanche entre les épaules [1] ;
Sur les scapulaires et les couvertures alaires, une étroite raie blanche qui suit la direction de la baguette ;	Sur les scapulaires et les couvertures alaires, une étroite raie blanche qui suit la direction de la baguette ;
Rémiges brunes avec des bandes en zigzags d'un roux jaunâtre ;	Rémiges brunes avec des bandes en zigzags d'un roux jaunâtre ;
18 pennes à la queue dont les latérales sont rousses	Latérales rousses foncées ; les pennes ont été enlevées par le coup de fusil ;

[1] Cette plume ne doit être qu'un accident.

Un espace derrière les yeux;	Le *lorum* ne paraît pas;
Bec d'un brun olivâtre;	Bec d'un brun olivâtre;
Pieds gris;	Pieds bruns;
Longueur 33 centimètres.	Longueur 30 centimètres;
	Les plumes sont doubles comme chez le *Tétras Ptarmigan*; c'est-à-dire que le devant, qui est la parure, est doublé, en dessous, d'une petite plume de duvet sortant du même tuyau.

La crête que nous laissons à l'ouest, relève ses roches quartzeuses du nord au sud; les nuages passent dessus, et nous produisent les mêmes mirages qu'à Sesques; nous croyons voir différents animaux, des sphinx et surtout des ours.

Après avoir contourné le cap de Saigues, et traversé le bois de Trespoey, nous escaladons de grandes raillères qui mènent au col de Rioutor. Larriu vous y montrera un gisement de chaux carbonatée à forme métastatique. Si je vous l'indiquais d'avance, vous vous casseriez le cou, ou vous assommeriez ceux qui vous regarderaient monter. Les chasseurs qui voudront tirer le Hibou Grand-duc, *Strix bubo*, Linn. devront y venir le soir; mais s'ils désirent véritablement avoir ce bel animal, je leur conseille d'aller au fort d'Urdos où il est assez commun. C'est le plus grand oiseau de proie nocturne, il est de force à prendre les jeunes isards, les lièvres, et les tétras trop confiants qui dorment au clair de la lune au lieu de s'abriter sous quelque roche. On le trouve plus facilement dans les Alpes et en Russie que dans les Pyrénées. Il pond trois œufs *blancs et arrondis comme ceux de tous les oiseaux de nuit.*

Rioutor est surtout la patrie des grandes saxifrages à longues feuilles. Vous voyez des Eaux-Bonnes ce col décharné, dont les roches rouges sont en feu au soleil couchant. C'est lui qui laisse passer dans la vallée d'Ossau ces grands rayons dorés dont l'ardeur se noie au milieu des vapeurs veloutées de Laruns.

Rioutor [1] de ce côté, à cause des ruisseaux qui lui doivent leur source et qui se tordent autour de ses flancs il s'appelle Barca dans la vallée d'Aspe. Ce dernier nom lui aurait été donné en souvenir du passage du roi de Navarre[2] qui le franchit avec ses troupes à travers la neige, et grâce aux sandales de peau que portaient ses soldats. *Sabarcos* en patois veut dire savate.

De grands troupeaux de vaches parcourent le pla de Rioutor qui porte aussi le nom des fleurs qui font sa parure; car on l'appelle également la montagne de la Gentiane. C'est un paysage à grandes lignes, où serpentent des ruisseaux dont vous suivez vainement le cours; ils disparaissent dans les gouffres. Un massif de hêtres dont quelques-uns ont jusqu'à 5m.60 de circonférence abrite une grande cabane au milieu de la prairie. Dans l'ombre de l'ouest un vieux sapin mort sert de perchoir à trois vautours.

On voit rarement ces gros rapaces posés sur des arbres, et il y a une foule d'oiseaux qu'on ne se représente pas facilement perchés. Il en existe bien peu cependant qui n'aient cette habitude.

Mais il faut s'arracher à ces magnificences; les troupeaux gagnent les cujalats, les pasteurs allument leurs feux, tout nous presse de redescendre dans la plaine; jusqu'au taureau qui s'en vient au trot, en poussant ce beuglement sourd et prolongé que saccade son allure. Nous n'avons pas la moindre

[1] Ruisseau tortueux.
[2] Histoire du Béarn, Cénac-Montaut, p. 485, T. 1er.

velléité d'entrer en conversation avec ce seigneur et maître, et nous l'avons bientôt distancé dans un vallon à l'Est, au travers des semis de sapins, et sous le turon de Bartèque où s'ouvre une mine de zinc et même de bismuth, à ce que dit Larriu.

La nuit nous prend sur le chemin de Schlitte que je descends à toute vitesse ; mais la lune vient à notre secours, et nous montre bientôt Laruns avec ses rares lumières.

Nous allions reprendre tranquillement la route des Eaux-Bonnes ; lorsque je ne sais par quelle malencontreuse idée, mon fils s'imagine d'aller avec Larriu acheter du tabac à Laruns. La marchande voyant entrer deux individus, sac au dos, le fusil en bandoulière avec des figures bronzées par une longue course et à moitié cachées sous leurs casquettes de Gibraltar, les prend pour des Prussiens et se sauve en appelant au secours ; tandis que nous, qui attendions sur le pont de l'Arriousé, étions entourés d'une bande de curieux qui grossissait à chaque instant et faisait à notre sujet les plus singulières conjectures. Le lendemain, on envoyait un gendarme courir la montagne pour suivre nos traces.

Retour aux Eaux-Bonnes, 10 h.

PIC D'ERAS TAILLADES.

(2684m).

Eaux-Bonnes 10 septembre.

Excursion de 15 h. 1/2. [1]

[1] Cette excursion se trouve déjà dans mon Guide de Pau aux Eaux-Bonnes ; je la reproduis ici afin que le lecteur ait un ensemble plus complet et parce qu'elle est une des plus importantes.

Guides : Augustin Lanusse et Jean Soustrade.

Départ 3 h., par la promenade de l'impératrice, la route de Cauterets, Gourette, puis la Costa deou Cardette.

En gravissant le long du rocher de Boucaou, nous nous laissons tenter par ses belles fleurs. Les gradins sont difficiles à escalader, et pour les atteindre, je mets mon fusil sur l'herbe à une certaine distance, afin que les cailloux n'aillent pas le heurter. Pendant que nous sommes occupés à la cueillette, une grande ombre passe si près de moi, que je baisse instinctivement la tête en me collant au rocher. C'est un aigle que l'on aurait pu toucher avec un bâton.

Et mon fusil ?... Si mon regard désespéré était une étincelle électrique, il partirait tout seul.

L'aigle ne peut se tirer que par surprise, au passage d'une crête, ou quand dans l'exaltation du carnage, il est acharné sur sa proie encore palpitante ; se cachant sous ses ailes qu'il ramène en dôme sur la tête, par un sentiment d'ivresse et pour défendre son butin. Hors de lui, il jette de petits cris perçants pour célébrer son triomphe, renverse la tête en la tournant comme la chouette, fait trembler ses plumes, et appelle sa femelle avec qui il chasse de conserve, lorsqu'elle n'est pas retenue à l'aire par l'incubation.

J'en ai vu, à *Aouzey-long* [1], fouler les buissons comme le *Montagu* [2] ; mais c'était parce que le gibier *coulait* sous les rhododendrons ; car ordinairement, il chasse à vue du

[1] Au Nord du col d'Aubisque.

[2] Le Busard-Montagu, *Falco cineraceus*, a le vol et la couleur du Goëland. Il chasse ras terre, plutôt comme un braconnier que comme un oiseau noble. J'en ai tué d'entièrement noirs ; mais ils sont rares : leur couleur est ordinairement d'un gris cendré avec le bout des ailes noirs.

haut des nues, et à des hauteurs telles que l'œil ne peut l'apercevoir.

Les animaux n'ont pas généralement plusieurs sens très-développés à la fois : la Providence a fait pour eux ce qu'elle a fait pour l'homme ; accordant d'autant plus d'un côté qu'elle semble refuser de l'autre. L'aveugle voit avec ses oreilles, tandis que le sourd et muet entend avec ses yeux. Qui sait si les cavités qui existent derrière les oreilles de l'isard ne sont pas un perfectionnement de l'ouïe ? J'ai eu plusieurs fois la preuve que l'odorat est restreint chez ces quadrupèdes. Le vautour *sent*, l'aigle *voit* ; leur conformation le prouve autant que l'observation. Le vautour tombe à la proie dans l'obscurité comme en plein jour. Je n'ai jamais rencontré l'aigle chassant par le brouillard. Si nous en croyons Juidas : c'est parce que ce Roi des airs était censé porter son vol jusque dans l'éther pur qu'il était devenu l'image du Roi des cieux. Ce culte avait été apporté de Thèbes [1].

Lorsque sa proie lui apparait, il fond dessus, non pas perpendiculairement ; mais en diagonal de 50° environ, les ailes arrondies, comme des tuyaux, de chaque côté du corps. Il la terrasse d'un coup de poitrail, la saisit dans ses serres, éprouve ses forces par un premier élan, retouche la terre comme par ricochet et s'envole enfin sur quelque roche.

Au moment du repas, l'eau lui vient à la bouche comme aux chiens, et une longue bave transparente coule de son bec.

Tous les aigles sont carnassiers, et je n'en connais pas à qui l'on puisse appliquer ce que dit Ælien [2]. « L'aigle de « Jupiter ne mange pas de chair, l'herbe lui suffit, et

[1] Diodore Sic. lib. Lib. I. C. LXXXVII.
[2] De nat. anim. L. IX. C. X.

« malgré qu'il n'ait pas entendu Pythagore de Samos, il ne « mange aucun animal ayant vie. »

A 5 h. 1/2, nous quittons le bord du gave, à la Costa deous Goua, près de lou Cépé où le torrent disparaît dans une caverne pour ressortir plus bas ; et nous montons, à l'Est, les gazons rapides de la costa de l'Alier, en tournant le dos à Sarrière.

Il n'y a plus personne dans la cabane de l'Alier ou j'ai failli être dévoré, un jour que transi de froid, j'étais venu y chercher un abri ; oubliant que les puces de la montagne, sont, comme les propriétaires des eaux thermales, obligées de récolter beaucoup en peu de temps.

Laissant sur la gauche le Turon-blanc [1] pour se rapprocher de l'Andragas [2], le sentier, qui commence à se dessiner, arrive bientôt au passage de la Portère [3] pour traverser le ruisseau qui descend des lacs de Louesque [4]. Ce passage est très-dangereux pour les bestiaux ; il a été récemment réparé avec soin.

Les Tétras Ptarmigans viennent souvent ici, et leurs traces sont d'autant plus visibles qu'ils se nourrissent dans ce moment des baies violettes du Juniperus et du Vaccinium. Les plumes que nous trouvons par terre, me prouvent ce que j'ai déjà remarqué pour le Ptarmigan aussi bien que pour la perdrix grise de montagne : elles sont doublées à l'intérieur d'une seconde plume de duvet sortant toutes les deux du même tuyau. En disant, p. 57, que le Tétras Ptarmigan est complétement blanc en hiver, il est bien entendu que je n'ai parlé que de

[1] Tertre blanc.
[2] Entrée des gués
[3] Entrée.
[4] Fuite.

la couleur *générale* et surtout *extérieure;* car *le dessous de la queue est toujours noir.*

Les premiers rayons du soleil frappent les pointes de las Nieras [1] et des Pénès blanques [2], où les bergers vont chercher des pierres pour marquer leurs troupeaux. Au Midi, les clochetons de la Gangue-paillère [3] s'éclairent également au-dessus des gazons de las Bécottes et de la cabane de lous Couralots.

La scaletta que nous gravissons dans les schistes friables le long d'une cascatelle de 150 m. nous mène au premier lac de Louesque (2272^{m}); le luot de débatch. On y arrive par une petite gorge où l'eau s'enfuit en arrosant un tapis de Saxifrages. Les neiges descendent tout autour, et c'est avec peine que j'en mesure l'enceinte de 300 mètres. Le sol, peu perméable, et d'ailleurs, constamment imbibé par les hauteurs environnantes, forme une sorte de marécage [4].

Toutes les roches sont schisteuses. Le second petit lac est insignifiant; un autre, tout glacé et entouré de neiges, apparaît suspendu dans une inflexion de la Gangue-paillère comme un saphir dans une coquille de nacre. Le lac d'en haut est à quelques pas au S O.

Ce troisième lac à la forme d'une poire et 230 m. de cir-

[1] Les roches noires.

[2] Les rochers blancs. Herborisation de ces rochers : *Saxifraga oppositifolia* L. — *Sax. Groenlendica*, L — *Sax. muscoides*, *Wulf*. L. — *Geranium cinereum*, Cav. — L. *Réséda glauca*, L. — *Arenaria purpurascens*, Ram. — *Eryngium Bourgati*, Gouan. — *Anthyllis montana*, L. — *Anemone alpina*, L. — *Veronica alpina*, L. — *V. fruticulosa*, *var. pilosa*, L. — *Iberis Bernardiana*, G. G. — *Gentiana alpina*, Will. — *Pedicularis pyrenaica*, Gay.

[3] Colline pailleuse.

[4] *Euphrasia Soyeri*, Timb. — *Vaccinium uliginosum*, L. — *Jasione humilis*, Pers. — *Globularia cordifolia*, L. var B. *nana* Lam. — *Iberis Bernardiana*, Gren. Godr. — *Veronica alpina*, L.

conférence. Nous nous y arrêtons à 7 h. 3/4 pour déjeûner; garantis du vent par un rocher, le dos au soleil, le ventre à table et les pieds sur l'eau; avec la plaine de Louvie dans le lointain pour tableau de salle à manger. Les *Pipits* viennent familièrement voltiger sur nos têtes et becquetter autour de nous, pendant que de nombreux *Hydrophiles orbiculaires* se livrent à leurs exercices de natation, dans les quelques pouces d'eau qui constituent le lac.

Nous repartons à 8 h. 1/2 pour gagner, au Sud, le col de Louesque. Il serait plus rationnel de monter de suite à l'Est, où, sur le côté droit d'un obélisque qui termine la pointe de Larue [1], on aperçoit un coin d'Eras Taillades; mais j'ai beau sonder cette muraille avec la lorgnette; elle est dans l'ombre, et la lumière est si vive autour de nous que ce contraste en rend les détails insaisissables. Les pentes me paraissent excessivement rapides, et je ne vois pas de fissure par où nous puissions franchir cette enceinte.

Je prends les devants avec mon fusil pour arriver le premier, et tâcher de surprendre quelqu'isard au col. Ce sont des endroits qu'ils affectionnent particulièrement, surtout dans ces lieux déserts où les chasseurs viennent bien rarement les troubler. Loin du bruit et des traqueurs qui les harcèlent constamment aux Eaux-Bonnes, ils négligent souvent de placer un des leurs en sentinelle.

La surprise au col, est un plaisir tout différent de celui de l'affut au poste. Chacun a éprouvé ce battement de cœur qui vous *empoigne*, lorsque dans le fond d'un ravin, sur le bord d'une clairière, l'on entend le *trottinement* du lièvre, le pas furtif du renard ou du loup, les bonds du chevreuil ou du

[1] Montagne indivise entre Béost et Arrens.

cerf fauchant les taillis et la trouée du sanglier. Au poste, si vous êtes à découvert, il faut se coller au rocher, faire corps avec lui, immobile comme la mort que vous allez donner ; autrement, si loin qu'il soit, l'œil de l'isard saura découvrir le moindre mouvement.

S'ils sont en bande et qu'ils se dirigent *à la passe*, il faut se garantir sous une saillie quelconque ; car ces légers animaux envoient une grêle de pierrailles dont la moindre, lancée à cette distance, peut vous blesser. S'il y a seulement deux ou trois isards, il semble que la montagne descende avec eux. Le plaisir de les voir dégringoler est défendu. L'instinct de la conservation vous tient plié en deux sous votre abri, et lorsque la troupe passe en bondissant ; ahuri par le tapage, courbaturé par une fausse position, elle est quelquefois hors d'atteinte avant que vous n'ayez repris votre sang-froid.

Au col, au contraire, vous *buvez* le plaisir..... dix pas avant d'arriver, le corps s'allonge sur la roche comme l'indien ou la panthère à l'affut ; le moindre bruit fait tressaillir ; les oreilles bourdonnent des sons désirés, les hallucinations de l'espoir font miroiter des troupeaux d'isards devant vos yeux.

Mettez chapeau bas au sommet, retenez votre souffle, la tête du serpent rampant sous l'herbe pour fasciner sa proie ne doit pas être plus silencieuse que la vôtre le long de la roche. Puisse-t-il, alors, vous être donné de voir, à quelques pas, les mystères de ces hôtes des nues ! .... L'isard surpris ainsi dans l'abandon de la sécurité, le charme de la quiétude, a des mouvements, des grâces sauvages que vous ne retrouverez jamais dans l'animal stupéfié par la terreur sous la foudre que vous lui lancez, ou hébété par la servitude.

Le premier qui vous apperçoit, fait entendre une espèce de sifflement en remuant les nazeaux, et la bande frémissante se précipite dans les abîmes, emportée par ces pieds dont les sabots spongieux et élastiques savent se tenir sur les pentes aussi bien que sur les glaciers les plus rapides.

Et dire qu'aucun de nous ne résiste à l'ivresse stupide de tirer sur ces ravissantes créatures!.....

(8 h. 3/4.) Du col de Louesque (2.553^{m}), nos regards plongent à des profondeurs immenses dans un vallon aride entouré par les montagnes d'Arby [1] et de Taouseilla [2].

Les crêtes qui dominent Louesque, celèbres (1300—1400) par les différents des pâtres Lavedanais et Béarnais [3], courent du N E. au S O. Il faut tourner à l'Est pour gagner le pic d'eras Taillades. Ce passage est difficile; au S E. et presque perpendiculairement, un abîme où le regard se perd; sous nos pieds, des schistes en décomposition glissent et menacent de nous entraîner; enfin, autour de nous, de grosses touffes de festuca [4] dont les brins énormes durcis par la maturité percent même les gants, et mettent nos mains en

[1] Mont des arbres.

[2] Haouseilla, hauteur.

[3] 1553. Lettre d'Antoine de Bourbon et Jeanne, Roi et Regine de Navarre, souverains de Béarn et de Bigorre... relative aux carnals, coups, blessures et morts entre les pasteurs de Marsous, Arrens et Béost-Bagès, avec défense et menace de la peine deu hârt pour quiconque se battra sur les pacages de Lârue, avant que messire Bernat de Caucabanne leur ait fait un rapport des lieux en contestation. Dont acte avec le rapport et visite : que Larue sera et restera en indivis et pacage alternativement Arrens une année et Béost une seconde année, Louzon, Larue, Pourgue, Pic de Gabisos, Soum d'Arungletle et Soum d'Arrili-Plazen feront limite entre Azun et Ossau. (C^{on} G. Sacaze.).

[4] *Festuca eskia*, Ram. Le nom patois est *Arrou*, plante des hauteurs.

sang.... J'hésite.... J'interroge la crête composée de grandes lames pointues qui semblent inabordables, et j'envoie Jean en éclaireur.....

Il revient bientôt, déclarant qu'il faut se fier au flanc méridional, c'est-à-dire aux sables schisteux.

Nous déposons notre bagage, les boites, les provisions et tout ce qui n'est pas absolument indispensable. Jean et Augustin passent en avant, tenant chacun une de mes filles par la main; mon fils est à côté de moi [1]. Les guides font des crans avec les talons pour que les pieds puissent se cramponner sur le sable.

Après une demi-heure de marche très-pénible, nous aboutissons à une roche droite, fendue par le milieu, et surplombant au-dessus du vide, comme ce que l'on appelle en terme de maçon, un *corbeau*. Elle paraît d'abord nous interdire le passage; mais un gros bloc est tombé juste au milieu, formant clef de voûte, et, quoiqu'il semble prêt à s'effondrer, on peut s'en servir sûrement pour sauter de l'autre côté de la fissure. Quelques instants après, le chemin devient plus praticable, et nous gagnons promptement le point de jonction de la crête d'eras Taillades avec les chaînons que nous laissons derrière nous, formant l'enceinte presque quadrangulaire de Louesque qui ne s'ouvre qu'au NO.

Les premiers courent en avant, croyant avoir atteint le sommet; mais à peine arrivés, ils voient de nouveaux espaces s'ouvrir à l'Est en montant devant eux. Cette croupe que l'on pourrait appeler la queue d'eras Taillades, est en marbre blanc feuilleté. Il n'y a plus d'incertitude pour notre voie; les flancs du nord et du sud sont impraticables; il faut se tenir cons-

[1] Nous apercevons les lépidoptères : *Apollon*, *Lefebvrei*, *Gorgone*.

tamment au sommet, qui, sur une longueur de cinq ou six kilomètres, jusqu'au faîte du pic, a généralement 1^m dans sa plus grande largeur, $0,50^c$ dans les endroits les plus étroits. Quant à la profondeur, elle ne peut se mesurer à l'œil, le bord étant trop escarpé pour qu'on s'en approche. Au midi, elle doit être de 250 à 300 mètres; le Nord est moins bas.

Cette crête est la limite des deux départements, de sorte que, forcément, nous avons le pied gauche dans les Basses-Pyrénées et le pied droit dans les Hautes.

On arrive bientôt à une veine d'un calcaire fibreux traversé par des calcaires compactes, couleur café au lait et âpre au toucher. Ce Dyke est très-étroit, quelques mètres seulement, et sépare le calcaire, des schistes qui montent devant nous à un mamelon que nous croyons encore être le but. Mais il fuit de nouveau, en tournant subitement au N N E. Cette éminence n'est qu'au niveau du Gabisos. Il faut continuer notre route en escaladant, comme à rebrousse-poil, les schistes qui sont tous renversés sur nous[1].

Des papillons d'un blanc verdâtre, passent rapidement et traversent impunément la crête; il ne s'agit pas ici de jouer du filet; je crois reconnaître des *Pierris Callidice*. Les vautours sont venus achever une brebis sur le rocher; on n'aperçoit plus que quelques flocons de laine ensanglantée au milieu d'une quantité de plumes; les nombreuses souillures

[1] *Ranunculus pyrenæus*, L. — *Dryas octopetala*, L. — *Veronica* que M. Timbal-Lagrave croit être le *Saxatilis*, Jacq., et qui m'avait semblé le *fruticulosa* L. var B. *pillosa* Gren. God. — *Arenaria purpurascens*, Ram. — *Ar. purp.* var blanche, Ram. — *Potentilla nivalis*, Lap. — *Geranium cinereum*, Cav. — *Salix herbacœa*, L.—*Artemisia glacialis*, L.— *Saxifraga oppositifolia*, L.

qui bariolent la pierre, indiquent que c'est un de leurs perchoirs favoris.

Cette fois, nous voici enfin à la base d'eras Taillades. Il s'agit d'une véritable escalade ; nous diminuons encore notre mince bagage, abandonnant jusqu'à nos bâtons. Au reste, il n'y a plus ombre de danger ; ce n'est qu'une ascension gymnastique à la force des poignets, à travers un dédale d'aiguilles et de lames de schiste se croisant dans tous les sens, en découpant sur l'azur du ciel une sombre silhouette verdâtre, avec des suintements rougeâtres comme des gouttes de sang. On dirait mille débris de poutres et de meubles jetés les uns sur les autres dans le désordre d'un incendie.

Il est 11 h. 1/2 quand nous atteignons le sommet d'où on aperçoit parfaitement Pau et Tarbes. Nous voyons à l'Est : la vallée d'*Extrême-de-Salles*, le mont *Aigu* (2,341m), tout à fait à l'horizon *Arbizon* (2,838m), le pic de *Midi de Bigorre* (2,877m) et droit au-dessous de lui le pic du *Midi d'Arrens* (2,266m). Descendant à l'E S E. : *Néouvielle* ou *Aubert* (3,092m), les pics *Badet* (3,161m), *Long* (3,194m)*; au S E. *Campbiel* (3,175m), *Trumouse* (3,086m), le *Cylindre* (3,327m), le *Mont-Perdu* (3,352m) ; aux S S E. le *Vignemale* (3,290m), *Péterneille* (2,904m), *Asté* ou *Fachon* (2,367m), *Berdoulet* (2577m), et dans la direction de ces deux derniers pics, le joli petit lac de *Suyen*, encadré dans une sombre forêt de sapins, d'où sort un filet d'argent qui descend vers Arrens.

Au sud, le pic *Cristail* (2,892m), le *Balaïtous* ou *Marmuret* (3,145m) et *Cujala-Palas* ou *Mourrous* (2,970m) dont la moitié appartient au département voisin. Revenant au S O. : *Som-de-Sécube* ou *Arriel* (2,823m). A l'horizon, des sommets espagnols dont j'ignore le nom ; plus près, les pics de *Sobe*

(2,600m), *Soquès* (2,713m), *Peyrelu* (2,276m) et *St-Juan-de-la-Pena.* Au S O., le pic du *Midi d'Ossau* (2,885m) juste dans la direction de la crête d'eras Taillades ; puis les pics des *Moines* (2,069m), d'*Ayous* (2,312m), d'*Er* (2,165m), d'*Aule* (2,410m), *Gaziès* (2,561m), *Las Serous* (2371m), *et Sesques* (2,605m), le *Scarput* (2,512m), *Iseye* (2,125m), *Amoulat* (2,595m) à l'Ouest et (2,618m) à l'Est, Penoméda (2,489m), à l'Ouest le Ger (2,613m), enfin le petit pic des *Coutchess* (1,769m), *Esquerra* (2,471m) et le col de *Tortes* (1,869m).

On conçoit que dans un panorama aussi vaste, il y a bien plus de pics que je n'en ai nommé ; je n'ai indiqué que ceux qui forment la ligne d'horizon ou qui sont les plus importants. Au N O., les pentes d'eras Taillades sont presqu'à pic. Nous sommes séparés du Gabisos, dont la teinte d'ocre se détache sur le sombre de nos schistes, par deux *taillades*, dont la dernière vient affleurer la ligne que l'on tirerait d'ici. A l'Est, quatre contre-forts soutiennent la chaîne : les deux premiers sont très-rapides, le troisième s'arrondit un peu, et le quatrième, dont la teinte grise annonce le calcaire, s'allonge jusqu'à un ressaut qui descend sur Arrens ; Argelès et toute la vallée d'Azun fuient à l'Est.

Augustin nous raconte : qu'il a dans cette vallée des parents fort éloignés, d'origine espagnole, mais portant le même nom que lui.

Cette observation me rappelle que : Lorsqu'Antonio Perez, le proscrit espagnol dont Philippe II avait mis la tête à prix, vint demander asile à la Cour de Catherine de Navarre en 1591, il avait avec lui un ami qui s'appelait Martin *de la*

Nuça. « Ce dernier s'établit, dit-on, dans la vallée d'Azun, où sa famille est connue sous le nom de *Lanusse*[1]. »

Le sommet du pic est assez vaste; nous pouvons y tenir à l'aise sur de grandes et épaisses ardoises. Elles s'arrachent facilement à la main, et si l'on voulait se livrer à la destruction, il serait facile en quelques instants de précipiter une portion de cette éminence dans les abîmes qui nous entourent. Nous en faisons rouler quelques débris pour sonder les profondeurs du sud, où apparaissent des glaçons bleus entourés de grandes neiges. La pente au-dessous étant au moins perpendiculaire, si elle n'est pas en surplomb, les blocs devraient arriver intacts jusqu'en bas; mais la hauteur est telle, que la résistance de l'air suffit pour les réduire en pièces avant qu'ils n'aient atteint le fond.

Il y a un certain nombre de fleurs entre les lames schisteuses, et mes enfants jettent un cri de joie en croyant trouver une source sous une plaque qui est, en effet, couverte d'eau; mais c'est simplement une rosée abondante causée par la condensation de la vapeur prisonnière sous ces surfaces polies[2].

Je prends sur l'*Armeria alpina*, Will., une *Sesia Anthraciformis*. Boisduval raconte qu'elle a été découverte en Corse sur les feuilles de l'*Euphorbia Myrsinites* L. par M. le docteur Rambur.

Pendant que je dessine les profils de tous les pics qui bornent

[1] Château de Pau. B. de Lagrèze, p. 384, 2e éd.

[2] *Cerastium alpinum* L. var. a. *lanatum*. — *Veronica fruticulosa* L. var. B. *pilosa* Gren. Godr. — *Geranium cinereum* Cav. — *Draba aizoides* L. var. *nana* ou *ciliaris* DC. — *Linaria alpina* DC. — *Artemisia glacialis* L. — *Leontodon pyrenaicus* Gouan. — *Saxifraga Groenlendica* L. — *Androsace villosa* L. en fruit. — *Armeria alpina* Wild.

l'horizon, mes compagnons ne restent pas inactifs; ils élèvent une tour de deux mètres de haut sur un mètre 50 c. de large [1]. Une grotte est ménagée dans l'intérieur et doit conserver précieusement nos noms, jusqu'à ce que ceux qui viendront après nous les jettent aux vents. L'homme est toujours ainsi; il a la fatuité d'élever de grands monuments pour célébrer ses petites actions. Le nôtre, qui porte aujourd'hui à 2,686^{m} la hauteur de ce pic, sera probablement renversé demain par quelque bourrasque. En attendant, il va causer un grand émoi parmi les isards dont nous avons envahi les domaines.

Nous avons mis, du col de Louesque jusqu'ici, 2 h. 1/2; mais il faut ajouter que nous avons fait cette ascension avec les plus grandes précautions, et par conséquent lentement. Au retour, la confiance que l'on acquiert naturellement par l'exercice et la connaissance des lieux, nous permet de marcher aussi vite que possible sur des crêtes de cette inclinaison. Partis du sommet à 1 h., nous étions au col de Louesque à 2 h. 1/4, et je ne crois pas me tromper en calculant que nous avons fait plus de quatre kilomètres à l'heure.

Je dois dire aussi que quelques nuages d'orage nous servaient de stimulant pour déserter au plus vite ces hauteurs.

Au lieu de revenir jusqu'au col de Louesque, je franchis la crête à l'endroit même où nous avons laissé les provisions et les bagages; c'est autant d'épargné sur ce mauvais pas. Si je recommençais cette excursion, je chercherais, malgré la difficulté de l'escalade, à me maintenir constamment sur la

[1] J'ai dit p. 39 : que la tourelle de Gabisos avait été construite d'après les ordres de l'état-major... Il paraîtrait que ce seraient les frères Garlé, arpenteurs à Ste-Colome, qui auraient élevé ce petit monument en 1812-1813. (C^{on} de G. Sacaze.)

crête. Je déteste ces marches sur des flancs sablonneux presque perpendiculaires, où l'on ne sait à quoi se retenir pour ne pas être lancé dans l'espace [1].

Cette descente aux lacs de Louesque, est à peu près comme si on se laissait glisser sur les toits du château de Pau, avec la *différence essentielle* que nous arrivons comme une flèche, et sans le moindre danger, à une courbe d'autant plus accentuée qu'elle approche du vallon. Il serait d'ailleurs impossible de marcher à pas comptés sur ces ardoises qui ne tiennent pas au sol et qui dégringollent en même temps que nous.

A 2 h. 35 m., nous arrivons, mourant de faim, de soif et de chaleur, au *luot-de-débatch.*

On s'installe dans la petite gorge dont j'ai parlé en montant, à l'entrée de Louesque. Elle est formée d'un côté, par un gros rocher debout qui a roulé des sommets d'Esquerra, et de l'autre par des bancs de schistes aplatis sur le sol. L'eau du lac s'échappe au milieu, en caressant le gazon tout couvert de fleurs. Chacun s'enveloppe dans son imperméable, tandis que Jean met le couvert et qu'Augustin apporte un bloc de neige enfilé dans son bâton, pour préparer les glaces à la chartreuse.

Nonchalamment couchés sur nos moëlleux tapis, au milieu de ce cirque, nous pouvons nous écrier comme les Romains : *Panem et Circenses!*..... Seulement les animaux féroces mis en pièces par nos mâchoires sont d'innocents poulets, et le sang qui coule n'est que celui de la vigne; après quoi, pour compléter la mise en scène, nous jouons au disque sur les bouteilles vides.

A 3 h. 1/2 on reprend le bâton et le chemin des Eaux-

[1] *Leucanthemum alpinum*, Lam — *Saxifraga intricata* Lap. — *Senecio Tournefortii*, Lap.

Bonnes. A la Costa-deous-Goua, nous traversons le Gave des Englas et de Duzious; puis filant sous Sarrière, le turon-moustachou [1] et le turon-de-la-Presse [2], nous arrivons au pla-de-débatch où le père de Jean est encore avec ses moutons.

Le petit sentier de l'Arepla [3] débouche bientôt sur le mur de lou Paradis [4] que l'on a élevé pour empêcher les juments de passer, et franchissant les roches de lou-Quéouq [5] il se perd au pla-de-l'Agnière [6] terminé par l'escala du même nom.

A 5 h. 10, nous sommes à la Récouéche, et à 6 h. 1/2 aux Eaux-Bonnes.

PIC DE CÉSY.

Excursion de 8 h. en partant des Eaux-Bonnes par Balour.

Un guide est nécessaire pour vous montrer les lignes d'ascension qui sont à l'Est et au Nord.

Excursion de 6 h. 1/2 seulement si vous partez des Eaux-Chaudes et montez par les pentes de Lambeille. Dans ce dernier cas, prenez Bergada pour guide.

L'herborisation de Césy est dans mon Guide de Pau aux

[1] Tertre de l'Alizier.
[2] Tertre du palet.
[3] Double plateau.
[4] Paradis.
[5] Maladie nerveuse des brebis.
[6] Plateau de l'Agnelle.

Eaux-Bonnes. Je ne voudrais pas me répéter complètement ici, j'indiquerai seulement comme espèces plus particulières, dans les raillères de l'Est :

Linum suffruticosum, L. — *Gregoria vitaliana*, Dub. — *Thalictrum fœtidum*, L. — *Passerine dioica*, Ram. — *Valeriana globulariæfolia*, Ram. *Anthyllis montana*, L. — *Euphorbia Chamœbuxus*, Bern. — *Oxytropis pyrenaica*, GG. — *Anemone alpina*, L. — Etc.

Dans une cheminée au N E. :

Lithospermum Gastoni, Bent.

LÉPIDOPTÈRES. [1]

LEGIO PRIMA. [2]

Rhopalocera. [3]

PAPILIO. — PODALIRIUS (FLAMBÉ). Jardin Darralde, Montagne verte, second plateau de Gourzy. Mai, juillet.

— PODALIRIUS var. FEISTHAMELII. Montagne verte, second plateau de Gourzy.

— MACHAON. Eaux-Bonnes, montagne verte, second plateau de Gourzy, Eaux-Chaudes. Mai, juillet.

THAIS. — RUMINA var. MEDESICASTE. Hautes-Pyrénées, Barèges. Mai [4].

PARNASSIUS. — APOLLO. Gros-hêtre, Balour, Col de Tortes, Englas, Anouilhas, Eaux-Chaudes, Bious-Artigue, Anéou p. 161, montagne d'As p. 217, Sagette de Sesques p. 235, col d'Arrious p. 134 et presque partout. Juillet.

— APOLLON var. *Alis obscurioribus*. Mêmes localités que le précédent.

[1] J'ai été aidé dans mes déterminations par MM. de Rippert, Souverbie conservateur du Musée de Bordeaux et Blanchard membre de l'institut.

[2] Cette liste de lépidoptères n'indique généralement que les espèces que j'ai rencontrées moi-même, et n'a pas la prétention d'être complète.

[3] *Index methodicus* de Boisduval 1840.

[4] Hist. Nat[e] des Lépidoptères. Godart. 2e partie. Chez Crevòt, 1822. F[o] 31.

PARNASSIUS. — MNEMOSYNE. Mêmes localités que le précédent, et surtout au Turon-deous-Sarcia, près de la Récouéche, sud du pic du Midi. Juin.

PIERIS. — NAPI. var. BRYONIÆ. Perannat.

— DAPLIDICE. Magnabatch.

— CALLIDICE. Césy, Taillades, pic d'Aule. Juillet.

— RAPÆ. Pic du Ger, dans la plaine, partout.

ANTHOCHARIS. — SIMPLONIA. Juillet.

RHODOCERA. — RHAMNI var. CLEOPATRA. Le Roumiga, pic d'Aule, Gaziès, Pau, jardin de M. de Rippert. Tout l'été.

COLIAS. — PALŒNO. Pic d'Aule, Lurdé. Juillet.

— PHICOMONE. Pic d'Aule. Juillet, août.

POLYOMMATUS. — VIRGAUREŒ. Eaux-Chaudes, Gabas, Cauterets. Juillet.

— EURYDICE. Le Roumiga. Juillet.

— XANTHE. Mondeils, Pic du Midi.

LYCŒNA. — ORBITULUS var. PYRENAICA. Anouilhas, Pic du Midi, Bious, Bious-Artigue, Col-des-Moines. Juillet. Spéc: aux P.

— ICARIUS. Route des Eaux-Bonnes aux Eaux-Chaudes, Juillet.

— DORYLAS. St-Sauveur, Pas de l'Ours aux Eaux-Bonnes. Mai, Juillet.

— ARION. Eaux-Chaudes, promenade Samonzet. Juillet.

— AGESTIS. Promenade Eynard.

— ARGIOLUS. Id.

— ÆGON Id.

— QUERCUS.

LYCŒNA. — CORYDON.

NYMPHALIS. — POPULI (GRAND-MARS). Aas, jardin Darralde, promenade horizontale, de l'Impératrice, Gramont, Eynard, Coume d'Aas. Juillet.

ARGYNNIS, — PAPHIA (TABAC D'ESPAGNE). Promenade horizontale, de l'Impératrice, Coume d'Aas, aux Eaux-Chaudes, sur les ronces et les Eupatorium, etc., etc. Juillet.

ARGYNNIS. — AGLAJA (GRAND NACRÉ). Eaux-Chaudes. Juillet.

— ADIPPE (MOYEN NACRÉ). Prairies. Juillet.

— LATHONIA (PETIT NACRÉ). Prairies. Mai, août.

— PALES. Gaziès, Cauterets, Lac d'Estoum. Juin.

— INO. Pyrénées-Orientales. Juin, juillet.

— PALES. Mondeils du pic du Midi, Tume.

VANESSE. — CARDUI (BELLE DAME). Montagne verte, lieux arides. pic du Ger. Avril, août.

— IO (PAON DE JOUR). Promenade horizontale, de l'Impératrice, etc. Avril août.

— ATALANTA (VULCAIN). Mêmes localités que le précédent, Pic du Ger, Ar, etc., Peran.

— ANTIOPA (MORIO). Coume d'Aas, toutes les promenades, les bois de sapin, la route de Gabas, etc. Avril, août.

— URTICŒ (TORTUE). Promenade de l'Impératrice, etc,, Peran.

EREBIA. — CASSIOPE. Péneméda, Pla-Ségouné, Ar, Gabisos, Taillades, Ger, Césy, Brèche de Roland. Juillet.

— PHARTE. Lac d'Estoum. Juillet.

— MELAMPUS. Lac d'Estoum. Juillet.

— PYRRHA var. CŒCILIA (*Tota nigra*). Juillet.

EREBIA. — STYGNE var. PYRENE. Turon-deous-Cristaous, Balour et presque partout. Juillet.

— EVIAS. Louctores, mêmes localités que ci-dessus.

— LEFEBVREI. Raillères de Pla-Ségouné, Ger, Amoulat, Gabisos, Ar, Césy, Eras Taillades, Cirque de Gavarnie, etc. Spécial aux Pyrénées. Juillet.

— ARACHNE. Lac de Gaube. Août.

— EURYALE. Eaux-Bonnes. Mêmes localités que le Stygne. Juillet.

— GORGONE. Turon-deous-Cristaous, Ger, Pla-Ségouné, Taillades, Capéran. Juillet.

— GORGE. Mêmes localités que ci-dessus, spécial aux Pyrénees. Juillet.

— MANTO. Mêmes localités que ci-dessus, pic du Midi.

— DROMUS. Pla Ségouné, etc., Cauterets. Juin. juillet.

SATYRUS. — HERMIONE var. ALCYONE. Sousouéou, Juillet, août.

— IPHIS. Gourzy, etc. Juin.

— ARCANIUS. Gourzy, etc. Juin.

— PAMPHILUS. Col de Tortes, Péneméda, Englas, etc. Juin.

HESPERIA. — SYLVANUS. Juin.

SYRICTHUS. — LAVATERŒ. Louctores, Eaux-Bonnes sur la *Malva altea* L. et aux Eaux-Chaudes, idem. Août.

LEGIO SECUNDA

Heterocera

CHIMŒRA. — APPENDICULATA, Col de Tortes, Englas. Juillet.

THYRIS. — FENESTRINA. Eaux-Bonnes, Eaux-Chaudes. Juillet.

DEILEPHILA. — Galii. Juin.

— Celerio. Pau, etc.

— Lineata. Pic du Ger, col de Tortes, Eaux-Bonnes, Pau, jardin de M. de Rippert, Gavarnie. Juillet, août.

— Convolvuli. Pau, etc.

ZYGŒNA. — Scabiosœ. Promenade Gramont, Promenade de l'Impératrice. Juillet.

— Contaminei. Le Roumiga, Salient, Barèges, pic de la Piquette. Juillet. Spécial aux Pyrénées.

— Sarpedon var. Trimaculata. Le Roumiga. Juillet.

— Exulans. Pic du Ger, Englas, Pla-Ségouné, Monné. Juillet.

— Trifolii var. Orobi. Promenade Gramont, Asperta, Eaux-Chaudes. Août.

— Lonicerœ. Eaux-Chaudes. Juillet.

— Hippocrepidis. Juillet.

— Charon. Asperta, Eaux-Bonnes, Eaux-Chaudes. Juillet.

— Anthyllidis. Louctores, Pic du Ger, Ar, Amoulat, Pla-Ségouné, Péneméda, Englas, Col-de-Tortes, Césy, Anouilhasse, Gabisos, Pic du Midi, Col de Pombie. Juillet, août. Tout à fait spécial aux Pyrénées.

PROCRIS. — Statices. Col de Tortes. Juillet.

EMYDIA. — Rippertii. Eaux-Chaudes, Balour, Pas de l'Ours. Sp. aux Pyr. Juillet.

— Grammica. var. (*Alis posticis nigris*). Sp. aux Pyr. Juillet.

LITHOSIA. — RUBICUNDA. Coume d'Aas, sur les clématites, Juin.

— QUADRA. Mêmes localités que ci-dessus. Juillet.

SETINA. — KUHLVEINII. Louctores. Juillet.

CALLIMORPHA. — DOMINULA. Eaux-Bonnes, noisetiers des promenades Eynard et Gramont, route de Cauterets. Juillet.

NEMEOPHILA. — PLANTAGINIS. Pic du Ger, Louctores, pic du Midi. Juin.

CHELONIA. — MACULOSA. Eaux-Bonnes, Eaux-Chaudes. Juillet.

ORGYA. — AUROLIMBATA. Spécial aux Pyrénées.

BOMBIX. — QUERCUS. Gourzy, promenade horizontale, promenade de l'Impératrice, Poursiougues, Aas. Juillet.

AGLIA. — TAU. Saint-Sauveur. Mai.

ODONESTIS. — POTATORIA. Mêmes localités que le Quercus. Juillet.

ENDAGRIA, PANTHERINA var. ULULA. Juin.

HEPIALUS. — CARNUS var. CARNA. Pic du Ger. Juillet,

— PYRÉNAICUS. Spécial aux Pyr. Juillet.

TYPHONIA. — MELAS. Juillet.

PSYCHE. — PLUMELLA. Pic du Ger. Juillet.

— PLUMIFERA. Le Roumiga. Spécial aux Pyrénées. Juillet.

Noctuæ.

TRIPHÆNA. — ORBONA. Louctores, Promenade Eynard. Juin, Juillet.

CHERSOTIS. — OCELLINA. Le Roumiga, Col des Moines, Bious. Août.

SPŒLOTIS. — CATALEUCA. Août.

AGROTIS. — AGRICOLA. Gourzy, sur les Rhododendrons en allant aux Eaux-Chaudes. Juillet.

— RECUSSA. Juillet.

LUPERINA. — FURVA. Tilleuls du jardin Darralde. Juillet.

— PERNIX. Juillet.

APAMEA. — STRIGILIS var. RUBEUNCULA. Eaux-Bonnes. Juin, juillet.

POLIA. — PUMICOSA. Août.

— SCORIACEA. Septembre.

— CLANDESTINA.

THYATYRA. — BATIS. Eaux-Chaudes. Juin.

— DERASA. Juin.

CLEOPHANA. — CYMBALARIŒ. Avril, mai.

CALPE. — THALICTRI. Pyrénées-Orientales.

ABROSTOLA. — ASCLEPIADIS. Août.

NOCTUA. — TRIPLASIA.

Geometrœ.

CLEOGENE. — PELETIERARIA. Sp. aux Pyr. Juillet.

— TORVARIA. Juillet.

FIDONIA. — PYRŒNEARIA. Le Roumiga; Pyrénées-Orientales. Juillet.

EUPISTERIA. — QUINQUARIA. Août.

BOARMIA. — ABSTERSARIA. Sp. aux Pyr. Juillet.

EUBOLIA. — VINCULARIA. Juillet.

EUPITHECIA. — LINGUSTICARIA. Sp. aux Pyr. Juillet.

TORULA. [1] — EQUESTRARIA. Gesques, Capéran, Anouilhasse, Balour, Louctores. Juillet.

[1] Le genus TORULA porte le nom de PSODOS dans Duponchel.

ODEZIA. — CHŒROPHYLLARIA. Tume. Juillet.
LEUCOPHASIA. — SINAPIS.

Libellulle.

ASCALAPHUS MACARONIUS. Tume, Clairières de Jurançon. Juillet.

COLÉOPTÈRES.

En 1843, l'éminent naturaliste Léon Dufour a publié dans le bulletin de la Société des sciences, lettres et arts de Pau, une excursion entomologique dans les montagnes de la vallée d'Ossau.

Son catalogue descriptif contient 768 espèces. Depuis cette époque, on a fait de nombreuses découvertes et la science a changé beaucoup de dénominations.

Je ne donnerai ici qu'une liste très-abrégée des espèces les plus rares. C'est à M. Gustave Schlumberger que je dois mes déterminations.

Carabiques.

Carabus pyrenæus. Hab. Balour, Ger, Gesques, Anouilhasse.

Id. splendens, l'un des plus beaux des Pyrénées, hab. depuis le parc de Pau jusqu'aux Eaux-Bonnes et le pic du Midi d'Ossau.

Cychrus spinicolis, le plus rare des Pyrénées. hab. la promenade horizontale et les sapins de la forêt de Mondeils à la base Nord du pic du Midi d'Ossau.

Zabrus obesus, hab. Col de Tortes, Gesques, Balour, Anouilhasse, Pic du Midi. Assez commun autour des cabanes de pasteurs.

Patrobus rufipennis, hab. Gorge des Eaux-Chaudes, 200 m. après la bifurcation du chemin de Laruns aux E.-B.

Prystonychus Pyrenœus, hab. Eaux-Bonnes.

Anchomenus lugubris, hab. Anouilhasse.

Cymindis melanocephala, hab. Case de Broussette.

Cymindis humeralis, hab. Anouilhasse.

Licinus œquatus, hab. Gourzy.

Nebria Jokischii, hab. Lacs de Duzious, des Englas et Anouilhasse.

Nebria Lafrenayi, hab. Anouilhasse.

Nebria Gillenhalii, hab. Bious-Artigue.

Pterostichus Dufourii, hab. partout aux environs des Eaux-Bonnes à partir d'une altitude de 1200 m.

Pterostichus Xatartii, hab. Gesques.

Cistelidas.

Serropalpus striatus, hab. Eaux-Bonnes.

Scarabeus.

Odontacus mobilicornis, hab. Discoos.

Gnorimus variabilis, hab. Eaux-Bonnes.

Elateridas.

Campylus denticornis, hab. Eaux-Bonnes.

Athous canus, hab. entre Aas, Bagès et Laruns.

Athous titanus, hab. autour des Eaux-Bonnes, promenade horizontale.

Athous undulatus, hab. Eaux-Bonnes.

Athous rhoombeus, hab. Eaux-Bonnes.

Byrus Pyrenæus, hab. Gesques, Anouilhasse.

Cerambyas.

Rosalia alpina, hab. Eaux-Bonnes.

Aromya rosarum, hab. Laruns, Eaux-Bonnes.

Hylecœtus Desmestoïdes, hab. Eaux-Bonnes.

Bostrichi.

Platipus oxiorus, hab. Gesques, Sapins.

Silphas.

Necrodes litoralis, hab. Eaux-Bonnes.

Chrysomelas limbata, hab. Anouilhasse.

Cyrtonus Dufourii, hab. Col de Tortes.

Peltis grossa, hab. Gesques.

Peltis feruginea, hab. Gesques.

Rhysodes sulcatus, hab. Gesque.

MAMMIFÈRES DES PYRÉNÉES

Il y a environ vingt-sept espèces de mammifères dans les Basses-Pyrénées sans compter les petits rongeurs. Les suivantes que je donne par rang de valeur, sont l'objet d'un commerce de fourrure.

Ours, rare.

Martre, assez rare, très-recherchée.

Fouine, assez commune, très-recherchée.

Loutre.

Putois.

Renard charbonnier, moins rare en Espagne qu'en France.

Renard rouge, celui de France est plus estimé que celui d'Espagne.

Genette, plus abondante en Espagne qu'en France.

Les autres espèces n'entrent guère dans le commerce, soit à cause de leur rareté, soit à cause de leur peu de valeur.

Loup, rare.

Lynx, extrêmement rare.

Chat sauvage.

Furet, sans valeur quoique rare.

Hermine, très-rare et sans valeur.

Belette.

Bouquetin, excessivement rare, versant Espagnol.

Isard, moins rare qu'on ne le croit surtout sur la frontière d'Espagne.

Chevreuil, bois de Mondeils, au nord du pic du Midi, bois de Baget, vallée d'Aspe, etc.

Blaireau.

Hérisson.

Desman.

Lièvre.

Lapin.

Ecureuil rouge et noir.

Arvicola nivalis.

Chauve-souris.

Taupe.

Sanglier, bois de Bagot; excessivement rare.

BOTANIQUE.

Lichens.

Lorsque nous arrivons à un sommet, nous prenons ordinairement un débris de la roche la plus élevée, et autant que possible celui qui est le plus revêtu de lichens. J'ai pensé qu'il pouvait être intéressant de comparer les espèces qui poussent à ces hauteurs et le substratum qu'elles préfèrent. Toutefois, la liste que je vais donner sera naturellement restreinte; car les lichens ont besoin d'un long espace de temps ainsi que d'une immobilité absolue pour se développer, conditions qui sont en contradiction avec l'habitat des cimes qui sont les points les plus exposés à la destruction. C'est à M. Weddell membre correspondant de l'institut (académie des sciences) que je dois les déterminations de cette partie de la botanique encore si peu connue [1].

Petit pic Penmedan dans la montagne de la rue (2.148m).

CALCAIRE. — *Lecidea protuberans*, Schœr. — L. *Geographica*, Schœr. — L. *contigua*, Fr.

Pic de Sourins (2.618m).

SCHISTE CALCAIRE. — *Placodium fulgens*, D C.

[1] Pour la botanique en général, j'ai été en relation avec M. Timbal-Lagrave.

Dyke de Sourins.

PÉTROSILEX. — *Lecanora simplex*, Dav. — *Lecidea contigua*, Fr. — *Mubilicaria cylindrica*, Var....

Pic d'Arcisette (2.502m).

OPHITE. — *Lecidea geographica*, Schœr.

Pic de Césy (2.190m).

CALCAIRE SILICEUX. — *Placodium murorum*, Hoffm. — *Lecidea galactina*, Var. — *Lecanora dissipata*, Hyland, *Verrucaria nigrescens*, Pers.

Roumiga.

FLUORINE. — *Lecidea geographica*, Schœr. — *Lecanora fuscata*, Ach.

Pic du Midi d'Ossau (2.885m).

PORPHYRE. — *Lecidea geographica*, Schœr. — *Mubilicaria hirsuta*, D C. — *Lecidea atro-alba*, Flot.

PÉTROSILEX. — *Lecidea geographica*, Schœr.

SCHISTES. — *Lecidea contigua*, Fr. — *Subecrustacea*.

Petit Pic du Midi d'Ossau (2.784m).

PORPHYRE. — *Lecidea contigua*, Fr. *var. Flavicunda*, Ach. — Cette espèce est remarquable par la couleur de feu qu'elle emprunte à la présence d'une certaine quantité d'oxide de fer dont le thalle s'imprégne. *Lecidea geographica*, Schœr. — L. *Morio*, Schœr. — *Lecanora cinerea*, Hyl.

Lacs d'Ayous (2.000m).

GRÈS ROUGES. — *Lecidea geographica*, Schœr.

Pic Peyrot (2.252m).

GRÈS ROUGE. — *Lecidea geographica*, Schœr. — L. *Coarctata*, Ach.

Pic Gaziès (2.418m).

EURITE PASSANT AU PÉTROSILEX. — *Lecanora fuscata*, Schrad. — L. *Polytropa*, Ehrh. — L. *Glaucoma*, Ach. — *Lecidea geographica*, Sch. — L. *Platycarpa*, Ach.

Capéran de Sesques (2.408m).

QUARTZITES. — *Umbilicaria cylindrica*, *var*. *Tornata*, Ach. *Placodium elegans*, D C. — *Lecidea Morio*, Schœr.

Pic Mondos ou Scarput (2.512m).

PÉTROSILEX. — *Lecanora fuscata*, Schrad. — *Lecidea saxatilis ad thallum Lecanoræ parasitica*, Schœr.

Pic de Sesques (2.605m).

CALSCHISTES. — *Collema pulposum*, Ach. — *Physcia aipolia*, Ach. *var*. *angustata*. — *Lecanora aurantiaca*, *var*.

Pic d'Isabe (2,475m).

QUARTZITE. — *Lecidea atro-alba*, Hyl. — L. *saxatilis*. — *Placodium murorum*, Hoff.

TABLE ALPHABÉTIQUE DES CHAPITRES.

TABLE ALPHABÉTIQUE.

PAU, IMPRIMERIE Ve VIGNANCOUR.

www.ingramcontent.com/pod-product-compliance
Ingram Content Group UK Ltd.
Pitfield, Milton Keynes, MK11 3LW, UK
UKHW020202250726
13967UKWH00003B/1218

9 782012 864221